U0157299

高等数学
思维培养与解题方法研究

薛安阳　吕亚妮　王　洁／著

黑龙江大学出版社
HEILONGJIANG UNIVERSITY PRESS
哈尔滨

图书在版编目（CIP）数据

高等数学思维培养与解题方法研究 / 薛安阳，吕亚妮，王洁著．-- 哈尔滨：黑龙江大学出版社，2022.6
ISBN 978-7-5686-0819-0

Ⅰ．①高… Ⅱ．①薛… ②吕… ③王… Ⅲ．①高等数学－高等学校－教学参考资料 Ⅳ．① O13

中国版本图书馆 CIP 数据核字（2022）第 104092 号

高等数学思维培养与解题方法研究
GAODENG SHUXUE SIWEI PEIYANG YU JIETI FANGFA YANJIU
薛安阳　吕亚妮　王　洁　著

责任编辑　高　媛
出版发行　黑龙江大学出版社
地　　址　哈尔滨市南岗区学府三道街 36 号
印　　刷　北京亚吉飞数码科技有限公司
开　　本　720 毫米 ×1000 毫米　1/16
印　　张　18.75
字　　数　336 千
版　　次　2023 年 3 月第 1 版
印　　次　2023 年 3 月第 1 次印刷
书　　号　ISBN 978-7-5686-0819-0
定　　价　86.00 元

前　言

　　高等数学是一门基础性学科,是许多理工类学科的基础,在实践中也有着广泛而重要的应用.数学思维教育是 21 世纪数学教育的核心,数学是与思维联系紧密的科学,数学思维教育在培养人类思维活动中担任重要的角色,不仅传授数学实践知识、技能和能力,而且更重要的是培养数学思维,促进思维能力的发展.

　　美国著名数学教育家波利亚说过,掌握数学就意味着要善于解题.高等数学是一门重要基础课程,与中学数学相比,内容与难度都发生了质的飞跃,这就要求教师应注重传授数学思想方法,因为学生只有掌握了数学思想并正确运用数学方法解题,才能找到解题的捷径,提高解题的能力.数学思想方法大致包括三种类型:第一种是宏观概括型,如抽象概括、数形结合、数学模型、化归转化、函数和方程的思想、极限的思想等,这些方法与数学知识紧密联系在一起,是把现实世界数学化的重要方法.如抽象概括是数学产生于实践的最基本途径;化归转化是思考和解决数学问题的基本思路,具有很强的思维导向功能;数形结合则是把形象思维与抽象思维有机结合起来,是研究数学中数量关系的有效途径,它能够反映数学各科间的内在联系和统一性,体现了人们对数学的总体认识.第二种是逻辑推理型,如分类讨论法、类比法、演绎推理法、归纳猜想法、反证法等,这些方法具有精确的逻辑表达结构和严密的推理论证过程.第三种是技巧结构型,如换元法、配方法、拆补法、插值法、参数法、待定系数法、极坐标法等,这些方法具有明确的可操作性.数学的思想方法与数学知识紧密相连,并通过具体知识内容体现出来,随着"应试教育"向"素质教育"的转变,更应提高学生数学思想方法素质,注重培养其解决数学问题的创新思维能力,这在教学中很值得探索和研究.

　　高等数学课程具有学时长、内容多、理论性强、难度大、解题技巧灵活多样等特点,是衡量大学生数学水平的重要标志,学好该门课程能够使大学生的逻辑思维和推理能力得到训练,分析和解决问题的能力得到提高,解题技巧和计算水平得到加强,从而为后续课程的学习奠定坚实的数学基础.本书旨在为培养具有扎实的数学基础同时又具有较强创新意识与创新能力的高素质人才起到积极的作用.本书可供广大学习高等数学知识的高等院校、成人教育的学生参考,也可供有关的教师和科技工作者参考.

由于时间仓促,笔者水平有限,书中难免存在疏漏之处,恳请广大读者批评指正,不吝赐教.

著　者

2021 年 9 月

目　录

第1章 绪 论

数学是一门较为成熟的被高度模型化、公理化了的科学.数学思维是人脑和数学对象(空间形式、数量关系、结构关系)交互作用并按照一般思维规律认识数学内容的内在理性活动.数学思维教育在培养人类思维活动中担任重要的角色.数学思维教育不仅传授数学实践知识、技能和能力,更重要的是培养学生的数学思维,促进思维能力的发展.

1.1 高等数学思维的培养与发展

1.1.1 高等数学思维的培养

数学能力从结构上可以分为数学观察能力、数学记忆能力、逻辑思维能力、空间想象能力.

1.1.1.1 数学观察能力

观察是一种有目的、有计划、持久的知觉活动.数学观察能力主要表现在能迅速抓住事物的"数"和"形",找出或发现具有数学意义的关系与特征;从所给数学材料的形式和结构中正确、迅速地辨认出或分离出某些对解决问题有效的成分.数学观察能力是学生学习数学活动中的一种重要智力表现,如果学生不能主动地从各种数学材料中最大限度地获得对掌握数学有用的信息,那么想要学好数学将是困难的.为了有效地发展学生的数学观察能力,数学教学除了注意发展学生观察的目的性、持久性、精确性和概括性外,还必须注意引导学生从具体事实中解脱出来,把注意力集中到感知数量之间的纯粹关系上.

1.1.1.2 数学记忆能力

所谓记忆，就是过去发生过的事情在人的头脑中的反映，是过去感知过和经历过的事物在人的头脑中留下的痕迹.数学记忆虽与一般记忆一样，经历识记、保持、再认与回忆四个基本阶段，但仍具有自身的特性.

数学记忆的本质在于，对典型的推理和运算模式的概括记忆.正像俄罗斯数学家波尔托夫所指出的："一个数学家没有必要在他的记忆中保持一个定理的全部证明，他只需记住起点和终点以及关于证明的思路."

1.1.1.3 逻辑思维能力

逻辑思维是在感性认识的基础上，运用概念、判断、推理等形式对客观世界间接的、概括的反映过程.它包括形式思维和辩证思维两种形态.形式思维是从抽象同一性、相对静止和质的稳定性等方面去反映事物的，辩证思维则是从运动、变化和发展上来认识事物.在数学发现中，既需要形式思维，也需要辩证思维，二者是相辅相成的.数学是一门逻辑性很强、逻辑因素十分丰富的科学，一般来说，数学对发展学生的逻辑思维能力起着特殊的重要作用，在学习数学时一定要进行各种逻辑训练.逻辑思维能力主要包括分析与综合能力、概括与抽象能力、判断与推理能力.

1.1.1.4 空间想象能力

空间想象能力是指人们对客观存在着的空间形式即物体的形态、结构、大小、位置关系进行观察、分析、抽象、概括，在头脑中形成反映客观事物的形象和图形，正确判断空间元素之间的位置关系和度量关系的能力.在数学中，空间想象能力体现为在头脑中从复杂的图形中区分基本图形，分析基本图形的基本元素之间的度量关系和位置关系（垂直、平行、从属及其基本变化关系等）的能力；借助图形来反映并思考客观事物的空间形状和位置关系的能力；借助图形来反映并思考用语言或式子来表达空间形状和位置关系的能力.空间形状和位置关系的直观想象能力在数学中是基本的、重要的，对学生来说，这种能力的形成也是较为困难的.

1.1.2 数学能力的发展和提高

发展和提高学生的数学能力，是数学教育目标的一个重要组成部分，这是因为在科学技术迅猛发展、知识更新加剧的现代社会，学生在学校学习掌握的知识技能不可能一劳永逸地满足一生工作的需要,所以学校的教育要授人以"渔",要教会学生如何学习,培养学生自主学习的能力.

1.1.2.1 注重数学思想方法的学习

从分析数学认知结构与解决数学问题可知,它们所需的知识,是那些具有较高概括性和包容性,显示数学特色和贯穿数学前后的基本概念、原理、观念和方法,即数学思想方法.

高等数学课程中主要的思想方法有:

(1)符号化思想方法.数学中引进"符号",是它很大的一个特点和优点.采用符号语言,使复杂的内容与关系表现得十分简洁明了,并易于开展复杂的、高难度的思维活动.不难想象如果不使用字母符号而用自然语言来表述数学概念、数学公式,那将会多么复杂和难懂.

(2)集合、对应思想方法.通常的函数思想方法、变换思想方法、数形结合思想方法等都是由集合、对应思想方法衍生出来的,集合、对应思想方法是数学中广为运用的十分重要的思想方法.

(3)极限思想方法.刘徽在研究圆的周长、面积时采用了"割圆术",其指导思想是建立在极限思想方法的基础上的.

(4)公理化思想方法.公理化思想方法,就是在建立一个数学理论体系时,选取若干原始概念(或基本概念)和公理组成公理系统,并以此为基础,要求一切新的概念不用原始概念或已定义的概念来给予定义,一切新的命题的真实性都要以公理或已证明为真的命题即定理为根据来加以证明;同时公理系统需满足无矛盾性、独立性和完备性的要求.

1.1.2.2 重视一般科学思想方法的训练

数学能力是在数学学习活动中形成的,并随着数学活动的深入而不断向前发展与提高.怎样开展数学学习活动,或采用怎样的学习方式方法,就直接影响到数学能力的形成与发展.从分析数学学习活动情况可知,其中经常起作用的是一般科学思想方法,如观察、实验、联想、类比、分析、综合、归纳、演绎、一般化、特殊化等.所以,在学习过程中,在获得数学知识和技能的同时,要特别注意学习一般科学思想方法,并自觉进行训练.从数学问题的发现或提出新命题的过程来看,一般是从具体问题或素材出发,经过类比、联想或观察、实验、归纳等多条不同的途径,形成命题(只是猜想)或加以确认.

1.1.2.3 知识的精练与其应用相结合

在数学学习活动中,发展和提高数学能力,一方面要及时精练所学的知识,优化数学认知结构;另一方面要通过对知识的运用,发挥独立思考与创新精神,以加深对知识的理解和取得解决问题的经验等.显然,这两方面是密切相关、不可偏废的.优化数学认知结构有利于知识的运用(解题),而解决问题反过来又促进数学认知结构的优化,可见,它们处于相互依赖、相互促进、相互结合、共同发展之中.在学习中,知识的精练是一项经常性的工作,要从小到大、从局部到整体进行,对知识要深刻领会,灵活运用.

1.2 数学解题的思维过程

1.2.1 解题过程的思维分析

解题的过程是思维的过程,其中既有逻辑思维,又有直觉思维;有分析与综合、抽象与概括、比较与类比,也有归纳与猜想、观察与尝试、想象与顿悟,是一个极其复杂的心理过程.

1.2.1.1 "观察—联想—转化"解题"三部曲"

(1)观察是联想的基础,在观察中认识特征

观察是人们认识事物、增长知识的最基本的途径,是发现和解决问题的前提.每一个数学题,当然要涉及一定的数学知识和数学方法,要知道联系到哪些知识来解题,这依据题目的具体特征.所以,数学解题须经历从现象到本质的认识过程.只有全面、深入、正确地观察,透过现象认识各种本质特征,才有可能联想有关知识,制定解题策略.所以,解题应从观察入手.

高斯 10 岁时,能简捷地算出 $1+2+3+\cdots+100$ 的值,是因为他观察到问题的本质特征与规律:距首末等距离两项的和相等.没有观察所得的发现,便没有他的行动.又如已知方程 $x^3-(\sqrt{2}+1)x^2+(\sqrt{2}-p)x+p=0$ 的三个根分别是 $\triangle ABC$ 三内角的正弦,试判断 $\triangle ABC$ 的形状,并求 p 的值.直接观察方程的结构特点,就得一个根是 1.

观察应是积极的,有意识的,而不应是消极、被动的.通过由整体到部

分,再由部分到整体的观察,有意识地寻找各种特征、联系,从比较中发现问题,从变化中寻找特点,特别是发掘问题与已有知识之间具有启发性的联系.同时,不仅解题开始要观察,在解题过程中也要观察,以便根据解题的不断变化做出相应的决断.

(2)联想是转化的翅膀,在联想中寻找途径

人在活动之前常有所准备,进行着的活动也有一定的趋向性.活动的准备状态和活动的趋向性在心理学上称为定向,它影响着活动朝一定的方向进行,而定向是联想的结果(产物).客观事物是相互联系的,这是唯物辩证法的一个总特征.它们在反映中也是相互联系着,形成神经中的暂时联想.联想是暂时联系的复活,它反映了事物的相互联系.思维中经常通过联想,想到有关资料、原则,提供解决问题的可能.

数学解题的定向,取决于由观察问题的特征所做的相应的联想,即从问题的条件和结论出发,联想有关知识,从中寻找途径.

(3)转化是解题的手段,在转化中确定方案

前面讨论过的解题实质表明,解题过程是通过转化来完成的.从问题的具体特征,联想有关知识后,解题就有了定向,这时需要朝这个方向去努力,寻求转化关系,使问题应用联想的知识来解决,也就是在转化中确定方案.

例 1. 2. 1　解不等式：$\dfrac{x^2}{\sqrt{1+x^2}}+\dfrac{1-x^2}{1+x^2}>0$.

分析：由不等式的特定形式,联想到三角公式.

解：设 $x=\tan\alpha\left(-\dfrac{\pi}{2}<\alpha<\dfrac{\pi}{2}\right)$,则

$$\frac{x^2}{\sqrt{1+x^2}}=\frac{\tan^2\alpha}{\sqrt{1+\tan^2\alpha}}=\frac{\tan\alpha}{\sec\alpha}=\sin\alpha,$$

$$\frac{1-x^2}{1+x^2}=\frac{1-\tan^2\alpha}{1+\tan^2\alpha}=\cos2\alpha.$$

所以原不等式化为

$$\sin\alpha+\cos2\alpha>0.$$

即 $2\sin^2\alpha-\sin\alpha-1<0$,解得 $-\dfrac{1}{2}<\sin\alpha<1$.所以 $-\dfrac{\pi}{6}<\alpha<\dfrac{\pi}{2}$,$\tan\alpha>-\dfrac{\sqrt{3}}{3}$,

即 $x>-\dfrac{\sqrt{3}}{3}$.

例 1. 2. 2　已知：$\cos\alpha+\cos\beta=2m$,$\sin\alpha+\sin\beta=2n$,求 $\tan\alpha\cdot\tan\beta$ 的值.

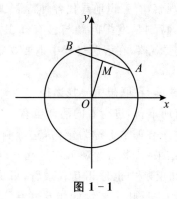

图 1-1

解:如图 1-1 所示,在单位圆上取点 $A(\cos\alpha,\sin\alpha)$,$B(\cos\beta,\sin\beta)$,则线段 AB 的中点为 $M(m,n)$,且 $AB \perp OM$.因为

$$k_{OM}=\frac{n}{m},$$

所以直线 AB 的方程为

$$y-n=-\frac{n}{m}(x-m),$$

即

$$y=-\frac{m}{n}x+\frac{m^2+n^2}{n},$$

得

$$\left(1+\frac{m^2}{n^2}\right)x^2-\frac{2m(m^2+n^2)}{n^2}x+\frac{(m^2+n^2)^2}{n^2}-1=0.$$

所以

$$\cos\alpha \cdot \cos\beta=\frac{(m^2+n^2)^2-n^2}{m^2+n^2}.$$

同法可得

$$\sin\alpha \cdot \sin\beta=\frac{(m^2+n^2)^2-m^2}{m^2+n^2}.$$

所以

$$\tan\alpha \cdot \tan\beta=\frac{(m^2+n^2)^2-m^2}{(m^2+n^2)^2-n^2}.$$

这道本是三角函数问题,但采用三角函数变换比较复杂,若从已知条件能联想到中点坐标公式,则可转化成解析法求解,显得简便.

1.2.1.2 解题思维过程的三层次

心理学研究表明,人们解决问题的思维过程是按层次进行的,总是先粗后细,先一般后具体,先对问题做一个粗略的思考,然后逐步深入到实质与细节.卡尔·邓克尔把思维过程分为一般性解决、功能性解决、特殊性解决三个层次.

(1)一般性解决:在策略水平上的解决,以明确解题的大致范围或总体方向,这是对思考做定向调控.

(2)功能性解决:在数学方法水平上的解决,以确定具有解决功能的解题手段.这是对解决做方法选择.

(3)特殊性解决:在数学技能水平上的解决,以进一步缩小功能性解决的途径,明确运算程序或推理步骤,这是对细节做实际完成.

例 1.2.3 已知椭圆 $\dfrac{x^2}{a^2}+\dfrac{y^2}{b^2}=1(a>b>0)$,$A$、$B$ 是椭圆上的两点,线段 AB 的垂直平分线与 x 轴相交于一点 $P(x_0,0)$.证明

$$-\frac{a^2-b^2}{a}<x_0<\frac{a^2-b^2}{a}.$$

分析:用卡尔·邓克尔的三个层次分析这道题的思考过程,大致如下:

首先是一般性解决.要证明的结论是变量 x_0 的取值范围,而 x_0 是由 A、B 的坐标确定的,因而问题相当于确定函数的值域.这就从大方向上解决了题目.

其次是功能性解决.为了确定函数的值域,在操作层面上需考虑具备功能性的程序为求出 x_0 的表达式;确定 x_0 的表达式中自变量的取值范围;运用适当的知识推出结论.

最后是特殊性解决.就是对功能性解决中的方法程序实施具体操作,至于实施过程中的某一环节,可能又要按三层次展开进行.

解:设 $A(a\cos\alpha,b\sin\alpha)$,$B(a\cos\beta,b\sin\beta)$,由条件有 $|PA|=|PB|$,即

$$(a\cos\alpha-x_0)^2+(b\sin\alpha-0)^2=(a\cos\beta-x_0)^2+(b\sin\beta-0)^2,$$
$$(\cos\alpha-\cos\beta)2ax_0=(a^2-b^2)(\cos^2\alpha-\cos^2\beta),$$

由于

$$\cos\alpha-\cos\beta\neq0,$$

所以

$$x_0=\frac{a^2-b^2}{2a}(\cos\alpha+\cos\beta).$$

又因为

$$-2<\cos\alpha+\cos\beta<2,$$

所以

$$-\frac{a^2-b^2}{a}<x_0<\frac{a^2-b^2}{a}.$$

1.2.1.3 解题思维过程的预见图

数学解题是一种探索性思维.在《数学的发现》一书中,波利亚将其观点进一步发挥,对各个细节进行了具体分析,认为探索性思维中最关键的环节是提出一个有希望的合理的猜测,即做出某种预见.

预见需要一定的知识准备和思维活动,波利亚将这一过程总结为一个正方形图解式(图1-2),处于正方形顶点、边和中心的关键词有:动员、组织、分离、结合、回忆、辨认、重组、充实、预见.

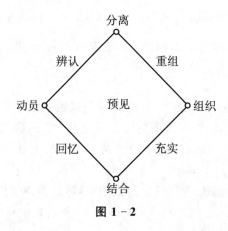

图 1-2

"动员"与"组织",就是调动头脑中记忆的有关知识,把它们与要解的问题联系起来,这里包括对某些熟悉的特征的"辨认"与"回忆";对解题必需的某些材料的"充实"与"重组",比如引进辅助线,对原题进行重构,在新的构型下理解已知元素,充实新的材料,或者使已有材料获得新的意义等;对复杂问题进行种种细节的"分离"与"结合".

动员和组织是解题性质的主干.波利亚还比喻道:解题就好像建造房子,必须选择合适的材料,但是光收集材料还不够,一堆砖头毕竟还不是房子;要构筑房子或构造解,还必须把收集到的各个部分组织在一起使它们成为一个有意义的整体.预见处在解题的思维活动中心,相应地处于正方形的中心位置.

通过动员与组织、回忆与辨认、分离与结合题中各种元素,以及重组与充实构思这一系列过程的连续进行,来预见问题的解,或解的某些特征,或部分答案的具体实现途径.

例 1.2.4 设 $p\neq 0$,实系数一元二次方程 $z^2-2pz+q=0$ 有两个虚根 z_1、z_2,再设 z_1、z_2 在复平面对应的点是 z_1、z_2,求以 z_1、z_2 为焦点且经过原点的椭圆的长轴的长.

分析:首先"动员"头脑中已有的知识,经过"回忆",检索出与椭圆长轴 $2a$ 有关的内容:$|MF_1+MF_2|=2a$;$\dfrac{x^2}{a^2}+\dfrac{y^2}{b^2}=1$;$a=\sqrt{b^2+c^2}$;$e=\dfrac{c}{a}$;$|z-z_1|+|z-z_2|=2a$;……

在这些内容中,有哪个会更适合本题的求解? 这要通过"辨认"加以选择.

由于椭圆的焦点 z_1、z_2 对应着已知方程的两个虚根 z_1、z_2,将这一已知条件进行"充实"和"重组",得到 $z_{1,2}=p\pm\sqrt{q-p^2}\,(0<p^2<q)$,所以,选择椭圆方程的复数形式,将其"分离"出来.

然后,将这些材料加以适当"组织":

$$2a=|0-z_1|+|0-z_2|=|z_1|+|z_2|=2|z_1|=2\left|p\pm\sqrt{q-p^2}\right|=2\sqrt{q}.$$

其实,若将上述"组织"过程"重组","充实"共轭复数的性质:$|z|^2=|z\bar z|$ 和韦达定理,就可避免具体求出 z_1、z_2,而直接得解 $2a=2|z_1|=2\sqrt{z_1 z_2}=2\sqrt{q}$.

例 1.2.5 已知 $a_1,a_2,a_3,\cdots,a_n,\cdots$ 成等差数列,且诸 a_i 及公差都是非零实数,考虑方程 $a_i x^2+2a_{i+1}x+a_{i+2}=0(i=1,2,\cdots)$.

(1)证明这些方程有公共根,并求出这个公共根.

(2)设这个方程的另一根是 β_i,则

$$\frac{1}{\beta_1+1},\frac{1}{\beta_2+1},\cdots,\frac{1}{\beta_n+1},\cdots$$

成等差数列.

分析:通过"动员","回忆"有关等差数列的知识,联系到已知方程中有相邻三项 a_i,a_{i+1},a_{i+2},将等差中项性质选择"分离"出来:

$$2a_{i+1}=a_i+a_{i+2},$$

将其代入已知方程,对条件进行"重组":

$$a_i x^2+(a_i+a_{i+2})x+a_{i+2}=0$$

所以原方程有一个公共根 $x=-1$.

这时,由于方程有一个根为 -1,另一根为 β_i,"回忆"到根与系数的关系,将 $x=-1$ 和韦达定理"充实"进来,便有新的"结合":

$$\beta_i = -\frac{a_{i+2}}{a_i}.$$

再对(2)中结构进行"重组":

$$\frac{1}{\beta_i+1} = -\frac{a_i}{a_{i+2}-a_i} = -\frac{1}{2d}a_i,$$

所以,$\frac{1}{\beta_1+1},\frac{1}{\beta_2+1},\cdots,\frac{1}{\beta_n+1},\cdots$组成等差数列,其公差为$-\frac{1}{2}$.

例 1.2.6 已知数列 $a_1,a_2,\cdots,a_n,\cdots$ 的相邻两项 a_n,a_{n+1} 是方程 $x^2 - c_n x + \left(\frac{1}{3}\right)^n = 0$ 的两根,且 $a_1=2$.求无穷数列 $c_1,c_2,\cdots,c_n,\cdots$ 的和.

分析:在"回忆"与"辨认"的基础上,对题设条件进行如下"结合":

$$a_n \cdot a_{n+1} = \left(\frac{1}{3}\right)^n, \quad a_{n+1} \cdot a_{n+2} = \left(\frac{1}{3}\right)^{n+1}.$$

两式"重组"(相除)得:

$$\frac{a_{n+2}}{a_n} = \frac{1}{3}.$$

将上式所包含的内容"辨认"后加以"分离",便有结论:

$a_1,a_3,\cdots,a_{2n-1},\cdots$ 是以 $\frac{1}{3}$ 为公比的递缩等比数列;$a_2,a_4,\cdots,a_{2n},\cdots$

也是以 $\frac{1}{3}$ 为公比的递缩等比数列.

以下再进行一定的"充实"与"组织",即可求得答案.

由 $a_1a_2 = \frac{1}{3}$,$a_1=2$,得 $a_2 = \frac{1}{6}$.所以

$$a_{2n-1} = 2 \cdot \left(\frac{1}{3}\right)^{n-1}, \quad a_{2n} = \frac{1}{6} \cdot \left(\frac{1}{3}\right)^{n-1} = \frac{1}{2}\left(\frac{1}{3}\right)^n.$$

而

$$c_n = a_n + a_{n+1}.$$

所以

$$c_{2n-1} = a_{2n-1} + a_{2n} = 2\left(\frac{1}{3}\right)^{n-1} + \frac{1}{2}\left(\frac{1}{3}\right)^n = \frac{13}{6}\left(\frac{1}{3}\right)^{n-1},$$

$$c_{2n} = a_{2n} + a_{2n+1} = \frac{1}{2}\left(\frac{1}{3}\right)^{n-1} + 2\left(\frac{1}{3}\right)^n = \frac{7}{2}\left(\frac{1}{3}\right)^n.$$

从而,$c_1,c_3,\cdots,c_{2n-1},\cdots$ 是公比为 $\frac{1}{3}$ 的递缩等比数列,且 $c_1 = \frac{13}{6}$;$c_2,c_4,\cdots,$

$c_{2n},\cdots$ 也是公比为 $\frac{1}{3}$ 的递缩等比数列,且 $c_2 = \frac{7}{6}$.

所以

$$c_1 + c_2 + \cdots + c_{2n-1} + c_{2n} + \cdots$$
$$= (c_1 + c_3 + \cdots + c_{2n-1} + \cdots) + (c_2 + c_4 + \cdots + c_{2n} + \cdots)$$
$$= \frac{\dfrac{13}{6}}{1 - \dfrac{1}{3}} + \frac{\dfrac{7}{6}}{1 - \dfrac{1}{3}} = 5.$$

1.2.2 数学解题的思维监控

解题成功的关键是思路的开通.这其中的思维监控起着"导航""调节"的作用.虽然在知识上没有问题,但由于思路上某处存在问题,陷于困境,或出现偏差,这时要及时反馈信息,克服思维定式,及时调整,提高解题行为的有效性及正确性.

数学解题中思维监控的作用,相当于"数学运算感受器",对运算效果做出评价,它是一种认知监控,或者是元认知.在数学解题思维过程中,元认知集中表现为自我反省、自我调节、自我监控.

例 1.2.7 如图 1-3 所示,已知抛物线 $y^2 = 2px$,过点 $M(a,0)$ 且 $a > 0$, $p > 0$ 任作一直线与抛物线交于两点 A、B,求 $\triangle AOB$ 面积的最小值.

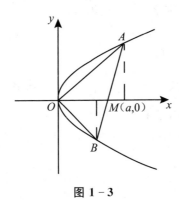

图 1-3

受思维定式的影响,设斜率求面积,解题过程如下.

解:设过 $M(a,0)$ 的直线方程为 $y = k(x-a)$,代入 $y^2 = 2px$,整理得: $ky^2 - 2py - 2pak = 0$.

注意:这里就会遇到两个问题,一是消去 x 保留 y,还是消去 y 保留 x,需要监控与选择;二是直接解出方程的两个根,还是表示出两根的关系式,也需要监控与选择.

因为

$$y_1+y_2=\frac{2p}{k},y_1y_2=-2pa,$$

$$(y_1-y_2)^2=(y_1+y_2)^2-4y_1y_2=\frac{4p^2}{k^2}+8pa,$$

所以

$$S_{\triangle AOB}=\frac{1}{2}a\,|\,y_1-y_2\,|=\frac{1}{2}a\sqrt{\frac{4p^2}{k^2}+8pa}=a\sqrt{\frac{p^2}{k^2}+2pa}.$$

至此,S 的最值求不下去了,因为 k 的最大值不确定,无能为力了.这时,需要反省、评价和调整.

(1)从变量选取的角度调整

在解中,变量是选取 AB 的斜率 k,最后导出 $S=a\sqrt{\frac{p^2}{k^2}+2pa}$,前后对照,想到若令 $k=\frac{1}{t}$,则有 $S=a\sqrt{2pa+p^2t^2}$,最小值可求.但注意到 AB 的方程不能直接写成 $y=\frac{1}{t}(x-a)$,因为 $t=0$ 时,才有 S 最小.而是要把 AB 的方程写成 $x=ty+a$ 求之,表达式仍为 $S=a\sqrt{2pa+p^2t^2}$.所以,S 最小值为 $a\sqrt{2pa}$.

(2)从面积表达式的角度调整

在解中,面积表达式是 $S=\frac{1}{2}a\,|\,y_1-y_2\,|$,其中 $|\,y_1-y_2\,|$ 是 $\triangle AOM$ 和 $\triangle BOM$ 以 OM 为底的高之和,是用 A、B 两点的纵坐标之差来表示的.通过思维监控,又考虑到它还可以表示为 $|\,y_1\,|+|\,y_2\,|$,且 $|\,y_1\,|\,|\,y_2\,|=-2pa$,因而得下面的解法:

$$S=\frac{1}{2}a(\,|\,y_1\,|+|\,y_2\,|\,)$$

$$\geqslant\frac{1}{2}a\cdot2\sqrt{|\,y_1\,|\,|\,y_2\,|}=a\sqrt{|\,y_1y_2\,|}=a\sqrt{2pa}.$$

所以,当 $|\,y_1\,|=|\,y_2\,|$,即 $AB\perp x$ 轴时,S 取最小值 $a\sqrt{2pa}$.

（3）从三角形面积求法的角度调整

求三角形面积除了"$\frac{1}{2}\times$底$\times$高"这一公式,还有一个常用公式 $S=\frac{1}{2}ab\sin C$,于是想到,由于 $|OM|=a$,设 AB 的倾角为 $\alpha(0<\alpha<\pi)$,则有

$$S_{\triangle AOB}=S_{\triangle AOM}+S_{\triangle BOM}=\frac{1}{2}a|AM|\sin(\pi-\alpha)+\frac{1}{2}a|BM|\sin\alpha=\frac{1}{2}a\sin\alpha\cdot$$

$|AB|$,现由倾角及弦长,很容易想到直线的参数方程,于是又得如下解法:

设 AB 的参数方程为

$$\begin{cases} x=a+t\cos\alpha \\ y=t\sin\alpha \end{cases}.$$

代入 $y^2=2px$ 中,整理得

$$t^2\sin^2\alpha-2p\cos\alpha\cdot t-2pa=0,$$

$$t_1+t_2=\frac{2p\cos\alpha}{\sin^2\alpha},t_1t_2=-\frac{2pa}{\sin^2\alpha}.$$

所以

$$|AB|=|t_1-t_2|$$

$$=\sqrt{(t_1+t_2)^2-4t_1t_2}=\sqrt{\frac{4p^2\cos^2\alpha}{\sin^4\alpha}+\frac{8pa}{\sin^2\alpha}}$$

$$=\frac{2}{\sin\alpha}\sqrt{p^2\cot^2\alpha+2pa}.$$

所以

$$S_{\triangle AOB}=\frac{1}{2}a\sin\alpha|AB|$$

$$=a\sqrt{p^2\cot^2\alpha+2pa}.$$

故当 $\alpha=\frac{\pi}{2}$ 时,$S_{\triangle AOB}$ 的最小值为 $a\sqrt{2pa}$.

例 1.2.8　如图 1-4 所示,已知两点 $P(-2,2),Q(0,2)$,以及一条直线 $l:y=x$,设长为 $\sqrt{2}$ 的线段 AB 在直线 l 上移动,求直线 PA 和 QB 的交点 M 的轨迹方程(要求把结果化成普通方程).

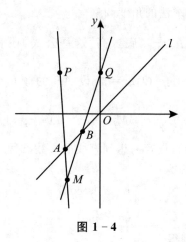

图 1-4

分析: 设动点 $M(x,y)$, 下面是点 M 的形成步骤(图 1-5).

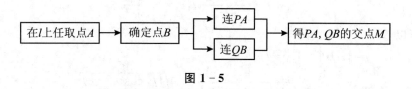

图 1-5

相应地, 有如下解题步骤(图 1-6).

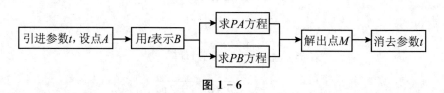

图 1-6

解: 设 $A(t,t)$, 由条件得 $B(t+1,t+1)$.

$$PA: (t-2)x-(t+2)y+4t=0;$$
$$QB: (t-1)x-(t+1)y+2(t+1)=0.$$

由 PA、QB 的方程组成方程组, 解得

$$\begin{cases} x=\dfrac{t^2-t-2}{t} \\ y=t-1+\dfrac{2}{t} \end{cases},$$

t 为参数, 消去 t, 得轨迹方程 $(y+1)^2-(x+1)^2=8$.

说明:上述解题步骤都是在设出参数 t 的前提下进行的,因此使用的是分析的方法.但当 t 一经设定之后,解题者的思维路线又完全循着"从已知到未知"的方向推进了.解题者并没有把假设性的思维方法贯彻到整个思维过程中,因此产生了解出 x、y 的"多余"的解题步骤.实际上,解题的目标在于求 $f(x,y)=0$,因而关键在于从 PA、QB 的方程中消去 t.据此,有如下改进过程:

由 PA 的方程得

$$t=\frac{2x+2y}{x-y+4},$$

代入 QB 的方程中,得

$$\frac{2x+2y}{x-y+4}=\frac{x+y-2}{x-y+2},$$

化简即

$$x^2-y^2+2x-2y+8=0.$$

这实际上就绕过了求交点 M 的步骤,突破了常规思维解题的框架.

上述过程表明,由于解题者受占优势的综合法的思维路线的潜在影响,所以总是情不自禁地想"求出什么",即具有从已知求未知的强烈倾向,这就干扰了解题总目标对解题的导向作用,影响了对思维过程的调节与控制,使思维陷入半盲目的、失控的状态.

例 1.2.9 求包含在正整数 m 与 $n(m<n)$ 之间的分母为 3 的所有不可约分数之和.

解:思路 1　写出所有分数,即

$$m+\frac{1}{3},m+\frac{2}{3},m+\frac{4}{3},m+\frac{5}{3},\cdots,n-\frac{2}{3},n-\frac{1}{3},$$

它既非等差数列也非等比数列.这时,应看到所求不可约分数的反面,它们是 $m,m+1,\cdots,n-1,n$.其各项和较易求出

$$S_1=\frac{(m+n)(n-m+1)}{2}.$$

这两类分数统一在整体

$$m,m+\frac{1}{3},m+\frac{2}{3},m+1,m+\frac{4}{3},\cdots,n-\frac{2}{3},n-\frac{1}{3},n$$

之中,组成 $d=\dfrac{1}{3}$ 的等差数列,其各项和为

$$S_2=\frac{(m+n)(3n-3m+1)}{2}.$$

所以,所求分数之和为 $S=S_2-S_1=n^2-m^2$.

思路 2　设
$$S=\left(m+\frac{1}{3}\right)+\left(m+\frac{2}{3}\right)+\cdots+\left(n-\frac{2}{3}\right)+\left(n-\frac{1}{3}\right).$$

注意到与首末两项等距离的两项和相等,于是把上式倒写相加,得
$$2S=\underbrace{(m+n)+(m+n)+\cdots+(m+n)}_{2(n-m)\text{个}(m+n)}$$
$$=2(n-m)(m+n)$$
$$=2(n^2-m^2).$$

所以
$$S=n^2-m^2.$$

思路 2 准确、迅速地把握了已知对象内容各项之间的联系性和规定性,有较强的整体意识.

可见,解题的思维监控,核心是要有整体意识、辩证意识、目标意识和批判意识.

例 1.2.10　求值:$\sqrt{a+\sqrt{a+\sqrt{a+\cdots}}}$ $(a>0)$.

解:设 $m=\sqrt{a+\sqrt{a+\sqrt{a+\cdots}}}$,两边平方得
$$m^2=a+\sqrt{a+\sqrt{a+\cdots}}.$$

由于该式右边第二项仍等于 m,故以 m 代入得
$$m^2=a+m,$$

解之得
$$m=\frac{1+\sqrt{4a+1}}{2}.$$

这一解法虽然广泛流传,结果也是对的;但其求解过程是没有根据而且站不住脚的,因而它是一种错误的解法.用思维监控的批判意识剖析如下.

首先,设 $m=\sqrt{a+\sqrt{a+\sqrt{a+\cdots}}}$ 是没有根据的,题干表示数列
$$\sqrt{a},\sqrt{a+\sqrt{a}},\sqrt{a+\sqrt{a+\sqrt{a}}},\cdots \tag{1}$$

的极限,而这个极限的存在性是必须给予证明的,在未严格论证确实之前就设其值为 m 是没有根据的;其次,错在忽视"有限"与"无限"具有质的差异,把有限中的运算法则无根据地运用到无限中去,以致造成解题过程的错误.

正确的方法和依据是:因题干表示数列(1)的极限,于是求题干之值的命题是:数列(1)如果满足递归关系 $x_{n+1}^2=a+x_n(a>0,n=0,1,2,\cdots,$

且 $x_0=0$),则 $S=\lim\limits_{n\to\infty}x_n=\dfrac{1}{2}(\sqrt{4a+1}+1)$.

证:由于 $a>0$,所以

$$x_1=\sqrt{a}<x_2=\sqrt{a+\sqrt{a}}<\cdots<x_{n-1}<x_n,$$

$$x_n=\dfrac{x_n^2}{x_n}=\dfrac{a+x_{n-1}}{x_n}=\dfrac{a}{x_n}+\dfrac{x_{n-1}}{x_n}<\dfrac{a}{\sqrt{a}}+1=\sqrt{a}+1$$

所以数列(1)单调递增且有上界,而单调递增有界数列必存在有限的极限,故有 $S=\lim\limits_{n\to\infty}x_{n+1}=\lim\limits_{n\to\infty}x_n$.

将其代入递归关系式得 $S^2=a+S$,解之得 $S=\dfrac{1}{2}(\sqrt{4a+1}+1)$.

涂荣豹教授从波利亚数学解题元认知思想中抽取出组成自我监控的几个主要因素:控制、监察、预见、调节和评价.

控制,即在解题过程中,对如何入手、如何选取策略、如何构思、如何选择、如何组织、如何猜想、如何修正等做出基本计划和安排.对学习情境中的各种信息做出准确的知觉和分类,调动头脑中已有的相关知识,对有效信息做出迅速选择,以恰当的方式组织信息,选择解决问题的策略,安排学习步骤,控制自己的思维方向,关注解题的过程性和层次性.

监察,即监视和考察.在解题过程中,密切关注解题过程,保持良好的批判性,以高度的警觉审视解题每一历程问题的认识、策略的选取、前景的设想、概念的理解、定理的运用、形式的把握,用恰当的方式方法检查自己的猜想、推理、运算和结论.

预见,即在数学解题的整个过程,随时估计自己的处境,判断问题的性质,展望问题的前景.对问题的性质、特点和难度以及解题的基本策略和基本思维做出大致的估计、判断和选择;猜想问题的可能答案和可能采取的方法,并估计各方法的前景和成功的可能性等.

调节,即根据监察的结果和对解题各方面的预见,及时调整解题进程,转换思考的角度,重新考虑已知条件、未知数或条件、假设和结论;对问题重新表述,以使其变得更加熟悉,更易于接近目标.

评价,即以"理解性"和"发展性"标准来认识自己解题的收获,自觉对问题的本质进行重新剖析,反思自己发现解题思路的经历,抽取解决问题的关键,总结解题过程的经验与教训,反思成败得失及其原因,考虑解题过程或表述的简化.

1.2.3 解题坐标系

1.2.3.1 解题坐标系的意义

数学解题过程既是数学内容反复运用的过程,同时又是数学方法不断推进的过程.如果用横轴表示数学方法的实施,用纵轴表示数学原理方面的应用,分别记为方法轴和内容轴,便形成一个解题坐标系,如图 1-7 所示.

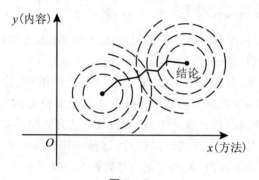

图 1-7

题目的条件和结论分别表示为坐标平面上的两个点.它们的存在形式本身是内容与方法的统一,原点 O——两个思考方向的交叉点,表示出一个原则:内容与方法的统一永远是解题思考的基本出发点.

在解题坐标系中,内容是提供方法的内容,方法是体现内容的方法.解题折线上的每一点都是内容与方法的统一,且在两轴上的投影又都不唯一.同一内容可以从不同的角度去理解,同一方法可以在不同的地方发挥效能.这说明内容存在着转化关系,方法技巧存在着内在联系,这为多角度考虑问题提供了依据.

如果不能马上连接解题折线,至少有两件事可做.首先考虑两组同心圆的最内圈;其次试着在两轴上做多角度投影,特别是在纵轴上投影,思路常常会在信息转换中诞生.

例 1.2.11 已知 $\dfrac{\sqrt{2}b-2c}{a}=1$,求证 $b^2 \geqslant 4ac$.

分析 1:单纯从外形上思考,就是消除已知与求证之间的两个主要差异——一次与二次,等式与不等式.

于是,从已知出发,通过"平方"达到升次,再由等式去掉非负项导出不

等式.由已知条件有

$$b=\frac{a}{\sqrt{2}}+\sqrt{2}\,c,$$

$$b^2=\frac{a^2}{2}+2ac+2c^2$$

$$=\left(\frac{a}{\sqrt{2}}-\sqrt{2}\,c\right)^2+4ac$$

$$\geqslant 4ac.$$

以上四步对应着解题折线中的四个点,这四个点在解题坐标系上的坐标依次可表示为:(算术运算,一次等式);(平方,二次等式);(配方,二次等式);(缩小,二次不等式).可见,这种处理主要表现为横向的推进:恒等变形、乘方、配方、放缩技巧等,像例行公事一样缺少特色.

分析2: 如果我们不是绝对地把$\sqrt{2}$看成是静止的"已知数",而是未知数的一个取值,那么,已知条件就表明二次方程有实根.

$$\begin{cases}ax^2+bx+c=0\\x=-\dfrac{\sqrt{2}}{2}\end{cases},$$

从而有判别式非负,即$b^2-4ac\geqslant 0$,故$b^2\geqslant 4ac$.

这一过程如此简捷,是二次方程的理论代替了乘方、配方的过程以及不等式"放缩法".

以上两种解法相比较,前者更加注重从条件出发的一组同心圆信息即可知,后者却注重条件在内容轴上的投射,由条件投射到纵轴上的一个点,再直导结论.由等式转化为方程,这从系统论看来,就是使系统开放,并为静止、孤立的状态设计一个更为生动、波澜壮阔的过程.

另外,前一思考更注重形式上的一致性,表现为思维比较具体、平缓的演算,较多的是线性思维;后者更注重内容上的转化,表现为思维是多元的、抽象的,推理是跳跃的.当然,后者观点更高,能力更强,格调更新.把内容与形式结合起来思考,把方法运用与概念转化配合起来推进,必然思路更加宽广、风格更加高雅.

例1.2.12 已知$a+b+c=0$,求证$a^3+b^3+c^3=3abc$.

证法1: 从已知出发,以"乘方"升幂为求证式.

$$0=[(a+b)+c]^3$$

$$=(a+b)^3+3(a+b)c[(a+b)+c]+c^3$$

$$=a^3+3ab(a+b)+b^3+0+c^3$$

$$=a^3+b^3+c^3-3abc.$$

所以

$$a^3+b^3+c^3=3abc.$$

证法 2：从求证式出发，分解、归结为已知式.

$$
\begin{aligned}
a^3+b^3+c^3-3abc &=(a+b)^3+c^3-3ab(a+b)-3abc\\
&=[(a+b)+c][(a+b)^2-(a+b)c+c^2]\\
&\quad-3ab(a+b+c)\\
&=(a+b+c)(a^2+b^2+c^2-ab-bc-ca)\\
&=0.
\end{aligned}
$$

所以

$$a^3+b^3+c^3=3abc.$$

证法 3：将 $a+b+c=0$ 看成方程

$$ax+by+cz=0$$

有非零解 $x=y=z=1$.

并且 $a+b+c=0$ 不是一个孤立的等式，而是同样的三个等式：

$$
\begin{aligned}
a+b+c=0,\\
b+c+a=0,\\
c+a+b=0.
\end{aligned}
$$

这就是说，条件表明齐次线性方程组

$$
\begin{cases}
ax+by+cz=0\\
bx+cy+az=0\\
cx+ay+bz=0
\end{cases}
$$

有非零解 $x=y=z=1$，从而系数行列式等于零，即

$$
\begin{vmatrix}
a & b & c\\
b & c & a\\
c & a & b
\end{vmatrix}=0,
$$

化简得

$$a^3+b^3+c^3=3abc.$$

证法 1 和证法 2 分别是从条件和结论出发的，逐渐扩大同心圆，在解题折线上表现为从条件到结论或从结论到条件的推进，思维层次停留在较为具体平缓的演算水平上.证法 3 完全不同，在解题坐标系上表现为由条件直接投射到纵轴上，由纵轴上的推进(一般来说，在纵轴上推进一步即可)再直接平行对应到结论，即给等式 $a+b+c=0$ 赋予活的数学内容，它不再是一个静止的等式.通过对方程解的理解，把 $a+b+c=0$ 转化为齐次线性方程组，从而归结为行列式的简单展开.

例 1.2.13　已知 $a\sqrt{1-b^2}+b\sqrt{1-a^2}=1$,求证 $a^2+b^2=1$.

证法1: 直接的代数证明为平方、配方.

证法2: 三角法.由条件知

$$0\leqslant a\leqslant 1,0\leqslant b\leqslant 1.$$

令 $a=\cos\alpha,b=\sin\beta,\alpha,\beta\in\left[0,\dfrac{\pi}{2}\right]$.则原条件可化为

$$\cos\alpha\cos\beta+\sin\alpha\sin\beta=1,$$

即

$$\cos(\alpha-\beta)=1.$$

但

$$-\frac{\pi}{2}\leqslant\alpha-\beta\leqslant\frac{\pi}{2},$$

所以 $\alpha-\beta=0$,从而 $\alpha=\beta$.故 $a^2+b^2=\cos^2\alpha+\sin^2\beta=\cos^2\alpha+\sin^2\alpha=1$.

证法3: 以 a、$\sqrt{1-a^2}$、1 为三边作 $\mathrm{Rt}\triangle ABD$,以 b、$\sqrt{1-b^2}$、1 为三边作 $\mathrm{Rt}\triangle BCD$,有公共斜边 1,如图 $1-8$ 所示,构成四边形 $ABCD$,从而 $ABCD$ 共圆,直径 $BD=1$.

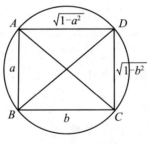

图 1-8

由托勒玫定理,有

$$a\sqrt{1-b^2}+b\sqrt{1-a^2}=AC\times 1,$$

再比较已知,从而 $AC=1$.由此得 $\angle ABC=90^\circ$,所以

$$a^2+b^2=1.$$

证法4: 因为

$$a^2+(1-b^2)\geqslant 2a\sqrt{1-b^2}\quad(当且仅当 a^2=1-b^2 时等号成立),$$

$$b^2+(1-a^2)\geqslant 2b\sqrt{1-a^2}\quad(当且仅当 b^2=1-a^2 时等号成立),$$

所以

$$a\sqrt{1-b^2}+b\sqrt{1-a^2}\leqslant 1\quad(当且仅当 a^2+b^2=1 时等号成立).$$

而已知

$$a\sqrt{1-b^2}+b\sqrt{1-a^2}=1,$$

所以

$$a^2+b^2=1.$$

证法 5:已知表明单位圆上的两点 $A(a,\sqrt{1-a^2})$,$B(\sqrt{1-b^2},b)$ 满足：A 在过 B 点的切线

$$x\sqrt{1-b^2}+by=1$$

上.由切点的唯一性得,A、B 两点重合,即

$$\begin{cases} a=\sqrt{1-b^2}, \\ \sqrt{1-a^2}=b. \end{cases}$$

所以

$$a^2+b^2=1.$$

以上证法 1 是在普通解题折线上的推进,而后面几种证法较多地注意了在内容上的转换,特别是证法 5,把数 a,$\sqrt{1-a^2}$,b,$\sqrt{1-b^2}$ 转化为单位圆上的两点 $A(a,\sqrt{1-a^2})$,$B(\sqrt{1-b^2},b)$,再把已知关系式转化为 A 在过 B 的切线 $x\sqrt{1-b^2}+by=1$ 上,这两步就是已知条件在内容轴上的投影,既有直觉和想象,又有演算和推理.最后,用圆的切线的定义代替代数解法中的平方、配方技巧,也代替了三角法中的变换技巧.

同时,我们还可以看到,一个已知条件在内容轴上的投影不唯一,也就对应着多种转换方式.

1.2.3.2　探求解题思路的几条原则

探求解题思路应遵循如下基本原则:平面结构原则、广角投影原则、内圈递扩原则、差异渐缩原则.

（1）平面结构原则

将数学内容与数学方法结合起来,组成一个平面结构,正是解题坐标系的基本特点.平面结构原则是指在探求解题思路时,要注重内容与方法的统一,采取内容与方法相结合的二维平面思考方法.例如,对于题目的结构,不仅注重外形上的分析,而且注重内容上的理解,能从一个孤立静止的数学形式中找出关联活动的数学内容.比如,把一个已知数看成是未知数的取值,把一个常量看成是变量的瞬时状态,把一个图形看成两个图形的重合,把一种数学存在看成是另一种数学存在的条件或结果等.这些认识之所以可行,是因为一定的数学内容总是要表现为一定的数学形式,而一定的数学形式

又总能反映某些数学内容.

例 1.2.14　已知等差数列中 a,b,c 三个数都是正数,且公差 d 不为零,求证它们的倒数所组成的数列 $\dfrac{1}{a},\dfrac{1}{b},\dfrac{1}{c}$ 不可能成等差数列.

证法 1:设 $a=b-d,c=b+d,d\neq0$,因为

$$\frac{1}{a}+\frac{1}{c}=\frac{1}{b-d}+\frac{1}{b+d}=\frac{2b}{b^2-d^2}\neq\frac{2b}{b^2}=\frac{2}{b},$$

所以,$\dfrac{1}{a},\dfrac{1}{b},\dfrac{1}{c}$ 不成等差数列.

证法 2:若 $\dfrac{1}{a},\dfrac{1}{b},\dfrac{1}{c}$ 成等差数列,可设

$$\frac{1}{a}=\frac{1}{b}-d,\quad\frac{1}{c}=\frac{1}{b}+d,\quad d\neq0.$$

则 $a+c=\dfrac{b}{1-bd}+\dfrac{b}{1+bd}=\dfrac{2b}{1-(bd)^2}\neq2b$.这与已知 a,b,c 成等差数列相矛盾.

证法 3:由 $a\neq c$ 且 a,c 为正数知

$$(a+c)\left(\frac{1}{a}+\frac{1}{c}\right)>4,$$

若 $\dfrac{1}{a},\dfrac{1}{b},\dfrac{1}{c}$ 也成等差数列,则

$$\frac{1}{a}+\frac{1}{c}=\frac{2}{b},\quad\text{又 } a+c=2b.$$

代入 $(a+c)\left(\dfrac{1}{a}+\dfrac{1}{c}\right)>4$,得 $4>4$,矛盾.

证法 4:作以 a、c 为根的二次方程

$$x^2-(a+c)x+ac=0.$$

因为

$$a+c=2b,$$

所以

$$x^2-2bx+ac=0.$$

又

$$\Delta>0(a\neq c),$$

即

$$4b^2-4ac>0,$$

所以

$$\frac{2}{b} \neq \frac{2b}{ac} = \frac{a+c}{ac} = \frac{1}{a} + \frac{1}{c},$$

故 $\frac{1}{a}, \frac{1}{b}, \frac{1}{c}$ 不成等差数列.

证法 5：建立平面直角坐标系，若 $\frac{1}{a}, \frac{1}{b}, \frac{1}{c}$ 成等差数列，则 $A\left(a, \frac{1}{a}\right)$，$B\left(b, \frac{1}{b}\right), C\left(c, \frac{1}{c}\right)$ 三点共线，但 A、B、C 又都在双曲线 $y = \frac{1}{x}$ 上，必有两点重合，$a=b$ 或 $b=c$ 或 $a=c$，这与已知公差不为零相矛盾.

所以，$\frac{1}{a}, \frac{1}{b}, \frac{1}{c}$ 不成等差数列.

前四种证法注重的是形式上的推导，由 $2b=a+c$ 导出 $\frac{2}{b} \neq \frac{1}{a} + \frac{1}{c}$，都还没有对其数学内容做出揭示，证法 5 将题中的已知与求证结合起来并投射到纵轴上，揭示出题目的实质是双曲线 $y = \frac{1}{x}$ 上不同的三点 $\left(a, \frac{1}{a}\right)$，$\left(b, \frac{1}{b}\right), \left(c, \frac{1}{c}\right)$ 不能共线.

可见，本质的东西才会简单，平面结构性的二维思考才会接触本质.

(2)广角投影原则

同一数学内容可以有多种不同的存在形式，同一数学形式又可以从多种内容上去理解.在探求解题思路时，要善于将条件或结论向两轴做多角度投影，在这个多角度的投影中，数学知识不是孤立的单点或离散的片段，数学方法也不是互不相关的一招一式，它们是不可分割的整体，组成一条又一条的知识链.解题思路探求的敏捷性、发散性就在于当知识链中的某一环节受到刺激时，整条知识链就活跃起来.

例 1.2.15 若 a、b、c、$d \in \mathbf{R}^+$，求证：

$$ac + bd \leqslant \sqrt{a^2 + b^2} \cdot \sqrt{c^2 + d^2}.$$

证法 1：设 $z_1 = a + bi, z_2 = c - di$，则

$$
\begin{aligned}
\sqrt{a^2 + b^2} \cdot \sqrt{c^2 + d^2} &= |z_1| \cdot |z_2| = |z_1 z_2| \\
&= |(a + bi)(c - di)| \\
&= |(ac + bd) + (bc - ad)i| \\
&= \sqrt{(ac + bd)^2 + (bc - ad)^2} \\
&\geqslant \sqrt{(ac + bd)^2} = ac + bd.
\end{aligned}
$$

当且仅当 $bc - ad = 0$，即 $\frac{a}{b} = \frac{c}{d}$ 时，上式取等号.

证法 2：所证不等式等价于不等式

$$\frac{a}{\sqrt{a^2+b^2}} \cdot \frac{c}{\sqrt{c^2+d^2}} + \frac{b}{\sqrt{a^2+b^2}} \cdot \frac{d}{\sqrt{c^2+d^2}} \leqslant 1 \tag{1}$$

如图 1-9 所示 $P(a,b)$，$Q(c,d)$，$\angle POx = \alpha$，$\angle QOx = \beta$，则

$$\sin\alpha = \frac{b}{\sqrt{a^2+b^2}},\cos\alpha = \frac{a}{\sqrt{a^2+b^2}},$$

$$\sin\beta = \frac{d}{\sqrt{c^2+d^2}},\cos\beta = \frac{c}{\sqrt{c^2+d^2}}.$$

所以

$$(1)式左边 = \cos\alpha\cos\beta + \sin\alpha\sin\beta$$
$$= \cos(\alpha-\beta) \leqslant 1.$$

当 $\alpha = \beta$，即 $\dfrac{a}{b} = \dfrac{c}{d}$ 时，上式取等号.

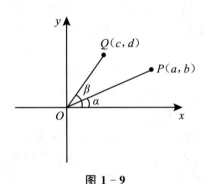

图 1-9

证法 3：原不等式等价于不等式

$$\frac{|ac+bd|}{\sqrt{a^2+b^2}} \leqslant \sqrt{c^2+d^2}.$$

如图 1-10 所示，此时不等式左边是点 $P(c,d)$ 到直线 $ax+by=0$ 的距离，而右边是点 $P(c,d)$ 到原点 O 的距离.注意到原点也在直线 $ax+by=0$ 上，即知结论成立，而等号当且仅当 PO 垂直于直线 $ax+by=0$ 即 $\dfrac{a}{b} = \dfrac{c}{d}$ 时取得.

以上多种证法表明，广角投影才能真正使不同知识之间进行信息转换，解题思路将在这种转换中诞生.

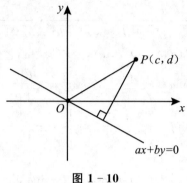

图 1－10

（3）内圈递扩原则

如果解题折线过长或过于曲折，一时无法弄清，那么我们可以试着考虑两组同心圆的最内圈，即从条件或结论出发，做出一小步推理，进行稍稍简单的变形，然后再逐步扩展解题坐标系上的同心圆，在内圈递扩的过程中有希望出现中途点．

例 1.2.16 在等腰 $\triangle ABC$ 中，以底边 AB 的中点 O 为圆心作半圆与两腰相切于 P,Q．在弧 $\overparen{PQ}$ 上任取一点 D，过 D 作 $\odot O$ 的切线交两腰于 M，N．求证：AM 与 BN 的乘积为定值．

分析：如图 1－11 所示，如果这道题对于解题者来说并不熟悉，不知该如何下手去做，通常会试着去找一个更容易着手的问题、一个更特殊的问题，或者问题的一部分，先迈开一小步，然后逐步扩大战果．

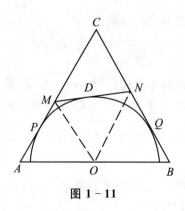

图 1－11

①由点 D 是 $\overset{\frown}{PQ}$ 上任一点,想到先考虑取 D 为 $\overset{\frown}{PQ}$ 的中点时,会是什么情况?

这时,$MN /\!/ AB$,有

$$\angle AMO = \angle OMN = \angle AOM,$$

所以

$$AM = AO.$$

同理

$$BN = BO,$$

所以

$$AM \cdot BN = AO \cdot BO.$$

②扩大一步想,这一结果对于取不是 $\overset{\frown}{PQ}$ 中点的 D 还成立吗?

$$AM \cdot BN = AO \cdot BO,$$

即

$$\frac{AM}{AO} = \frac{BO}{BN},$$

这涉及证明 $\triangle AMO \backsim \triangle BNO$,它们能相似吗?

③因为 $\angle A = \angle B$,所以只需再证

$$\angle AOM = \angle BNO,$$

或

$$\angle AMO = \angle BON.$$

只需证

$$\angle A + \angle AMO + \angle BNO = 180°,$$

或

$$\angle B + \angle BON + \angle AOM = 180°.$$

④进一步考虑上式能否证明.因为

$$\angle A + \angle AMN + \angle MNB + \angle B = 180° \times 2,$$

即

$$2\angle A + 2\angle AMO + 2\angle BNO = 180° \times 2,$$

所以

$$\angle A + \angle AMO + \angle BNO = 180°.$$

证明:如图 1-11 所示,联结 OM, ON,则

$$\angle AMO = \frac{1}{2}\angle AMN, \quad \angle BNO = \frac{1}{2}\angle MNB,$$

所以

$$\angle A + \angle AMO + \angle BNO = \frac{1}{2}(\angle A + \angle B + \angle AMN + \angle MNB) = 180°,$$

但

$$\angle A + \angle AMO + \angle AOM = 180°,$$

所以

$$\angle AOM = \angle BNO,$$

又

$$\angle A = \angle B,$$

所以

$$\triangle OMA \backsim \triangle NOB.$$

从而

$$\frac{AM}{AO} = \frac{BO}{BN}.$$

故 $AM \cdot BN = AO \cdot BO = \left(\frac{AB}{2}\right)^2$ 为定值.

(4)差异渐缩原则

在解题坐标系上,条件与结论之间位置上的不同,反映了内容及形式上的目标差.解题就是要消除这种目标差,差异渐缩原则强调在探寻解题思路时,要善于考虑消除它们之间的差异,达到新的平衡.

例 1.2.17 已知函数 $f(x) = \tan x, x \in \left(0, \frac{\pi}{2}\right)$. 若 $x_1, x_2 \in \left(0, \frac{\pi}{2}\right)$ 且 $x_1 \neq x_2$,证明

$$\frac{1}{2}[f(x_1) + f(x_2)] > f\left(\frac{x_1 + x_2}{2}\right).$$

分析:由已知函数,求证式具体为

$$\frac{1}{2}(\tan x_1 + \tan x_2) > \tan \frac{x_1 + x_2}{2}.$$

注意到此不等式左右两边的显著差异是角不相同,便做出反应:化为同角的同名函数.

$$\frac{\tan \frac{x_1}{2}}{1 - \tan^2 \frac{x_1}{2}} + \frac{\tan \frac{x_2}{2}}{1 - \tan^2 \frac{x_2}{2}} > \frac{\tan \frac{x_1}{2} + \tan \frac{x_2}{2}}{1 - \tan \frac{x_1}{2} \tan \frac{x_2}{2}}.$$

此时不等式两边函数与角均已统一,可简化为

$$\frac{a}{1 - a^2} + \frac{b}{1 - b^2} > \frac{a + b}{1 - ab} \left(\text{其中 } a = \tan \frac{x_1}{2}, b = \tan \frac{x_2}{2}\right).$$

该不等式两边的差异在于运算方式不同,左边是两项之和,右边是一项,为了消除差异,对左边通分合并,便可完成证明:

$$
\begin{aligned}
\frac{a}{1-a^2}+\frac{b}{1-b^2} &= \frac{(a+b)(1-ab)}{(1-ab)^2-(a-b)^2} \\
&> \frac{(a+b)(1-ab)}{(1-ab)^2} \\
&= \frac{a+b}{1-ab}.
\end{aligned}
$$

第 2 章　高等数学的思维方法

数学是严密的科学,数学是由概念、性质、定理、公式等按照一定的逻辑规则组成的严密的知识体系,有很强的系统性,因此,在高等数学的学习中,一定要循序渐进,打好基础,完整地、系统地掌握基本概念、基本理论和基本运算,其中包括思维方法与解题方法两方面.掌握了数学的思维方法就掌握了分析问题的能力,这是数学的生命和灵魂,而数学的解题方法是解决问题的技巧和能力,需要动手动笔去演练、去应用,将两方面有机结合起来,就能把知识转化为能力,就能把科学转化为力量.掌握了高等数学的思维与解题方法,学好高等数学就不是一件难事,数学也就不再是枯燥乏味的符号,为此,本章介绍高等数学常用的思维方法.

2.1　基本概念法

在包括物质时空的大自然,抽象空间、精神世界的"大自然"中,在宏观方向与微观方向分出的层次都是无限的,因此任何一件事物,任何一个理论都只能建立在一套相对的基础与相对的基本概念上,但凡一件事物,在人脑里必有一个反映,这个反映出的形象叫作该事物的概念,人们常常用比喻、解释、描述的语言来叙述这个概念.

数学是一门精确的学科,自然所用到的概念都需要准确化,定义就起到这一作用.

高等数学的概念是从大量的实际问题中根据其共同的本质而抽象出来的.

从数学上给出定义,例如,函数、极限、连续的概念都是从大量的实际问题中根据其共同的本质而抽象出来进而定义的.又如,研究函数因变量对自变量的平均变化率和瞬时变化率而引入导数(导数概念)的定义,进而研究函数的导数,又有中值定理及其导数的重要应用,由全体原函数的概念又得到不定积分的概念等,可以说,高等数学的概念是"高等数学大厦"的支柱,概念的本质包括概念的内涵与外延,所谓概念的内涵是指所反映的客观事物的特有属性;概念的外延是指所反映的那一类事物;理解概念,是指对该概念的内涵是什么、外延有哪些都应十分清楚,只有概念清楚,才能理解各种解题方法.

例 2.1.1　如果用极限式 $\lim\limits_{x \to x_0} f(x) = f(x_0)$ 来定义函数 $f(x)$ 在点 x_0 处连续,必然包括以下条件:函数 $f(x)$ 在点 x_0 的邻域内有定义,极限存在;函数 $f(x)$ 在点 x_0 的极限值等于函数值:$\lim\limits_{x \to x_0} f(x) = f(x_0)$.

分析:这里,首先要以函数、极限和邻域概念作为基础,然后用特殊的极限来定义函数 $f(x)$ 在点 x_0 处连续.

同样,用极限式 $\lim\limits_{x \to x_0, y \to y_0} f(x, y) = f(x_0, y_0)$ 来定义函数 $f(x, y)$ 在点 (x_0, y_0) 处连续.

用极限式 $\lim\limits_{P \to P_0} f(P) = f(P_0)$ 来定义函数 $f(P)\,(P \in D \in \mathbf{R}'')$ 在点 P_0 处连续.

例 2.1.2　如果用极限式 $\lim\limits_{\Delta x \to 0} \dfrac{f(x + \Delta x) - f(x)}{\Delta x}$ 来定义 $f(x)$ 在点 x 处可导,必然包括以下条件:函数 $f(x)$ 在点 x 的邻域内有定义;极限 $\lim\limits_{\Delta x \to 0} \dfrac{f(x + \Delta x) - f(x)}{\Delta x}$ 存在;记为

$$f'(x) = \lim_{\Delta x \to 0} \frac{f(x + \Delta x) - f(x)}{\Delta x}.$$

分析:这里,同样要以 Δx 为自变量的特定形式的新函数 $\dfrac{f(x + \Delta x) - f(x)}{\Delta x}$ 与极限概念作为基础,然后用特殊的极限来定义函数 $f(x)$ 在点 x 处可导.

由此归纳,还可得到二阶导数,三阶导数,$\cdots$,n 阶导数的定义:

$$f''(x), f'''(x), \cdots, f^{(n)}(x)$$

用极限 $\lim\limits_{\Delta x \to 0} \dfrac{f(x + \Delta x, y) - f(x, y)}{\Delta x}$ 来定义函数 $f(x, y)$ 在点 (x, y) 处对 x 的偏导数,即

$$f_x(x, y) = \lim_{\Delta x \to 0} \frac{f(x + \Delta x, y) - f(x, y)}{\Delta x}.$$

用极限 $\lim\limits_{\Delta y \to 0} \dfrac{f(x, y + \Delta y) - f(x, y)}{\Delta y}$ 来定义函数 $f(x, y)$ 在点 (x, y) 处对 y 的偏导数,即

$$f_y(x, y) = \lim_{\Delta y \to 0} \frac{f(x, y + \Delta y) - f(x, y)}{\Delta y}.$$

例 2.1.3　定积分的定义是在讨论曲边梯形面积和变速直线运动的路程等问题时,抽象得到一个特定乘积和式的极限

$$\int_a^b f(x)\,\mathrm{d}x = \lim_{\lambda \to 0} \sum_{i=1}^n f(\xi_i)\,\Delta x_i$$

来定义函数 $f(x)$ 在闭区间 $[a,b]$ 上的定积分,必然包括以下条件:函数 $f(x)$ 在闭区间 $[a,b]$ 上有界,$\xi_i \in [x_{i-1},x_i]$,$\Delta x_i = x_i - x_{i-1}(i=1,2,\cdots,n)$,$\lambda = \max(\Delta x_1,\Delta x_2,\cdots,\Delta x_n)$,且极限 $\lim\limits_{\lambda \to 0}\sum\limits_{i=1}^n f(\xi_i)\,\Delta x_i$ 存在.

分析:同样,可以定义函数 $f(x,y)$ 在闭区域 D 上的二重积分:

$$\iint\limits_D f(x,y)\,\mathrm{d}x\mathrm{d}y = \lim_{\lambda \to 0}\sum_{i=1}^n f(\xi_i,\eta_i)\,\Delta\sigma_i;$$

以及函数 $f(x,y)$ 在曲线 L 上对弧长的曲线积分:

$$\int_L f(x,y)\,\mathrm{d}s = \lim_{\lambda \to 0}\sum_{i=1}^n f(\xi_i,\eta_i)\,\Delta s_i.$$

注意到以上的各种定义都是针对事物是存在的,不随人们的定义而转移,因此被定义的客观事物就是检验其定义是否确切的唯一标准.

例 2.1.4　证明:偶函数的导函数是奇函数,奇函数的导函数是偶函数.

分析:本题含有奇函数、偶函数、导函数三个概念,仅以偶函数为例进行证明.

证明:$y=f(x)$ 设为偶函数,定义域关于原点对称,且 $f(-x)=f(x)$(偶函数的概念),那么

$$f'(x) = \lim_{h\to 0}\frac{f(x+h)-f(x)}{h}\text{(导函数的概念)}$$

$$= \lim_{h\to 0}\frac{f(-x-h)-f(-x)}{h}\text{(偶函数的概念)}$$

$$= -\lim_{h\to 0}\frac{f(-x-h)-f(-x)}{-h}\text{(代数恒等变换)}$$

$$= -f'(-x)\text{(导函数的概念)},$$

即 $f'(-x)=-f'(-x)$,显然新的函数 $f'(x)$ 的定义域关于原点对称,故 $f'(x)$ 为奇函数.

注:由复合函数求导法则(满足条件)也可以证明,则对式子两边求导:

$$[f(-x)]' = [f(x)]'$$

得到:

$$f'(-x)(-x)' = f'(x),$$
$$f'(-x)(-1) = f'(x).$$

这就是:

$$f'(-x) = -f'(x).$$

当 $f(x)$ 为奇函数时,同理可证 $f'(x)$ 是偶函数.

例 2.1.5　证明:周期函数的导函数亦为周期函数.

证明:设 $f(x)$ 是以 $T(T > 0$ 为常数) 为周期的周期函数,即 $\forall x, x + T \in D(f)$.

$$f(x+T) = f(x)\text{(周期函数的定义)},$$

$$f'(x) = \lim_{h \to 0} \frac{f(x+h) - f(x)}{h}\text{(导函数的概念)}$$

$$= \lim_{h \to 0} \frac{f(x+h+T) - f(x+T)}{h}\text{(周期函数的概念)}$$

$$= f'(x+T)\text{(导函数的概念)}.$$

由于 $f'(x) = f'(x+T)$,故 $f'(x)$ 也是以 T 为周期的函数.

2.2　对称性方法

数学中形式上的对称,如公式的对称性、运算符号的对称性与运算法则的对称性等,同样给予人们最完美的享受,譬如:

函数的全微分

$$du(x,y,z) = \frac{\partial u}{\partial x}dx + \frac{\partial u}{\partial y}dy + \frac{\partial u}{\partial z}dz.$$

函数乘积的微分

$$d(uv) = v\,du + u\,dv.$$

两函数乘积的 n 阶导数的牛顿-莱布尼茨公式与二项式公式具有良好的对称性.

$$(a+b)^n = \sum_{k=0}^{n} C_n^k a^k b^{n-k} = \sum_{k=0}^{n} C_n^k a^{n-k} b^k;$$

$$[uv]^{(n)} = \sum_{k=0}^{n} C_n^k u^{(k)} v^{(n-k)} = \sum_{k=0}^{n} C_n^k u^{(n-k)} v^{(k)}.$$

泰勒公式也具有良好的对称性:

$$f(x) = f(x_0) + \frac{f'(x_0)}{1!}(x-x_0) + \frac{f''(x_0)}{2!}(x-x_0)^2 + \cdots$$

$$+ \frac{f^{(n)}(x_0)}{n!}(x-x_0)^n + R_n(x),$$

$$R_n(x) = \frac{f^{(n+1)}(\xi)}{(n+1)!}(x-x_0)^{n+1}(\xi \text{ 在 } x_0 \text{ 与 } x \text{ 之间}),$$

$$f(x) = \sum_{k=0}^{n} \frac{f^{(k)}(x_0)}{k!}(x-x_0)^k + \frac{f^{(n+1)}(\xi)}{(n+1)!}(x-x_0)^{n+1}.$$

其中, $f^{(0)}(x_0) = f(x_0)$.

集合运算的德·摩根律

$$(A \bigcup B)^c = A^c \bigcap B^c, (A \bigcap B)^c = A^c \bigcup B^c$$

或

$$\overline{A \bigcup B} = \overline{A} \bigcap \overline{B}, \overline{A \bigcap B} = \overline{A} \bigcup \overline{B}.$$

这种形式的对称性,不仅给我们带来了计算的方便,而且给我们的思维以启迪,使我们产生联想,从而可促进创造性思维的萌生.

2.2.1 利用函数奇偶性和对称性求导

例 2.2.1 利用偶函数的导函数是奇函数,奇函数的导函数是偶函数,就会得到关于高阶导数的结果,偶数阶导数不改变函数的奇偶性,而奇数阶导数改变函数的奇偶性.

证明:如果函数 $f(x)$ 为偶函数,即 $f(-x) = f(x)$,则两边求导得到

$$f^{(2n)}(-x)(-1)^{2n} = f^{(2n)}(x),$$

所以有

$$f^{(2n)}(-x) = f^{(2n)}(x).$$

这表明偶函数偶数阶导数仍然是偶函数,奇偶性不改变.而

$$f^{(2n+1)}(-x)(-1)^{2n+1} = f^{(2n+1)}(x),$$

所以

$$f^{(2n+1)}(-x) = -f^{(2n+1)}(x).$$

这表明偶函数奇数阶导数却是奇函数,奇偶性改变.

如果函数 $f(x)$ 为奇函数,结果完全类似,由此结论易知:

若设函数 $F(x) = \frac{1}{2}(e^{\sin x} + e^{-\sin x})$,则 $F^{(101)}(0) = 0$.

若设函数 $G(x) = \frac{1}{2}(e^{\sin x} - e^{-\sin x})$,则 $G^{(101)}(0) = 0$.

例 2.2.2 利用多元函数的对称性求偏导数.

证明:若函数 $f(x,y,z)$ 恒有 $f(x,z,y) = f(x,y,z)$,则称 $f(x,y,z)$ 关于变量 y 与 z 是对称的,类似可定义函数关于变量 x 与 y(或 x 与 z)的对称性,一句话,若在函数中将某两个变量位置交换后其函数值不变,则称该函数关于这两个变量是对称的,如:

$$f(x,y,z) = x\tan(y^2 + z^2) \text{关于 } y \text{ 与 } z \text{ 对称};$$

$$g(x,y,z)=\sqrt{xy}\sin(z+x^3y^3) \text{ 关于 } x \text{ 与 } y \text{ 对称};$$

$$r=\sqrt{x^2+y^2+z^2} \text{ 则关于自变量两两对称.}$$

求偏导数时,可以利用函数的对称性简化计算.例如求

$$r_x=\frac{x}{\sqrt{x^2+y^2+z^2}}=\frac{x}{r},r_{xx}=\frac{r-xr_x}{r^2}=\frac{r-\dfrac{x^2}{r}}{r^2}=\frac{r^2-x^2}{r^3},$$

于是利用函数的对称性得到:

$$r_{yy}=\frac{r^2-y^2}{r^3},r_{zz}=\frac{r^2-z^2}{r^3}.$$

从而有

$$r_{xx}+r_{yy}+r_{zz}=\frac{r^2-x^2}{r^3}+\frac{r^2-y^2}{r^3}+\frac{r^2-z^2}{r^3}=\frac{3r^2-r^2}{r^3}=\frac{2}{r}.$$

2.2.2 利用函数奇偶性与区域对称性计算各种积分

2.2.2.1 利用函数的奇偶性计算对称区间上的定积分 $\int_{-a}^{a}f(x)\mathrm{d}x$

设函数 $f(x)$ 在 $[-a,a](a>0)$ 上连续,则有:

$$\int_{-a}^{a}f(x)\,\mathrm{d}x=\begin{cases}2\displaystyle\int_{0}^{a}f(x)\,\mathrm{d}x,\text{当 }f(x)\text{ 为偶函数时}\\[2mm]0,\text{当 }f(x)\text{ 为奇函数时}\end{cases}.$$

例 2.2.3 设函数 $f(x)$、$g(x)$ 在 $[-a,a]$ 上连续,$g(x)$ 满足 $g(x)+g(-x)=A$(A 为常数),$f(x)$ 为偶函数,证明 $\int_{-a}^{a}f(x)\mathrm{d}x=A\int_{0}^{a}f(x)\mathrm{d}x$,并计算 $\int_{-\frac{\pi}{2}}^{\frac{\pi}{2}}|\sin x|\arctan\mathrm{e}^x\,\mathrm{d}x$.

证明:因为 $f(x)$ 为偶函数,$f(-x)=f(x)$,另外 $g(x)+g(-x)=A$,所以有:

$$\int_{-a}^{a}f(x)g(x)\mathrm{d}x=\int_{0}^{a}\left[f(x)g(x)+f(-x)g(-x)\right]\mathrm{d}x$$

$$=\int_{0}^{a}f(x)\left[g(x)+g(-x)\right]\mathrm{d}x$$

$$=A\int_{0}^{a}f(x)\mathrm{d}x.$$

设 $f(x)=|\sin x|$，$x\in\left[-\dfrac{\pi}{2},\dfrac{\pi}{2}\right]$ 是偶函数.

$g(x)=\arctan e^x$，令 $G(x)=\arctan e^x+\arctan e^{-x}$，则有

$$G'(x)=\frac{e^x}{2+e^{2x}}-\frac{e^{-x}}{2+e^{-2x}}=\frac{e^x}{1+e^{2x}}-\frac{e^x}{1+e^{2x}}=0.$$

$G(x)=C$，而 $G(0)=\dfrac{\pi}{2}$，所以

$$\arctan e^x+\arctan e^{-x}=\frac{\pi}{2}.$$

于是

$$\int_{-\frac{\pi}{2}}^{\frac{\pi}{2}}|\sin x|\arctan e^x\,dx=A\int_0^{\frac{\pi}{2}}|\sin x|\,dx\cdot\frac{\pi}{2}\int_0^{\frac{\pi}{2}}|\sin x|\,dx=\frac{\pi}{2}.$$

2.2.2.2 利用函数的奇偶性计算对称区域上的二重积分和曲线积分

（1）设二重积分 $\iint\limits_D f(x,y)\,dx\,dy$，函数 $f(x,y)$ 在闭区域 D 上连续，当区域 D 关于 x 轴对称时，即 $D=D_1+D_2$，D_1 与 D_2 关于 x 轴对称，则有

$$\iint\limits_D f(x,y)\,dx\,dy=\begin{cases}2\iint\limits_D f(x,y)\,dx\,dy,\text{当 } f(x,y) \text{ 关于 } y \text{ 为偶函数时}\\[2mm]0,\text{当 } f(x,y) \text{ 关于 } y \text{ 为奇函数时}\end{cases};$$

当区域 D 关于 y 轴对称时，即 $D=D_1+D_2$，D_1 与 D_2 关于 y 轴对称，则

$$\iint\limits_D f(x,y)\,dx\,dy=\begin{cases}2\iint\limits_D f(x,y)\,dx\,dy,\text{当 } f(x,y) \text{ 关于 } x \text{ 为偶函数时}\\[2mm]0,\text{当 } f(x,y) \text{ 关于 } x \text{ 为奇函数时}\end{cases}.$$

例 2.2.4 设 D 为闭区域，$x^2+y^2\leqslant 1$，计算 $\iint\limits_D(x+y)^2\,dx\,dy$.

解：

$$\iint\limits_D(x+y)^2\,dx\,dy=\iint\limits_D(x^2+2xy+y^2)\,dx\,dy$$

$$=\iint\limits_D(x^2+y^2)\,dx\,dy+2\iint\limits_D xy\,dx\,dy$$

$$=\iint\limits_D(x^2+y^2)\,dx\,dy+0$$

$$= \int_0^{2\pi} \mathrm{d}\theta \cdot \int_0^1 r^3 \mathrm{d}r$$

$$= \frac{\pi}{2}.$$

（2）设对弧长的（一型）曲线积分 $\int_L f(x,y)\mathrm{d}s$，函数 $f(x,y)$ 在积分弧段 L 上连续，当 L 关于 x 轴对称时，即 $D=L_1+L_2$，L_1 与 L_2 关于 x 轴对称，则有

$$\int_L f(x,y)\mathrm{d}s = \begin{cases} 2\int_L f(x,y)\mathrm{d}s, \text{当} f(x,y) \text{关于} x \text{为偶函数时} \\ 0, \text{当} f(x,y) \text{关于} y \text{为奇函数时} \end{cases}.$$

2.2.2.3 利用函数的奇偶性计算对称区域上的三重积分

设函数 $f(x,y,z)$ 在闭区域 Ω 上连续，$\Omega=\Omega_{\text{上}}+\Omega_{\text{下}}$，$\Omega_{\text{上}}$ 与 $\Omega_{\text{下}}$ 关于 xOy 平面对称，则有

$$\iiint_\Omega f(x,y,z)\mathrm{d}x\mathrm{d}y\mathrm{d}z = \begin{cases} 2\iint_{\Omega_{\text{上}}} f(x,y,z)\mathrm{d}x\mathrm{d}y\mathrm{d}z, \text{当} f(x,y,z) \text{关于} z \text{为偶函数时} \\ 0, \text{当} f(x,y,z) \text{关于} z \text{为奇函数时} \end{cases}.$$

注：当空间区域 Ω 关于 $yOz(zOx)$ 坐标平面对称，也有类似的结果.

例 2.2.5 设 Ω 为闭区域 $x^2+y^2+z^2 \leqslant 1$，计算 $\iiint_\Omega (x+y+z)^2 \mathrm{d}x\mathrm{d}y\mathrm{d}z$.

解： $\iiint_\Omega (x+y+z)^2 \mathrm{d}x\mathrm{d}y\mathrm{d}z$

$$= \iiint_\Omega (x^2+y^2+z^2+2xy+2xz+2yz)\mathrm{d}x\mathrm{d}y\mathrm{d}z$$

$$= \iiint_\Omega (x^2+y^2+z^2)\mathrm{d}x\mathrm{d}y\mathrm{d}z + 2\iiint_\Omega (xy+xz+yz)\mathrm{d}x\mathrm{d}y\mathrm{d}z$$

$$= \frac{4\pi}{5}.$$

2.2.2.4 利用函数的奇偶性计算对称区域上的曲面积分

（1）设对面积的（一型）曲面积分 $\iint_\Sigma f(x,y,z)\mathrm{d}S$，函数 $f(x,y,z)$ 在积分曲面 Σ 上连续，曲面 Σ 关于平面 xOy 对称，则有

$$\iint_{\Sigma} f(x,y,z)\mathrm{d}S = \begin{cases} 2\iint_{\Sigma_1} f(x,y,z)\mathrm{d}S, & \text{当 } f(x,y,z) \text{ 关于 } z \text{ 为偶函数时} \\ 0, & \text{当 } f(x,y,z) \text{ 关于 } z \text{ 为奇函数时} \end{cases}.$$

注：当积分曲面 Σ 关于 $yOz(zOx)$ 坐标平面对称时，也有类似的结果.

（2）设对坐标 (x,y) 的（二型）曲面积分 $\iint_{\Sigma} R(x,y,z)\mathrm{d}x\mathrm{d}y$，函数 $R(x,y,z)$ 在有向积分曲面 Σ 上连续，曲面 Σ 关于 xOy 平面对称，且有向曲面的方向也是关于 xOy 平面对称的，则对坐标 (x,y) 的曲面积分有

$$\iint_{\Sigma} R(x,y,z)\mathrm{d}x\mathrm{d}y = \begin{cases} 2\iint_{\Sigma_1} R(x,y,z)\mathrm{d}x\mathrm{d}y, & \text{当 } R(x,y,z) \text{ 关于 } z \text{ 为奇函数时} \\ 0, & \text{当 } R(x,y,z) \text{ 关于 } z \text{ 为偶函数时} \end{cases}.$$

例如，设 Σ 是球面 $x^2+y^2+z^2=1$ 的外侧在 $x\geqslant0,y\geqslant0$ 的部分，则

$$\iint_{\Sigma} xyz^2\mathrm{d}x\mathrm{d}y = 0.$$

因为这里 $f(x,y,z)=xyz^2$ 关于 z 为偶函数，若 Σ_1 是球面 $x^2+y^2+z^2=1$ 的 $z\geqslant0$ 的部分，则

$$\iint_{\Sigma} xyz\mathrm{d}x\mathrm{d}y = 2\iint_{\Sigma_1} xyz\mathrm{d}x\mathrm{d}y.$$

因为这里 $f(x,y,z)=xyz$ 关于 z 为奇函数.

注：当有向曲面 Σ 关于 yOz 坐标平面对称，对坐标 (y,z) 的曲面积分 $\iint_{\Sigma} P(x,y,z)\mathrm{d}y\mathrm{d}z$ 有类似的结果.

当有向曲面 Σ 关于 zOx 坐标平面对称，对坐标 (z,x) 的曲面积分 $\iint_{\Sigma} Q(x,y,z)\mathrm{d}z\mathrm{d}x$ 也有类似的结果.

例 2.2.6 如果 Σ 为球面 $x^2+y^2+z^2=1$ 外侧，Σ_1 为球面 $x^2+y^2+z^2=1$ 外侧的 $z\geqslant0$ 的部分，则

（1）$\iint_{\Sigma} x^2\mathrm{d}y\mathrm{d}z + y^2\mathrm{d}z\mathrm{d}x + z^2\mathrm{d}x\mathrm{d}y = 0$.其中：

$\iint_{\Sigma} z^2\mathrm{d}x\mathrm{d}y = 0$，因为有向曲面 Σ 关于 xOy 平面对称，被积函数 $R=z^2$ 关于 z 为偶函数；

$\iint_{\Sigma} x^2\mathrm{d}y\mathrm{d}z = 0$，因为有向曲面 Σ 关于 yOz 平面对称，被积函数 $P=x^2$ 关于 x 为偶函数；

$\iint\limits_{\Sigma} y^2 \, \mathrm{d}x \, \mathrm{d}z = 0$，因为有向曲面 Σ 关于 zOx 平面对称，被积函数 $Q = y^2$ 关于 y 为偶函数.

（2）
$$\iint\limits_{\Sigma} x \, \mathrm{d}y \, \mathrm{d}z + y \, \mathrm{d}z \, \mathrm{d}x + z \, \mathrm{d}x \, \mathrm{d}y$$
$$= 3 \iint\limits_{\Sigma_1} z \, \mathrm{d}x \, \mathrm{d}y$$
$$= 3 \iint\limits_{D} \sqrt{1 - x^2 - y^2} \, \mathrm{d}x \, \mathrm{d}y$$
$$= 3 \int_0^{2\pi} \mathrm{d}\theta \cdot \int_0^1 r \sqrt{1 - r^2} \, \mathrm{d}r = 6\pi \int_0^1 r \sqrt{1 - r^2} \, \mathrm{d}r = 4\pi.$$

2.3　归纳类比法

在高等数学中，许多重要结果的得出，都用到了归纳思维，例如，求某一函数的 n 阶导数，通常的方法是求出其一阶、二阶（有时还要求出其三阶、四阶）导数，再归纳出 n 阶导数的表达式.

类比是根据两个（或多个）对象内部属性、关系的某些方面相似，而推出它们在其他方面也可能相似的推理，例如在平面解析几何中，两点的距离是 $d = \sqrt{(x_2 - x_1)^2 + (y_2 - y_1)^2}$，立体几何中（或者"空间"）两点的距离是
$$d = \sqrt{(x_2 - x_1)^2 + (y_2 - y_1)^2 + (z_2 - z_1)^2}.$$

又如在平面解析几何中，圆的方程是 $x^2 + y^2 = R^2$，球面的方程是 $x^2 + y^2 + z^2 = R^2$.

这些都用到了类比思维，在学习多元函数的微分学和积分学时，应注意与已经学习过的一元函数的微积分相应的概念、理论、方法进行类比.实践证明：在学习过程中，将新内容与自己已经熟悉的知识进行类比，不但易于接受、理解掌握新知识，更重要的是培养和锻炼了自己的类比思维，有利于激发自己的创造力.

归纳和类比思维方法是数学方法论中最基本的方法之一，用好了可以获得新发现，取得新成果，甚至可以完成重要的发现与发明.

例 2.3.1 在形式上进行类比,用拉格朗日定理证明不等式是根据拉格朗日定理的结论形成的:

$$f(b)-f(a)=f'(\xi)(b-a)(\xi \text{ 在 } a \text{ 与 } b \text{ 之间}).$$

证明: 对于 $f'(\xi)$ 放大缩小证明,如 $m<f'(x)<M$,则有

$$m(b-a)<f(b)-f(a)<M(b-a);$$
$$m(b-a)>f(b)-f(a)>M(b-a).$$

用类比的思想可得到:

$$f'(b)-f'(a)=f''(\eta)(b-a)(\eta \text{ 在 } a \text{ 与 } b \text{ 之间});$$
$$f(b,y)-f(a,y)=f'_x(\xi)(b-a)(\xi \text{ 在 } a \text{ 与 } b \text{ 之间}).$$

用类比的思想可总结出如下的解题方法.

例 2.3.2 证明 $\dfrac{1}{n^{p+1}}\dfrac{1}{(p+1)^2}\ln n<n^{\frac{1}{p}}-n^{\frac{1}{p+1}}<\dfrac{n^{\frac{1}{p}}}{p^2}\ln n,n>1,p\geqslant 1.$

跟踪类比知结论中 $n^{\frac{1}{p}}-n^{\frac{1}{p+1}}$,相当于拉格朗日定理中的 $f(b)-f(a)$;从而寻得 $f(x)$ 之形为 $f(x)=\dfrac{1}{n^x}$,进而可定出 $b=p,a=p+1$,显然,$f(x)=\dfrac{1}{n^x}$ 在 $[p,p+1]$ 上满足拉格朗日定理条件,故至少存在一点 $\xi\in(p,p+1)$,使

$$f(p)-f(p+1)=n^{\frac{1}{p}}-n^{\frac{1}{p+1}}=f'(\xi)[p-(p+1)]$$
$$=n^{\frac{1}{\xi}}\left(-\dfrac{1}{\xi^2}\right)(-1)\ln n.$$

于是 $n^{\frac{1}{p}}-n^{\frac{1}{p+1}}=\dfrac{1}{\xi^2}n^{\frac{1}{\xi}}\ln n,\xi\in(p,p+1)$,而

$$\dfrac{1}{n^{p+1}}\dfrac{1}{(p+1)^2}\ln n<\dfrac{1}{\xi^2}n^{\frac{1}{\xi}}\ln n<\dfrac{n^{\frac{1}{p}}}{p^2}\ln n,$$

所以 $\dfrac{1}{n^{p+1}}\dfrac{1}{(p+1)^2}\ln n<n^{\frac{1}{p}}-n^{\frac{1}{p+1}}<\dfrac{n^{\frac{1}{p}}}{p^2}\ln n.$

注:因为 $n>1$,可知 $\ln n>0$.

注意:数学归纳法是一种从个别到一般的证明方法,它可用来证明具有无限个对象,而这无限个对象又与自然数形成一一对应的命题,它的证明过程有两步:

第一步,验证 $n\geqslant k_0$ 时命题成立,这是一种对个别的验证与归纳过程,进而产生一种猜想:这个命题是否对一切自然数成立? 于是导致第二步的证明.

第二步是对共性或者一般性成立的证明,它的基本思想是设 $n=k$ 时命题成立,证明 $n=k+1$ 时命题成立.

为什么第二步证明后,就可以断定命题对无限个对象都是正确的呢?这是因为第二步中的自然数具有任意性,从而保证了第二步可做无限次的反复,因此,如果数学归纳法只有第一步,它就属于一种不完全的归纳,就不能保证命题对无限个结论是正确的.

例 2.3.3　设 $c>0$,数列 $x_1=\sqrt{c}$,$x_2=\sqrt{c+\sqrt{c}}$,$x_3=\sqrt{c+\sqrt{c+\sqrt{c}}}$,$\cdots$,求数列极限解 $\lim\limits_{n\to\infty}x_n$.

解: 这里数列是用递推公式 $x_{n+1}=\sqrt{c+x_n}$ 给出的,必须首先证明本数列极限存在.

(1)用数学归纳法证明数列 x_n 单调增加

第一步:显然 $x_2=\sqrt{c+\sqrt{c}}>\sqrt{c}=x_1$.

第二步:设 $n=k$ 时命题成立,即设 $x_k>x_{k+1}$ 成立,证明 $n=k+1$ 时命题成立.而

$$x_{k+1}=\sqrt{c+x_k}>\sqrt{c+x_{k-1}}=x_k,$$

故数列 x_n 单调增加.

(2)用数学归纳法证明数列有上界

第一步:$x_2=\sqrt{c+\sqrt{c}}<\sqrt{c+2\sqrt{c}+1}=\sqrt{c}+1$.

第二步:设 $n=k$ 时命题成立,即设 $x_k=\sqrt{c+x_{k-1}}<\sqrt{c}+1$ 成立,证明 $n=k+1$ 时命题成立,而 $x_{k+1}=\sqrt{c+x_k}<\sqrt{c+\sqrt{c}+1}<\sqrt{c+2\sqrt{c}+1}=\sqrt{c}+1$.

故数列 x_n 有上界,即对于任意的自然数 n,数列 $x_n<\sqrt{c}+1$.

根据单调有界数列必有极限准则,所以 $\lim\limits_{n\to\infty}x_n$ 存在,设其极限为 A,即 $\lim\limits_{n\to\infty}x_n=A$,则由递推公式 $x_{n+1}=\sqrt{c+x_n}$ 两边取极限得到

$$\lim_{n\to\infty}x_{n+1}=\lim_{n\to\infty}\sqrt{c+x_n};$$

$$A=\sqrt{c+A}\,,A^2-A-C=0,A=\frac{1\pm\sqrt{1+4c}}{2}.$$

由于数列 $x_n>0$,取正舍负 $\left(A=\dfrac{1-\sqrt{1+4c}}{2}<0\right)$,得到 $A=\dfrac{1+\sqrt{1+4c}}{2}$.

2.4 分析法与综合法

2.4.1 分析法

分析法指的是把事物(研究对象)分解成若干个组成部分,然后通过对各个组成部分的研究获得对事物的特征或本质的认识的一种思维方法.

用分析法处理问题,可以比喻为"化整为零".例如,我们要研究一个函数 $y=f(x)$ 的基本性质,可分别从函数的定义域、值域和对应关系几个方面开始,进一步考查函数的连续性、可导性、可积性等方面性质,要描绘一元连续函数的函数图像,可先确定其定义域、奇偶性、单调区间、极值、凹凸区间、拐点、与坐标轴的交点等方面的特征,如该函数可导,可利用导数的性质来研究极值、凹凸性和拐点等.

采用分析法,可以结合观察和试验来进行,更重要的是要开展积极的思维活动;特别是应通过必要的抽象思维进行分析,使认识达到更深和更广的境界.在科学研究中,人们常采用分析的方法,把事物的各个部分暂时割裂开来,依次把被考查的部分从总体中凸显出来,让它们单独起作用,事实上,只有这样,才能深入到事物的内部,对它们进行深入细致的研究,找出隐藏在事物深层的矛盾和特征,分析事物的个性与共性的关系,发现内在规律,为下一步进行综合提供必需的材料,以达到对观察对象的深刻而全面的了解.

在数学教学中,分析法对于探求解题思路、寻找解答方法都是极为有效的,更重要的是,分析法有利于培养和提高学生的逻辑思维能力、分析问题和解决问题的能力.

2.4.2 综合法

综合法指从事物的各个部分、因素和层次的特点、属性出发,考查它们之间的内在联系,并进一步进行总结和提高,以达到认识事物整体的本质规律的一种逻辑思维方法.

用综合法来处理问题,可以比喻为"积零为整",应该指出的是,综合不是将研究对象的各个部分、各种因素等简单地进行叠加和聚拢,而是要发现研究对象的各个部分(方面、因素、层次等)之间的内在联系,从整体的高度以动态的观点来总结和阐述事物的本质及其运动规律,因此,综合是建立在分析的基础上的,又不只停留在这个基础上,而是达到总体上和理论上的更高层次的认识,它在许多方面优于分析,能克服分析给人们带来的局限性、片面性,并且能在新的高度上来指导下一次的分析.

例如,上面曾谈及用分析法对一元函数 $y=f(x)$ 的定义域、值域和对应关系进行考查,又对它的连续性、可微性和可积性分别进行研究,但至此还不能说我们对函数已有了深刻的认识,因为到这时,我们的知识还只是片面的、割裂的,只有通过综合,把有关知识融会贯通,找出各部分知识之间的相互关系,并对函数的总体性质及有关问题有了全面了解,才算是有了真正的掌握,这里所谓全面了解,就这个例子而言,至少需要弄清楚:值域与定义域有什么联系? 函数的对应关系是否可逆(即反函数是否存在)? 何时可逆? 一个函数的性质与其反函数的性质之间有什么关系和联系? 连续函数是否可导? 为什么? 可微(导)函数为什么必连续? 微分与导数有什么关系? 导数和中值定理有什么应用? 微分和积分有什么关系(微分学基本定理——牛顿-莱布尼茨公式的内容和意义)? 定积分应如何计算和有什么应用?

科学发展史上处处可找到综合法所起的重要作用.

例如,在古希腊前期,在古希腊文化普遍繁荣的情况下,数学得到高度发展,先后出现了毕达哥拉斯学派和柏拉图学派,由于他们的出色工作,几何材料已经相当丰富,对之进行综合整理已经提到日程,在希波克拉底和托伊提乌斯等人整理的基础上,欧几里得借助于亚里士多德提出的公理化方法,采用综合法进行总结提高,完成了他的巨著《几何原本》,建立了完整而系统的一套初等几何理论.

微积分也是在 17 世纪以来欧洲大批杰出的数学家、物理学家在研究曲线、切线和斜率,曲面围成的体积、平面上用曲线围成的面积,最大值、最小值、运动速度与加速度等方面取得丰富的局部成果的基础上,由牛顿与莱布尼茨采用先分析后综合的方法,找出了其中的内在关系和规律,进而创立起来的.

2.4.3　综合法与分析法的协同作用

在数学中,分析与综合既相互对立,又相互依存、相互渗透、相互转化、相辅相成,它们是一个对立统一体,没有分析,则认识无法深入,因而对总体的认识只能是空洞抽象的表面认识;反之,只有分析而没有综合,则认识只限局部或各个不同的侧面,不能统观全局,获得对整体的深刻认识.因此,综合必须以分析为基础,分析必须以综合为指导,做到两者结合、协同作用.

分析与综合也常相互转化.人们对客观事物的认识是螺旋式上升的,常经历分析—综合—再分析—再综合,不断分析又不断综合的过程,但层次一次比一次高,认识一次比一次更深刻.

例如,前面已谈及牛顿、莱布尼茨应用分析法与综合法创立微积分一事,但新创立的微积分在新一轮的分析中,即局部地应用到具体实践中受检验时,发现了许多不完善之处,特别是"无穷小"的概念等理论基础不可靠,而后一个多世纪,柯西、拉格朗日、戴特金、外尔斯特拉斯、康托尔等一大批数学家先后做出了巨大努力才建立起实数理论,用算术方法给出无穷小的一个严格描述,其间经历过无数次的分析和综合的过程,才使微积分的理论达到相对完善的地位,形成了当今的数学分析,亦称标准分析.但是,认识并未就此停止.20世纪60年代,鲁滨孙提出非标准分析,采用和发展了莱布尼茨的无穷小方法,用新的思想和方法来统一和总结已有的成果,建立了新的理论,在一定意义上与标准分析抗衡.

一般说来,科学的新概念、新范畴、新理论的提出,都是综合认识的结果.随着科学技术的发展,综合法在科学发现中的作用越来越重要.

下面再以更具体的例子来说明在数学中分析法与综合法的协同使用.

例 2.4.1 讨论曲边梯形的面积与定积分概念的形成过程.

讨论:要求 $[a,b]$ 上的函数 $f(x) \geqslant 0$ 的函数曲线 C 的下方图形的面积,即曲线 C,x 轴及直线 $x=a$,$x=b$ 围成的曲边梯形(见图 2-1)的面积 S.人们首先采用分析法,将图形分成 n 个小曲边梯形来考查.

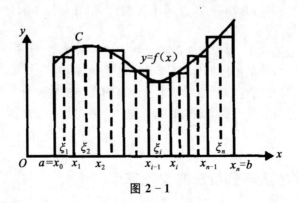

图 2-1

通过给出 $[a,b]$ 的分划,即一组分点 $\{x_0, x_1, x_2, \cdots, x_n\}$ 使得 $x_0 = a < x_1 < x_2 < \cdots < x_{n-1} < x_n = b$.于是把求 S 的问题归结为求 n 个小曲边梯

形 S_i(函数图像在 $[x_{i-1},x_i]$ 的下方图形)的面积,通过对每个 S_i 进行深入观察发现,如果 $f(x)$ 在区间 $[x_{i-1},x_i]$ 上的函数值变动不大且区间 $[x_{i-1},x_i]$ 的长度很小时,S_i 的面积与矩形面积 $f(\xi_i)(x_i-x_{i-1})$ 很接近,其中 $\xi_i\in[x_{i-1},x_i]$,这就是人们在分析中发现的内在规律,然后,利用综合法进行整体考虑,第一步想到的是把 n 个小曲边梯形面积相加,得到 $S_n=\sum\limits_{i=1}^{n}f(\xi_i)(x_i-x_{i-1})$,那么 $S_n\approx S$.至此的工作属于把分析结果进行简单的叠加,但综合并不停止在此水平上.经进一步的抽象和概括,并用极限与逼近思想来指导,想象当分划的分点越来越密时,S_n 的极限就是曲边梯形的面积 S.这时思维已产生了飞跃,积分的思想已基本形成.这是第一轮的分析与综合的结果.

把这个综合的结论拿去指导求面积的实践,做进一步的分析后发现:(1)对同样 n 个分点的不同分划(即分点不同)T,S_n 可不同;(2)同一种分划,当 ξ_i 的取法不同时,S_n 也不同;(3)作为一个可求面积的问题,其面积大小应与分划及 ξ_i 的取法无关;(4)应该允许 $f(x)$ 在 $[x_{i-1},x_i]$ 上有有限个间断点,因为对于实际问题,这只是分块求面积的问题而已.

在这基础上再经过综合,并采用较精确的数学语言来描述,就形成如今常见的定积分概念的形式化描述,在形式化描述中,并不要求被积函数 $f(x)\geqslant 0$,也不对它们的连续性提出要求,只要求:(1)积分和 S_n[或记作 $\sigma(T,\xi)$]当各小区间的长度之最大值 $L(T)\to 0$ 时极限存在,记作 I,且极限(2)与分划 T 及各小区间的代表点 ξ_i 的取法无关,那么,I 就是 f 在 $[a,b]$ 上的积分,并记作

$$I=\int_a^b f(x)\mathrm{d}x.$$

尽管对一般的 f,I 并不表示面积(当 $f\geqslant 0$ 且分段连续时,I 仍表示下方图形面积),但它的理论意义更深刻、更普遍,这一次综合的结果使得定积分的定义达到相对完善的地步,它显然比第一次的综合达到更高的层次.

例 2.4.2　设 f 是区间 $[a,b]$ 上的勒贝格可积函数,证明

$$\lim_{n\to\infty}\int_a^b f(x)\sin nx\,\mathrm{d}x=0.$$

证明:第一步考虑 f 是区间 $[a,b]$ 上的常值函数的特殊情形,不妨设 $f(x)\equiv k\neq 0$,那么由下式知这时结论成立(把要求证的问题记作 M,这步考虑的就是简单、特殊而易解的起步问题 A).

$$\lim_{n\to\infty}\int_a^b f(x)\sin nx\,\mathrm{d}x=\lim_{n\to\infty}\int_a^b k\sin nx\,\mathrm{d}x=k\lim_{n\to\infty}\frac{\cos na-\cos nb}{n}=0.$$

再考虑 f 是区间 $[a,b]$ 上的简单函数的情形，不妨设 $f(x)=\sum_{j=1}^{m}\alpha_j 1_{[a_j,b_j]}(x)$，其中每个 $[a_j,b_j]$ 都是 $[a,b]$ 的子区间，1_I 表示区间 I 上的特征函数．于是

$$\lim_{n\to\infty}\int_a^b f(x)\sin nx\,\mathrm{d}x$$

$$=\lim_{n\to\infty}\int_a^b\sum_{j=1}^{m}\alpha_j 1_{[a_j,b_j]}(x)\sin nx\,\mathrm{d}x$$

$$=\sum_{j=1}^{m}\lim_{n\to\infty}\int_{a_j}^{b_j}\alpha_j\sin nx\,\mathrm{d}x$$

$$=0.$$

第二步考虑的问题 B 就是处于问题 A 与问题 M 之间的中间点．

接着考虑 f 是区间 $[a,b]$ 上的非负可积函数的情形，这时 f 可以表示成一列单调增加的简单函数的极限，利用单调性收敛定理可推出这时结论也成立（这一步考虑的问题 C 是处于问题 B 与问题 M 之间的中间点）．

最后，设 f 是一般的可积函数，那么它的正部 f^+ 和 f^- 都是非负可积函数且 $f=f^+-f^-$．把上一步的结果分别用于 f^+ 和 f^-，根据积分可加性可推出结论对一般的可积函数也成立（这一步实现了从问题 C 到问题 M 的过渡）．

例 2.4.3 分析牛顿–莱布尼茨公式 $\int_a^b f(x)\mathrm{d}x=F(b)-F(a)$ 的证明过程，这里假设函数 $f(x)$ 在区间 $[a,b]$ 连续，$F(x)$ 是 $f(x)$ 的一个原函数．

分析：根据定积分的定义，$I=\int_a^b f(x)\mathrm{d}x$ 是一个常数，现引入变上限函数

$$\Phi(x)=\int_a^x f(t)\mathrm{d}t, a\leqslant x\leqslant b.$$

那么 $\int_a^b f(x)\mathrm{d}x=\Phi(b)$，即把常量 I 看成变量 $\Phi(x)$ 的特殊取值．然后，通过证明 $\Phi(x)$ 是 $f(x)$ 的一个原函数，就可推出结论［因为 $\varphi(x)$ 与 $F(x)$ 只相差一个常数］．

这就是常量转为变量来处理，静态问题转化为动态问题来处理的一个例子．这种把个体看成整体的特殊情形，有利于在大范围内采用新的工具来解决问题，体现了综合法的优势．

2.5 逆向思维法

遵循已有的思路去考虑问题的思维方式叫作习惯性思维（或叫作惯常思维），这种思维方式保证了思维过程的连续性，它促使人类知识得以稳步增长，各种知识得以日趋完善.逆向思维是指从已有思路的反方向去考虑问题的思维方式，故又称反向思维.它对解放思想、开阔思路、解决某些难题、开创新的方向，往往能起到积极的作用，它反映了思维过程的间断性和突变性.逆向思维常能帮助人们克服惯常思维中出现的困难，开辟新的思路，开拓知识的新领域.逆向思维是一种发散性的创造性思维，在高等数学中，逆向思维可帮助我们开辟新的解题途径，避开繁杂的计算，使问题简化而得以顺利求解.

例 2.5.1 求解方程 $y\mathrm{d}x+(y^2-3x)\mathrm{d}y=0$.

解: 若按惯常思维，先判别方程是否为可以求解的可分离变量的微分方程、齐次微分方程、全微分方程，答案是都不是，即将 x 视为自变量，y 视为未知函数，将方程变形为

$$\frac{\mathrm{d}y}{\mathrm{d}x}=\frac{y}{3x-y^2}.$$

求解此方程就变得很困难.但是如果利用逆向思维，即反过来将 x 视为未知函数，y 视为自变量，将方程变为

$$\frac{\mathrm{d}x}{\mathrm{d}y}=\frac{3x-y^2}{y},$$

即有

$$\frac{\mathrm{d}x}{\mathrm{d}y}-\frac{3}{y}x=-y.$$

这是关于 $x=x(y)$ 的一阶线性方程，容易得到通解：

$$x=\mathrm{e}^{\int\frac{3}{y}\mathrm{d}y}\left(\int-y\mathrm{e}^{\int\frac{3}{y}\mathrm{d}y}\mathrm{d}y+C\right)=\mathrm{e}^{\ln y^3}\left(\int-y\mathrm{e}^{\ln y^3}\mathrm{d}y+C\right)=y^2+Cy^3.$$

例 2.5.2 设函数 $f(x)$ 在 $[0,1]$ 上可导，且 $f'(x)>f(x)$，$f(0)\cdot f(1)<0$，证明方程 $f(x)=0$ 在 $(0,1)$ 内有且仅有一实根.

证明: 先证存在性，因为 $f(x)$ 在 $[0,1]$ 上可导，则 $f(x)$ 在 $[0,1]$ 上连续，且 $f(0)\cdot f(1)<0$，则 $f(\xi)=0$.再证唯一性.若按惯常思维，从已知证明未知结论是困难的，用逆向思维，从未知结论出发，即假定要证明未知结论成立，因为 $f'(x)>f(x)$，即 $f'(x)-f(x)>0$，用逆向思维，如果存在

$G(x)>0$，则有 $G(x)[f'(x)-f(x)]>0$，而式子 $G(x)[f'(x)-f(x)]$使哪个函数 $\varphi(x)$ 求导大于零？

令 $\varphi(x)=e^{-x}f(x)$，$\varphi'(x)=e^{-x}[f'(x)-f(x)]>0$。$\varphi(x)$ 在 $[0,1]$ 上单调增加，$\varphi(0)=f(0)$，$\varphi(1)=e^{-1}f(1)$，$\varphi(0)\varphi(1)=e^{-1}f(0)\cdot f(1)<0$。

方程 $\varphi(0)=0$ 存在唯一实根，即 $e^{-x}f(x)=0$ 存在唯一实根，即 $f(x)=0$ 存在唯一实根。

例 2.5.3 设 $f(x)$ 在 $[0,1]$ 上二阶可导，且 $f(0)=f(1)$，证明在 $(0,1)$ 内至少存在一点 ξ，使

$$2f'(\xi)+(\xi-1)f''(\xi)=0.$$

证明： 因为 $f(0)=f'(1)$，由罗尔中值定理得 $f'(\eta)=0(0<\eta<1)$，此题若按惯常思维，从已知证明未知结论是困难的，用逆向思维，从未知结论出发，即假定要证明未知结论成立，即 $2f'(\xi)+(\xi-1)f''(\xi)=0$，再用逆向思维，在 $x=\xi$ 处为零，即 $F'(x)\big|_{x=\xi}=0$，令

$$F(x)=(x-1)^2f'(x).$$

$F(1)=F(\eta)=0$，由罗尔中值定理在 $C(0,1)$ 内至少存在一点 ξ 使 $F'(\xi)=0$，即

$$2f'(\xi)+(\xi-1)f''(\xi)=0.$$

注： 在证明方程根的存在性、唯一性时，常用构造函数的方法，构造函数一般可用逆向思维法。

例 2.5.4 已知 $f(x)$ 的一个原函数为 $F(x)=\dfrac{\sin x}{1+x\sin x}$。求解 $\displaystyle\int f(x)f'(x)\mathrm{d}x$。

解： 此题若按惯常思维，则是先求出 $f(x)=F'(x)$ 和 $f'(x)=F''(x)$，再将其表达式代入到 $\displaystyle\int f(x)f'(x)\mathrm{d}x$ 中，这样麻烦，几乎无法求积分。用逆向思维，先将 $\displaystyle\int f(x)f'(x)\mathrm{d}x$ 用 $f(x)$ 来表示，再求出 $f(x)$ 极为简单。

$$\int f(x)\mathrm{d}f(x)=\frac{f^2(x)}{2}C,$$

$$f(x)=F'(x)=\left(\frac{\sin x}{1+x\sin x}\right)'$$

$$=\frac{\cos x(1+x\sin x)+\sin x(\sin x+x\cos x)}{(1+x\sin x)^2}$$

$$=\frac{\cos x+\sin^2 x}{(1+x\sin x)^2},$$

所以

$$\int f(x)f'(x)\mathrm{d}x = \frac{(\cos x + \sin^2 x)^2}{2(1 + x\sin x)^4} + C.$$

例 2.5.5　验证 $\displaystyle\int \frac{7\cos x - 3\sin x}{5\cos x + 2\sin x}\mathrm{d}x = x + \ln|5\cos x + \sin x| + C.$

解：此题若按惯常思维，只需验证右边原函数求导后是否可以化为被积函数，但是比较麻烦.用逆向思维，重新计算也不复杂.

$$\begin{aligned}
\int \frac{7\cos x - 3\sin x}{5\cos x + 2\sin x}\mathrm{d}x &= \int \frac{5\cos x + 2\sin x + 2\cos x - 5\sin x}{5\cos x + 2\sin x}\mathrm{d}x \\
&= \int \left(1 + \frac{2\cos x - 5\sin x}{5\cos x + 2\sin x}\right)\mathrm{d}x \\
&= x + \int \frac{\mathrm{d}(5\cos x + 2\sin x)}{5\cos x + 2\sin x} \\
&= x + \ln|5\cos x + \sin x| + C
\end{aligned}$$

计算不定积分 $\displaystyle\int \frac{a\cos x + b\sin x}{A\cos x + B\sin x}\mathrm{d}x$，一般可用待定系数 C_1、C_2 法，即

$$\int \frac{a\cos x + b\sin x}{A\cos x + B\sin x}\mathrm{d}x = \int \left[C_1 \frac{A\cos x + B\sin x}{A\cos x + B\sin x} + C_2 \frac{(A\cos x + B\sin x)'}{A\cos x + B\sin x}\right]\mathrm{d}x.$$

以上几例说明，用惯常思维很难或者根本无法求解的问题，当改用逆向思维后却能非常明快地解决，因此在高等数学（其他学科亦如此）解题时，若按常规方法难于求解时，不妨试用一下逆向思维法.

2.6　反证法与反例

反例证明法简称反证法，指的是对于一个申明"某个命题 P 对某个集合 A 中所有元素都成立"的论断，通过举出特殊例子证明命题 P 至少对 A 中某个元素不成立，从而推出该论断不成立的演绎推理形式.

反证法就是利用矛盾证明，它的理论根据是形式逻辑的矛盾律.

上述所谓论断，在数学发展史上通常指的是猜想；在当今数学教学中，常指关于概念与概念、性质与性质之间的关系的命题或关于某个数学问题做出的猜测（小猜想或不成熟的猜想）.下面为叙述方便，我们把它们统称为猜想.于是，反例就是否定一个猜想的特例.它必须具备两个条件：(1)反例必须满足猜想的所有条件；(2)从反例导出的结论与猜想的结论矛盾.

例如,通过观察分析知,一个平面可以将三维空间分为两个部分,两个平面最多把空间分成四个部分,三个平面最多将空间分成八个部分.于是有人给出如下猜想:

对任意自然数 n,n 个平面可以把空间分为 2^n 个部分.

对于这样一个猜想,若要判断其正确,需严格证明;若要指出其错误,只需举出一个特殊的例子(即反例)来证明其结论不真即可.事实上,这个猜想当 $n=4$ 时其结论就不成立了,因为四个平面至多将空间分成十五个部分.

在数学史上,反例对猜想的反驳在数学的发展中起了重大的作用.特别是,典型的反例的提出具有划时代的意义.

例如,古希腊的毕达哥拉斯学派在数学的发展上做出巨大贡献(特别是算术和几何方面),但他们对数的认识仅限于有理数并用唯心主义的观点加以神化,宣称"万物皆数(指有理数)",且把它当成信条来维护.公元前 5 世纪末,该学派一个名叫希帕苏斯的成员在研究正方形的对角线与边长之比时,发现该比值是不可公度比,即不可用"数"表示出来(我们知道这个比是 $\sqrt{2}$).这一反例(现称为"无理数悖论")的提出,动摇并最后推翻了毕达哥拉斯学派的信条,导致史学上第一次数学危机.虽然希帕苏斯不幸遭到毕达哥拉斯学派严厉惩处,但这个反例促使了无理数理论的创立和发展,其功不可没.

又如,在 17—18 世纪微积分初建阶段,由于人们接触的函数几乎都是初等函数,因此认为函数的连续性和可微性一致,即不仅可微函数必连续,而且相信"连续函数也是可微的".自反例 $y=|x|$ 举出后,人们把猜想修改成"连续函数在定义域上除有限个点外皆可微".1872 年德国数学家外尔斯特拉斯举出一个反例,证明了存在一个在定义区间上处处连续但处处不可微的函数,这就是

$$w(x)=\sum_{n=0}^{\infty} b^n \cos(a^n \pi x).$$

其中,a 是一个奇整数,$0<b<1$,且 $ab>1+\dfrac{3}{2}\pi$.

该反例的提出在数学界引起巨大震动和反响,它不仅澄清了人们头脑中的错误认识,而且促进了人们对许多类似函数(所谓"病态函数")的重视和研究;而"病态函数"的深入研究最终导致了积分学的一场革命和勒贝格积分的创立.

提出猜想与从正反两方面论证数学猜想是数学研究和数学发展的重要方法,因此研究猜想的证明与否定的一般方法无论在科研或在数学教育中都具有重要意义.在教学中引导学生逐步学会提出猜想,证明猜想或通过举

反例来否定猜想,不仅可以加深对数学知识的掌握,澄清对概念、性质的模糊认识,更重要的是培养学生创造性思维能力.

一个认真学习和热心研究数学的人,面对一个数学问题时,一定会首先认真观察、分析,努力找出其中的内在规律,经过归纳、类比、抽象和概括,提出自己的猜想,然后从两个方向着手:证明其真实性或否定其真实性.如果你对猜想的正确性有信心,那么你就要想尽办法用演绎方法(连同必要的计算)去证明之;如果你的怀疑大于肯定,就应挖空心思去寻找否定猜想的反例.

但这两方面的工作不是绝对的、静止不变的和孤立的,而是相辅相成的、相互制约的、相互启发且经常互相转化的.特别是面对一个难度较大的猜想时更是如此.在具体的操作过程中,人们常先拿一些较简单的特殊情形来做试验,以考查猜想的可靠性.只要对某个特殊情况所考虑的猜想的结论不成立,就意味着已找到否定猜想的反例;否则,这不仅说明猜想有一定可靠性,而且可从这些特殊情形的试验中获得某些启发和证明思路.当思路较明确时,就可开始证明猜想.

对于比较复杂的问题或一时尚未找准证明思路的问题,演绎证明可能进展不大或前进一段后又停顿下来陷入困境.这时,一方面要努力找出问题的症结,分析主要矛盾,寻找解决办法;另一方面应从反向考虑,力求找出反例.

例 2.6.1　若函数 $f(x)$ 在点 x_0 处连续,$g(x)$ 在点 x_0 处不连续,问 $f(x)+g(x)$ 在点 x_0 处是否连续? 试证明你的结论.

解:$f(x)+g(x)$ 在 x_0 处不连续(用反证法证明).

假设 $\varphi(x)=f(x)+g(x)$ 在 x_0 处连续,则由"连续函数的代数和的连续性"知,$g(x)=\varphi(x)-f(x)$ 在 x_0 处连续,这与已知 $g(x)$ 在 x_0 处不连续的条件相矛盾.

故 $\varphi(x)=f(x)+g(x)$ 在点 x_0 处不连续.

如果不用反证法证明,不妨试用其他方法来证明此题,恐怕很难说得清楚.

在用反证法时,应特别注意作为论据的命题必须是真命题,在本例中真命题:"连续函数的代数和连续"对论证的成立起了保证作用.

证明所给命题为假叫反驳,其证明方法有两种:一种是证明该命题的否命题为真,另一种是构造或举出反例.

反例可用来解释所给命题会导出明显错误,从而达到了否定所给命题真实性的目的.细心的读者会发现,证明命题 B 是命题 A 成立的必要而非充分条件时,几乎全是用举出反例的方法实现的.

例 2.6.2 可导必连续,但连续未必可导.

解:例如,反例 $f(x) = |x|$ 在 $x = 0$ 处连续但不可导.

例 2.6.3 $u_n \to 0$ 是级数 $\sum\limits_{n=1}^{\infty} u_n$ 收敛的必要条件而非充分条件.

解:反例是调和级数 $\sum\limits_{n=1}^{\infty} \dfrac{1}{n}$.

例 2.6.4 若 $|f(x)|$ 在 $(-\infty, +\infty)$ 连续,但是有 $f(x)$ 在 $(-\infty, +\infty)$ 处处不连续.

解:反例如函数 $f(x) = \begin{cases} 1; x \in Q \\ -1; x \notin Q \end{cases}$,可见 $|f(x)| = 1$ 在 $(-\infty, +\infty)$ 连续,但是 $f(x)$ 在 $(-\infty, +\infty)$ 处处不连续.

同样 $f(x) = \begin{cases} 1; x \geqslant 0 \\ -1; x < 0 \end{cases}$,$|f(x)| = 1$ 在 $x = 0$ 处连续,但 $f(x)$ 在 $x = 0$ 处间断.

例 2.6.5 初等函数在其定义域内必可导.

解:反例如函数

$$f(x) = x^{\frac{1}{3}}, x \in (-\infty, +\infty),$$

$$\lim_{x \to 0} \frac{f(x) - f(0)}{x} = \lim_{x \to 0} \frac{x^{\frac{1}{3}} - 0}{x} = \lim_{x \to 0} x^{-\frac{2}{3}}$$

不存在,故 $f(x) = x^{\frac{1}{3}}$ 在点 $x = 0$ 处不可导,故本命题错误.

例 2.6.6 若函数 $f(x)$ 在 $(-\infty, +\infty)$ 上处处可导,则 $f'(x)$ 在 $(-\infty, +\infty)$ 上连续.

解:反例如函数:

$$f(x) = \begin{cases} x^{\frac{3}{2}} \sin \dfrac{1}{x}, x \neq 0 \\ 0, x = 0 \end{cases}.$$

当 $x \neq 0$ 时,

$$f'(x) = \frac{3}{2} x^{\frac{1}{2}} \sin \frac{1}{x} - x^{-\frac{1}{2}} \cos \frac{1}{x};$$

当 $x = 0$ 时,

$$f'(0) = \lim_{x \to 0} \frac{x^{\frac{3}{2}} \sin \dfrac{1}{x} - 0}{x} = 0.$$

所以

$$f'(x) = \begin{cases} \dfrac{3}{2}x^{\frac{1}{2}}\sin\dfrac{1}{x} - x^{-\frac{1}{2}}\cos\dfrac{1}{x}, & x \neq 0 \\ 0, & x = 0 \end{cases}.$$

在 $(-\infty, +\infty)$ 上处处可导,但 $\lim\limits_{x\to 0} f'(x)$ 不存在,故 $f'(x)$ 在 $x = 0$ 处不连续,本命题错误.

例 2.6.7　$f(x)$ 在 $[a,b]$ 上有有限个第一类间断点,且 $f(x) \geqslant 0$,则 $\displaystyle\int_a^b f(x)\mathrm{d}x > 0$.

解:反例设函数 $f(x)$ 的定义域为 $[0,1]$,且

$$f(x) = \begin{cases} 1, & x = 0.1, 0.2, 1 \\ 0, & x \in [0,1] \text{ 且 } x \neq 0.1, 0.2, 1 \end{cases},$$

$$\int_0^1 f(x)\mathrm{d}x = \lim_{\lambda\to 0}\sum_{i=1}^n f(\xi_1)\Delta x_i.$$

在上式中,对区间 $[0,1]$ 做分划时,将 $0.1, 0.2, 1$ 作为小区间的分点. ξ_i 为各小区间的点,则 $f(\xi_1) = 0$,从而上式右边等于零,故 $\displaystyle\int_a^b f(x)\mathrm{d}x > 0$.所以,本命题错误.

2.7　其他方法

2.7.1　观察、分析、猜想、验证法

人们对事物的认识,总是通过观察接触该事物,了解该事物的某些已知部分,从而对该事物产生一些感性认识,并以此做素材根据有关知识对该事物进行推论判断,产生一些推想性的看法,这就是猜想或叫假说.猜想虽然未必是真理,但它却是激起人类创造性思维的火种,是人类发现真理进入新的科学领域的必要征程.然后是对猜想进行理论验证,从而判定猜想是否为真理,若为真理,则扩充了人们的知识领域;若为谬误,也在一定程度上启迪了人们的思维.因此,无论是正确的还是错误的,猜想对人们的科学活动都很有益.高等数学中许多解题过程,常常是先对题设进行认真观察分析,然后对可能出现的结果做一个初步的猜想,最后进行严格的论证的过程,这样常常能帮助我们打破解题时无从下手的僵局,提高解题效率.

例 2.7.1 求二阶常系数齐次线性方程 $y'' + py' + qy = 0$ 的通解.

解：观察方程的形式,经过分析,方程的解是什么? 解是怎样的函数? 怎样的函数才满足方程? 满足方程的函数应具有什么特点? 满足方程的函数 $y(x)$ 应该是 y、y'、y'',它们是同一类函数,根据微分学理论知,指数函数和指数函数的导数只会产生系数上的差异,即指数函数和指数函数的导数是同一类函数,$y = e^{\lambda x}$,$y' = (e^{\lambda x})' = \lambda e^{\lambda x}$,$y'' = (e^{\lambda x})'' = \lambda^2 e^{\lambda x}$,于是猜想: $y'' + py' + qy = 0$ 应有形如 $y = e^{\lambda x}$ 形式的解,通过验证可知这一猜想是正确的,并由此导出特征方程即参数 λ 满足的方程: $\lambda^2 + p\lambda + q = 0$ 的一系列性质,从而彻底解决了这类微分方程的求解问题,并为常系数非齐次线性方程的解法奠定了基础.同样,在求解二阶常系数非齐次线性方程

$$y'' + py' + qy = f(x)$$

的特解时,也是根据方程 $y'' + py' + qy = e^{\lambda x} P_m(x)$ 的特点,经过分析,猜想特解形式为

$$y^* = e^{\lambda x} Q(x).$$

这里 $Q(x) = a_0 x^n + a_1 x^{n-1} + \cdots + a_{n-1} x + a_n$ 是待定的多项式,把 y^* 代入原方程确定系数 $a_0, a_1, \cdots, a_{n-1}, a_n$ 就得到特解 y^*.

2.7.2 变量替换法

要进行定量分析,就离不开计算,计算是高等数学的最基本方法,即使是证明,有的也是一种计算证明.形式的证明是符号的计算,非形式的证明则是以命题、概念为对象的特殊计算.为了提高计算效率,必须使计算程序得以简化,而简化计算的最重要的方法就是变量替换.

高等数学中的计算与解题过程和人类对自然的认识过程相同,都是"从已知出发,向未知推广,化未知为新的已知"的过程,变量替换法充分体现了这一认识过程,它通过做变量替换,使问题由繁变简,从而达到化未知为已知的目的,变量替换法在高等数学中应用十分广泛,例如复合函数就是变量替换的一种;求复合函数的导数,求极限、求不定积分、求定积分,求解微分方程,等等,几乎无处不在,并显示其效用.

变量替换法就是把复杂问题简单化,这是人们解决问题常用的思维方法.

下面仅就函数、极限、不定积分、定积分、重积分以及部分举例说明它的应用.

例 2.7.2　根据两个极限的本质,利用变量替换的思想,立即可得到两个重要极限的一般表示式为

$$\lim_{\alpha(x)\to 0}\frac{\sin\alpha(x)}{\alpha(x)}=1,\ \lim_{\alpha(x)\to 0}[1+\alpha(x)]^{\frac{1}{\alpha(x)}}=e\ \text{或}\ \lim_{\beta(x)\to\infty}\left[1+\frac{1}{\beta(x)}\right]^{\beta(x)}=e.$$

解: 由此立即可得到:

$$\lim_{x\to\infty}x\sin\frac{1}{x}=\lim_{x\to\infty}\frac{\sin\frac{1}{x}}{\frac{1}{x}}=1,$$

$$\lim_{x\to\infty}(1-2\sin x)^{\frac{1}{x}}=\lim_{x\to\infty}\left[(1-2\sin x)^{\frac{1}{-2\sin x}}\right]^{\frac{2\sin x}{x}}=e^{-2}.$$

由此可见,有了两个重要极限的一般形式,使用起来就更方便了.

例 2.7.3　计算定积分 $\displaystyle\int_0^a\frac{\mathrm{d}x}{x+\sqrt{a^2-x^2}}(a>0)$.

解: 令 $x=a\sin t$, 当 $x=0$ 时,则 $t=0$;当 $x=a$ 时,则 $t=\dfrac{\pi}{2}$.

$$\int_0^a\frac{\mathrm{d}x}{x+\sqrt{a^2-x^2}}=\int_0^{\frac{\pi}{2}}\frac{a\cos t\,\mathrm{d}t}{a\sin t+a\cos t}=\int_0^{\frac{\pi}{2}}\frac{\cos t\,\mathrm{d}t}{\sin t+\cos t}=\frac{\pi}{4}$$

或

$$\int_0^{\frac{\pi}{2}}\frac{\sin t\,\mathrm{d}t}{\sin t+\cos t}=\int_0^{\frac{\pi}{2}}\frac{\cos t\,\mathrm{d}t}{\sin t+\cos t}=\frac{1}{2}\int_0^{\frac{\pi}{2}}\frac{\sin t+\cos t}{\sin t+\cos t}\mathrm{d}t=\frac{1}{2}\int_0^{\frac{\pi}{2}}\mathrm{d}t=\frac{\pi}{4}.$$

注: $\displaystyle\int_0^{\frac{\pi}{2}}\frac{\cos^p t\,\mathrm{d}t}{\sin^p t+\cos^p t}=\frac{\pi}{4}.$

2.7.3　一般化与特殊化

一般化与特殊化是用辩证的观点来观察和处理问题的两个思维方向相反的思想方法,典型化是特殊化的最有用形式.

一般化就是从考虑一个对象过渡到考虑包含该对象的一个集合,或者从考虑一个较小的集合过渡到一个包含该较小集合的更大集合的思想方法.

特殊化以研究对象的一般性为基础,从而肯定个别对象具有个别属性.

通常下列两个方面可导致特殊化:一是通过某种法则来限制范围,形成特殊的子集;二是通过选定特殊的元素,形成特殊子集或单个特殊对象.

当我们的研究对象构成的集合以变量或参数的形式来描述时,则具体的研究对象是可变的,那么在特殊化时,通常将可变对象换成固定对象.这里有两种含义:(1)把对象完全固定.例如从正 n 边形转而特别考虑正三角

形,把变数 n 取作常数 3;(2)把对象相对固定.

例如,要讨论三次方程

$$ax^3+bx^2+cx+d=0(a\neq 0)$$

的根.

作为特殊化,我们可让 a、b、c、d 这 4 个系数的值完全取定值,也可让其中部分系数比如 a 取定值 1.前者就是完全固定的例子,后者是所谓相对或部分固定的情形.我们可据需要来确定哪一种方式,增加对研究对象的条件限制.例如从多边形转而特别考虑正 n 边形,就是增加条件限制的一种情形.

下面两种特殊化的形式特别值得注意.

(1)随意特殊化

显然,仅就一般问题的特例进行验证或计算,并不能解决该一般问题.但是,当面对复杂问题而无从着手时,不妨先采取"随意特殊化"的方法,即随意选取某些较为简单的特例来仔细研究.这样做可使我们对一般问题有个初步了解,获得对其中有关概念的认识,从中获得某些启示.如能因此获得解决问题的思路,当然最好;如尚未达到此地步,也可能为更进一步的特殊化探讨提出方案.例如,在用数学归纳法证明命题时,人们常在验证 $n=1$ 时命题成立后,再验证 $n=2$ 甚至 $n=3$ 时的情况.这样做的目的在于了解"由 $n=1$ 时命题成立如何去推导 $n=2$ 时命题成立(相应地,由 $n=2$ 推出 $n=3$ 时的情形)".这往往能对"由假设 $n=k$ 时命题成立去推证 $n=k+1$ 时命题成立"提供方法或解题思路.

(2)系统特殊化

由于事物的共性存在于个性之中,要发现共性往往需从先发现一部分个性着手.因此若采用"系统特殊化",即在进行了一定分析研究的基础上,选取一些典型的(有代表性的)特殊个体进行深入探讨,常常可以找出问题的关键,有助于揭示一般问题的本质,进而使一般问题得到解决或有所突破.

例如,为了证明复线性变换

$$w=\frac{az+b}{cz+d},bc-ad\neq 0$$

为共形变换,在对上式右边做适当分解的基础上,把问题归结为只要证明其中三种特殊的变换是共形变换就行了:(1) $w=az$;(2) $w=z+b$;(3) $w=\dfrac{1}{z}$.

分析上面例子,我们可发现,应用特殊化思想方法来解题时,不管随意特殊化或系统特殊化,我们的目的在于获得足够的关键信息,因此应该使所找的特殊对象具有代表性、典型性,所得的结论有可推广性.

在实际应用中,为了获得足够的信息,必要时可以反复施行特殊化,直至问题被解决.

2.7.3.1　用一般化来解决特殊问题

(1)把常量看成变量的特殊取值

例 2.7.4　设 a、b 是实数且 $e < a < b$,求证 $a^b > b^a$.

证明: 要证明 $a^b > b^a$ 等价于证明 $b\ln a > a\ln b$,也等价于证明 $\dfrac{\ln a}{a} > \dfrac{\ln b}{b}$.

把这个不等式两边的常量看成函数 $f(x) = \dfrac{\ln x}{x}$ $(x > 0)$ 的特殊取值,原不等式等价于 $f(a) - f(b) > 0$.由于 $f(x)$ 在区间 $[a, b]$ 连续且可导,根据微分中值定理知,存在 $\xi \in (a, b)$,从而 $\xi > e$,$\ln \xi > 1$,使得

$$f(a) - f(b) = f'(\xi)(a - b) = \frac{1 - \ln \xi}{\xi^2}(a - b) > 0.$$

即原不等式得证.

本例通过一般化得到一个辅助函数 $f(x)$,使得其可以利用更好的工具——微分中值定理来处理,体现了一般化的优势.

(2)把离散型看成连续型的特殊情形

人们常将离散型问题[如关于 $f(n)$,n 为自然数的问题]与连续型问题[如关于 $(0, +\infty)$ 上的函数的问题]互相转化,以求问题的解决并力求简洁明了.因为自然数集 N 可看成 $(0, +\infty)$ 的一个子集,$f(n)$ 可看成 $f(x)$ 在 N 上的限制,$f(x)$ 可看成 $f(n)$ 的扩张.从 $f(n)$ 到 $f(x)$ 的过程是一般化过程,从 $f(x)$ 到 $f(n)$ 的过程是特殊化的过程.

例 2.7.5　求极限 $\lim\limits_{n \to \infty} n(e^{\frac{1}{n}} - 1)$.

解: 若把它一般化为

$$\lim_{x \to +\infty} x(e^{\frac{1}{x}} - 1),$$

则可利用洛必达法则求得 $\lim\limits_{x \to +\infty} x(e^{\frac{1}{x}} - 1) = 1$.从而,它的子集也有同样的极限,即

$$\lim_{n \to \infty} n(e^{\frac{1}{n}} - 1) = 1.$$

例 2.7.5 是化归法的应用,先一般化,然后在一般化情形下解决问题;由于一般化的结论成立,原来的特殊结论自然成立.

2.7.3.2 用先特殊化后一般化的方法解题

例 2.7.6 在学函数的极限之前,通常先学序列的极限.这时,若想研究当 $x \rightarrow +\infty$ 时函数 $f(x) = \left(1 + \dfrac{1}{x}\right)^x$ 的变化趋势,即极限情况,自然地就考虑已经学习过的一个特例:

$$\lim_{n \to \infty}\left(1 + \frac{1}{n}\right)^n = \mathrm{e}.$$

由于 $\left(1 + \dfrac{1}{n}\right)^n = f(n)$ 是 $f(x)$ 的特殊情形,所以,若 $\lim\limits_{x \to +\infty}\left(1 + \dfrac{1}{x}\right)^x$ 存在且为 L,则 $L = \mathrm{e}$,否则将导致矛盾.事实上,这个特例不仅为我们提供了可能的答案,也提供了证明的工具.

具体证明时,可把 $x \rightarrow +\infty$ 的过程先特殊化为考虑任意取定的趋于 $+\infty$ 的单调增的点列 $\{x_k\}$,然后对每个自然数 k,取自然数 n_k 使得 $n_k \leqslant x_k < n_k + 1$,得到自然数列 $\{n\}$ 的一个单调不减的子列 $\{n_k\}$,$n_k \rightarrow \infty (k \rightarrow \infty)$,于是

$$a_k = \left(1 + \frac{1}{n_k + 1}\right)^{n_k+1} < \left(1 + \frac{1}{x_k}\right)^{x_k} < b_k = \left(1 + \frac{1}{n_k}\right)^{n_k},$$

因 $\left\{\left(1 + \dfrac{1}{n_k + 1}\right)^{n_k+1}\right\}$ 和 $\left\{\left(1 + \dfrac{1}{n}\right)^{n_k}\right\}$ 都是 $\left\{\left(1 + \dfrac{1}{n}\right)^n\right\}$ 的子列,由 $\lim\limits_{n \to \infty}\left(1 + \dfrac{1}{n}\right)^n = \mathrm{e}$ 知,它们都具有极限 e(注:从一般到特殊),再由极限运算法则推出 $a_k \rightarrow \mathrm{e}$,$b_k \rightarrow \mathrm{e}$.然后利用两边夹的求极限的定理就推出,当 $k \rightarrow \infty$ 时,

$$\lim_{k \to \infty}\left(1 + \frac{1}{x_k}\right)^{x_k} = \mathrm{e}.$$

于是,由 $\{x_k\}$ 的任意性可推出,当 $x \rightarrow +\infty$ 时,$\left(1 + \dfrac{1}{x}\right)^x$ 的极限存在且为 e.

用先特殊化后一般化的方法解题的步骤是:(1)先适当选定特殊的对象;(2)把关于特殊对象的结论推广到一般对象.这种化归法的第一步(化)通常较容易,而第二步(归)需要较高的技巧才能找到推广的适当途径.本题容易直接看出关于一般对象的结论和特殊对象的结论一样,所以推广的目标明确;而在多数情况下,对一般对象的结论需要先做猜测,然后设法验证或求出(见下例),其难度更大些,需要用敏锐的眼光去观察分析和更高的技巧去推导.

例 2.7.7 求一阶非齐次线性微分方程

$$\frac{\mathrm{d}y}{\mathrm{d}x} + p(x)y = q(x) \tag{2-7-1}$$

的通解,这里 $p(x)$、$q(x)$ 是在某个区间 (α, β) 上连续的已知函数,$q(x) \neq 0$.

解：容易求出式(2-7-1)对应的齐次方程

$$\frac{dy}{dx}+p(x)y=0 \qquad\qquad (2-7-2)$$

的通解为

$$y=Ce^{-\int p(x)dx}. \qquad\qquad (2-7-3)$$

由于式(2-7-2)是式(2-7-1)中 $q(x)\equiv 0$ 的特殊情况，因此可设想，式(2-7-2)的通解式(2-7-3)也应是式(2-7-2)的通解的特殊情况.注意到常数 C 可以看成一般的函数 $u(x)$ 的特殊情况，于是自然猜想式(2-7-1)的解 φ 可能具有形式

$$\varphi(x)=u(x)e^{-\int p(x)dx}. \qquad\qquad (2-7-4)$$

于是

$$\varphi'(x)=u'(x)e^{-\int p(x)dx}+u(x)\left[-p(x)e^{-\int p(x)dx}\right]$$
$$=u'(x)e^{-\int p(x)dx}-p(x)\varphi(x).$$

为了寻求形如式(2-7-4)的解，设 $y=\varphi(x)$，把上面两式代入原方程式(2-7-1)，化简后得

$$u'(x)=q(x)e^{\int p(x)dx}.$$

这是 $u(x)$ 必须满足的方程.两边积分后求得

$$u(x)=\int\left[q(x)e^{\int p(x)dx}\right]dx+C.$$

于是就得到方程式(2-7-1)的通解

$$y=\left\{\int\left[q(x)e^{\int p(x)dx}\right]dx+C\right\}e^{-\int p(x)dx}.$$

上述方法称为"常数变易法"，是常微分方程的重要解法.通过把常量 C 看成特殊的函数加以一般化，成为一个待定的函数 $u(x)$，把 $\varphi(x)$ 当成方程的解进行检验，得出 $u(x)$ 必须满足的方程，解这个方程求出函数 $u(x)$，最后得到原方程的解.值得注意的是，这里 $u(x)$ 是解函数的一个组成部分，而不是辅助函数.

2.7.3.3　一般化与特殊化协同使用

例 2.7.8　设直角三角形 ABC 三边长分别为 a、b、c(斜边)，用一般化、特殊化的方法证明勾股定理：

$$c^2=a^2+b^2. \qquad\qquad (2-7-5)$$

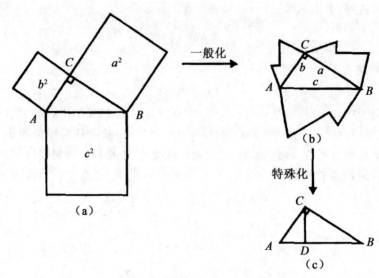

图 2-2

证明:要证式(2-7-5)等价于要证明以 c 为一边的正方形面积等于分别以 a、b 为一边的两个正方形的面积之和[图 2-2(a)].

可采用下面办法证明.

第一步,先一般化,把三个正方形一般化为三个分别以 a、b、c 为对应边的相似多边形(形状与边数任意).若以 a 为一边的那个多边形的面积为 λa^2,则分别以 b、c 为一边的多边形的面积为 λb^2 和 λc^2.由于

$$\lambda c^2 = \lambda a^2 + \lambda b^2 \qquad (2-7-6)$$

与式(2-7-5)等价,所以,要证明式(2-7-5)等价于要证明以 c 为一边的多边形面积等于另两个多边形面积之和[图 2-2(b)].

第二步:特殊化——将第一步所说的多边形特殊化为三角形.特别考虑 $\triangle ABC$、$\triangle CAD$ 和 $\triangle BCD$[图 2-2(c),其中 $CD \perp AB$],它们相似且分别以 AB、AC 和 CB 为对应边,即满足第一步的条件.故式(2-7-5)成立与否等价于,这三个三角形的面积是否有

$$S_{\triangle ABC} = S_{\triangle CAD} + S_{\triangle BCD},$$

而这是显然成立的.从而推出式(2-7-5)成立,即证得勾股定理成立.

2.7.3.4 先逐步特殊化,再逐步一般化

先逐步特殊化,再逐步一般化的方法是所谓先退后进法的一种重要情形.为了达到解决问题的目的,数学上常采用先退后进的办法.中国著名数

学家华罗庚说过:"善于'退',足够地'退','退'到最原始而不失去重要性的地方,是学好数学的一个诀窍!"在先逐步特殊化、再逐步一般化的过程中,特殊化就是退,一般化就是进.退是为了进,进就是逼近目标.

　　例 2.7.9　假定某小学生会求矩形的面积,也了解一些关于三角形的知识,但其没记住三角形的面积公式.现在要他求一个不规则的五边形的面积.请你设计一条解题的思路.

　　分析:为了求五边形的面积,我们先退而考虑三角形的面积;而为了求一般三角形的面积,先退而考虑特殊的三角形——直角三角形的面积;而为了求直角三角形的面积,先退而考虑矩形的面积.据假定,该学生会求矩形的面积,就说明我们已经退到适当的位置了.然后根据直角三角形可看成矩形的一半,一般三角形是两个直角三角形之并,多边形可分割成若干个三角形等关系,再逐步推出五边形的面积.

　　又如,在勒贝格积分理论中,为了证明有关可测函数 f 的一个命题成立,例如有关 f 的勒贝格积分的命题,常常把 f 分解为正部 f^{+} 与负部 f^{-} 之差,即 $f = f^{+} - f^{-}$,从而特殊化为仅考虑 f 是非负可测的情形;进一步特殊化为仅考虑 f 是非负的、简单函数的情形;实际上,还常常更进一步特殊化为 f 是正的、常数函数的情形(这就是最后的不失重要性的地方).如果该命题对常数函数成立,而且命题对线性运算和单调增加的函数列的极限运算封闭,则可逐步前进(逐步一般化),推出该命题对非负可测函数成立.然后再一般化为对一般的可测函数 f 成立.

　　在这一过程中,我们也看到了转化思想方法的应用及特殊化与一般化协同作用的效果.

第3章　函数、极限、连续思想
与解题方法

　　函数是高等数学研究的基本对象,可以说,高等数学的理论就是针对函数展开的.而极限理论和方法是高等数学理论的基础和基本工具.本章将就函数的一些基本概念和极限的基础理论及方法展开研究讨论,并深入探讨一些典型例题的解题方法.

3.1　函数与极限的思想方法

　　高等数学的核心是微积分学,而微积分学中的基本概念,如连续、导数、积分等都是以极限为基础的,并且极限理论也推动了各种理论的发展,促使许多实际问题得以解决.连续是函数的一个重要性质,连续函数及其性质在微积分学理论中同样起着重要的作用.在近代数学的许多分支中,一些重要概念与理论都是极限与连续函数概念的推广、延拓和深化.

　　这一章主要涉及三方面的内容:函数、极限和连续.函数概念反映存在于物质世界中各种变量之间的联系以及它们的依赖关系,是高等数学的研究对象,从而把"动态"研究思想引入了数学中.极限概念则是高等数学的"灵魂",它让"动态"研究有了一个精确的度量工具和方法,实现了"动态过程性"研究,反映了函数瞬时变化某一时刻的精确度量,是"动""静"辩证的完美统一,也是学习以后各部分内容的重要基础.连续概念则作为函数的一个重要性质,把研究对象和研究方法有机结合起来,成为函数极限几何意义的直观表达,也是微积分学的基础概念之一.

　　牛顿和莱布尼茨微积分的创立极大地推动了数学的发展及应用,也促进了社会现代文化的发展和进步.但在微积分学创立之始,由于缺少坚实的理论基石,从而陷入了逻辑上不能自圆其说的两难境地,遭到了包括数学家在内的人们的严厉抨击.极限理论的创立和完善,使微积分学找到了坚实的理论基石,被纳入了数学严格理论体系之中,由此可以看出极限理论在高等数学中的中心地位.

3.1.1　关于集合概念的说明

集合论是现代数学的基石.它是德国著名数学家格奥尔格·康托在 19 世纪末开创的;20 世纪初由许多数学家共同努力,在克服其自身存在的若干逻辑上的缺陷的基础上形成了公理化体系,发展成现代数学的一个重要分支,并且成为现代数学和许多相关的科学领域(包括自然科学和部分社会科学)的基础或基础的一部分.在公理化体系中,集合或简称集,是数学的一个原始概念,正如平面几何中的点、线、平面等概念一样,它不能用别的更基本的概念来定义,于是采用了一套公理来规定集合的运算法则.其中的"划分公理"指出,当基本集合确定时,这个基本集合的任何一部分都是一个集合.在研究范围明确的条件下,集合通常理解为具有某种性质的事物的全体,其中所谓"研究范围明确"指的就是"基本集合确定".在一元微积分中我们考虑的函数的定义域和值域都是实数集的子集,即认定基本集为实数集(实数全体构成的集);在多元微积分中,值域仍是实数集,而定义域是 n 维欧氏空间的子集合(基本集为 n 维欧氏空间).

3.1.2　关于连续的概念的两点说明

3.1.2.1　极限与函数符号的交换

据连续的定义,设函数 $y=f(x)$ 在 x_0 的某一邻域内有定义,则该函数在 x_0 处连续等价于 $\lim\limits_{x \to x_0} f(x)=f(\lim\limits_{x \to x_0} x)=f(x_0)$.

设函数 $u=\varphi(x)$ 当 $x \to x_0$ 时的极限存在且等于 a,即

$$\lim\limits_{x \to x_0} \varphi(x)=a,$$

而函数 $y=f(u)$ 在点 $u=a$ 处连续,那么复合函数 $y=f[\varphi(x)]$ 当 $x \to x_0$ 时的极限也存在且等于 $f(a)$,即

$$\lim\limits_{x \to x_0} f[\varphi(x)]=f[\lim\limits_{x \to x_0} \varphi(x)]=f(a).$$

求复合函数 $f[\varphi(x)]$ 的极限时,函数符号 f 与极限符号可以交换次序.

3.1.2.2　连续函数的另一些等价定义

函数 $y=f(x)$ 在点 x_0 处连续等价于

$$\lim\limits_{x \to x_0} f(x)=f(x_0),$$

所以,函数 $y=f(x)$ 在点 x_0 处连续的定义又可叙述为:对任意的 $\varepsilon>0$,总存在相应的 $\delta>0$,使得当 $|x-x_0|<\delta$ 时,恒有 $|f(x)-f(x_0)|<\varepsilon$.

当且仅当 $x\in U(x_0,\delta)$ 时,$|x-x_0|<\delta$;当且仅当 $f(x)\in U[f(x_0),\varepsilon]$ 时,$|f(x)-f(x_0)|<\varepsilon$,因此,$y=f(x)$ 在点 x_0 处连续等价于:对 $f(x_0)$ 的任何 ε 邻域,存在 x_0 的一个 δ 邻域,使得这个 δ 邻域中的每个点 x 的函数值都落在 $f(x_0)$ 的 ε 邻域中.

如果采用映射的语言,把 f 看成从 X 到 Y 的映射,$f(x)$ 称为 x 在 f 下的像,对 X 的子集合 V,$f(V)-\{f(x)\,|\,x\in V\}$ 称为 V 在 f 下的像,则 $f(x)$ 在点 x_0 连续等价于:对 $f(x_0)$ 的任何 ε 邻域 V,存在 x_0 的一个 δ 邻域 W,使得 $f(W)\subseteq V$,即邻域 W 在 f 下的像落在 V 之中.

由于 $f(W)\subseteq V$ 等价于 $W\subseteq f^{-1}(V)$(称为 V 的逆像),因此 $f(x)$ 在点 x_0 连续等价于:对 $f(x_0)$ 的任何 ε 邻域 V,存在 x_0 的一个 δ 邻域 W,使得 $W\subseteq f^{-1}(V)$,即 $f(x_0)$ 的任何邻域 V 的逆像都覆盖了 x_0 的某个邻域 W.

最后的定义可以推广到一般的度量空间或更一般的拓扑空间.

3.1.3 高等数学处处充满辩证法

辩证法是一种哲学思想方法,它主要研究事物的对立统一与互相转化.自然辩证法就是研究自然科学的哲学思想与方法.马克思和恩格斯对微积分理论很感兴趣,并研究了其中的许多辩证法原理.

无限与有限显然是对立的.无限与有限有许多重要差别,但最主要的差别可说成是:一个无限集合可以与它的真子集建立一一对应关系,如自然数集 N 和其偶数子集可以通过 $f=2n$ 建立一一对应关系,而有限集合就不行.

微积分理论在一定意义上说,就是研究无限的理论.求极限的过程就是要考虑"两个无限"的过程.但是无限与有限之间有密切联系且在一定条件下互相转化.例如,要描述"如无限大",借助于自然数 N,用满足 $n>N$ 的 n 所满足的不等式 $|a_n-A|<\varepsilon$ 来说明"当 n 无限大时,a_n 与 A 无限接近",其中的 N 和 n 都是有限的数.这就是把无限的问题转化为有限的问题来处理.同样,用 ε 是任意取定的而 $|a_n-A|<\varepsilon$ 对所有的 $n>N$ 成立来说明 a_n 无限地接近常数 A,也是借助于有限来描述无限的.反过来,命题"$\{a_n\}$ 当 n 趋于无限大时以常数 A 为极限"说明有限值 A 是无限的过程 $\{a_n\}$ 变化的最终趋势,即这里利用了有限的极限 A 来把握 $\{a_n\}$ 变化的无限过程.

类似的对立概念很多,如直线与曲线、连续与间断、微分与积分、收敛与发散、局部与整体等等.

在思想方法上,也有一般化与特殊化、扩张(延拓)与限制、分析与综合、分散与集中、化归与反演等互相对立的思维过程,在一定的条件下是可以互相转化的.

恩格斯说:"有了变量,辩证法就进入了数学","变数的数学——其中最重要的部分是微积分——本质上不外是辩证法在数学方面的运用".

3.2　函数概念、公式及有关函数问题的解法

3.2.1　函数基本定义、定义域、值域

在研究某一自然现象或实际问题的过程中,总会发现问题的变量并不是独立变化的,它们之间往往存在着依赖关系,我们称这种变量之间的相互关系为函数关系.

定义 3.2.1　设两个变量 x 和 y,D 是一个非空实数集合,$x \in D$,存在一个法则 f,使得对于每个 x,都存在确定的变量 y 与之对应,则称 y 是 x 的函数,记为

$$y = f(x), x \in D.$$

其中,x 是自变量,y 是因变量,D 为这个函数的定义域,也记为 $D(f)$.

在函数的定义中,自变量的取值范围就是函数的定义域.

用数学运算式来表示函数.函数的定义域是指能使该算式在实数范围内有意义的全体自变量的值的集合.确定这种函数的定义域时,必须依据以下基本规定:

(1)分式的分母不能等于 0;

(2)负数不能开偶次方;

(3)对数的真数要大于 0;

(4)正弦和余弦的绝对值不能大于 1;

(5)表达式由几项组成时,应取各项定义域的公共部分.

在反映实际问题的函数关系中,其定义域要由问题本身的意义来确定.

定义 3.2.2 按照对应法则,对于 $x_0 \in D$,有确定的值 y_0,即 $f(x_0)$ 与之对应,则称 $f(x_0)$ 为函数在点 x_0 处的函数值.当 x 取遍 D 的所有数值时,对应的所有函数值 $f(x)$ 的集合称为函数的值域,记为

$$Z(f) = \{y \mid y = f(x), x \in D\}.$$

自变量与因变量之间的这种相依关系称为函数关系.

对函数定义要着重掌握函数的定义域和两个变量之间的对应法则这两个重要因素.如果两个函数 $f(x)$ 与 $g(x)$ 相等,则意味着它们的定义域和对应法则都相同.

3.2.2 有关函数问题的解题方法

3.2.2.1 求函数表达式

这类题型的做法是找出函数框架然后代入,或者进行变量代换.

例 3.2.1 设

$$f(x) = \begin{cases} 1 & |x| < 1 \\ 0 & |x| = 1, g(x) = \mathrm{e}^x, \\ -1 & |x| > 1 \end{cases}$$

求 $f[g(x)]$.

解: 因为

$$f(x) = \begin{cases} 1 & |x| < 1 \\ 0 & |x| = 1, \\ -1 & |x| > 1 \end{cases}$$

所以

$$f[g(x)] = \begin{cases} 1 & |\mathrm{e}^x| < 1 \\ 0 & |\mathrm{e}^x| = 1, \\ -1 & |\mathrm{e}^x| > 1 \end{cases}$$

即

$$f[g(x)] = \begin{cases} 1 & x < 1 \\ 0 & x = 1. \\ -1 & x > 1 \end{cases}$$

又因为

$$g(x) = \mathrm{e}^x,$$

所以

$$f[g(x)] = \begin{cases} e & |x| < 1 \\ e & |x| = 1 \\ e^{-1} & |x| > 1 \end{cases},$$

3.2.2.2　求函数的定义域

求函数定义域的方法总结如下：

(1)如果函数表达式中含有分式,则分母不能为零;

(2)如果函数表达式中含有偶次方根,则根号下表达式大于等于零;

(3)如果函数表达式中含有对数,则真数大于零;

(4)如果函数表达式中含有反正弦或反余弦,则其绝对值小于等于1;

(5)有以上几种情形,则取交集;

(6)分段函数的定义域,取各分段区间的并集;

(7)对实际问题,则从实际出发考虑自变量取值范围.

例 3.2.2　已知 $f(x) = e^{x^2}$,$f[\varphi(x)] = 1-x$,且 $\varphi(x) \geqslant 0$,试求 $\varphi(x)$ 的表达式及定义域.

解:因为

$$f(x) = e^{x^2},$$

所以

$$f[\varphi(x)] = e^{[\varphi(x)]^2}.$$

而

$$f[\varphi(x)] = 1-x,$$

故

$$e^{[\varphi(x)]^2} = 1-x,$$

$$\varphi(x) = \sqrt{\ln(1-x)} \quad [\varphi(x) \geqslant 0].$$

于是由

$$\begin{cases} \ln(1-x) \geqslant 0 \\ 1-x \geqslant 0 \end{cases},$$

得定义域为 $x \leqslant 0$,即 $x \in (-\infty, 0]$.

3.2.2.3　函数奇偶性的判断

判断函数奇偶性的方法总结如下：

(1)根据奇偶性的定义.

(2)根据奇偶函数的四则运算性质.

①奇函数乘(除)偶函数＝奇函数;②奇函数乘(除)奇函数＝偶函数;

③偶函数乘(除)偶函数＝偶函数;④奇函数加(减)奇函数＝奇函数;⑤偶函

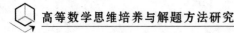

数加(减)偶函数＝偶函数.需要指出,偶函数加(减)奇函数,奇函数加(减)偶函数,结果为非奇非偶的函数.

(3)$f(x)+f(-x)=0$.

例 3.2.3 判断下列函数的奇偶性.

(1)$f(x)=\dfrac{a^x-1}{a^x+1}$,$a>0$;

(2)$F(x)=\varphi(x)\left(\dfrac{1}{a^x+1}-\dfrac{1}{2}\right)$,其中 $a>0$,$a\neq1$,且为常数,$\varphi(x)$ 为奇函数.

解:(1)因为

$$f(-x)=\frac{a^{-x}-1}{a^{-x}+1}=\frac{1-a^x}{1+a^x}=-f(x),$$

所以 $f(x)$ 为奇函数.

(2)因为

$$\frac{1}{a^x+1}-\frac{1}{2}=-\frac{a^x-1}{2(a^x+1)}=-\frac{1}{2}\times\frac{a^x-1}{a^x+1},$$

由(1)中的结论可得 $\dfrac{1}{a^x+1}-\dfrac{1}{2}$ 是一个奇函数,而 $\varphi(x)$ 为奇函数,所以 $F(x)$ 为一个偶函数.

3.3 极限及各类极限的求解方法

3.3.1 数列的极限

定义 3.3.1 设有一数列 $\{x_n\}$,如果存在一个常数 A,对于任意给定的正数 ε,总存在正整数 N,当 $n>N$ 时,恒有不等式 $|x_n-A|<\varepsilon$ 成立,则称 A 为数列 $\{x_n\}$ 的极限,或称数列 $\{x_n\}$ 收敛于 A,记作 $\lim\limits_{n\to\infty}a_n=A$ 或 $a_n\to A(n\to\infty)$.否则,称数列 $\{x_n\}$ 不存在极限,或者称数列 $\{x_n\}$ 发散.

为了表述方便,定义 3.3.1 可以用逻辑符号表示为

$$\lim\limits_{n\to\infty}a_n=A\Leftrightarrow\forall\varepsilon>0,\exists N\in\mathbf{N}^+,\forall n>N\to|x_n-A|<\varepsilon.$$

这些符号对于学习和研究高等数学的人来说再熟悉不过,这里不再赘述其具体含义.

定理 3.3.1　设 $\{a_n\}$，$\{b_n\}$ 均为收敛数列，则 $\{a_n \pm b_n\}$，$\{a_n \cdot b_n\}$ 也收敛，且有

(1) $\lim\limits_{n \to \infty}(a_n \pm b_n) = \lim\limits_{n \to \infty} a_n \pm \lim\limits_{n \to \infty} b_n$；

　　$\lim\limits_{n \to \infty}(a_n \pm k) = (\lim\limits_{n \to \infty} a_n) + k$.

(2) $\lim\limits_{n \to \infty}(a_n \cdot b_n) = \lim\limits_{n \to \infty} a_n \cdot \lim\limits_{n \to \infty} b_n$；

　　$\lim\limits_{n \to \infty}(k a_n) = k \cdot \lim\limits_{n \to \infty} a_n$，$k$ 为常数.

(3) 若再设 $b_n \neq 0$ 且 $\lim\limits_{n \to \infty} b_n \neq 0$，$\dfrac{\{a_n\}}{\{b_n\}}$ 也收敛，且有

$$\lim_{n \to \infty} \frac{a_n}{b_n} = \frac{\lim\limits_{n \to \infty} a_n}{\lim\limits_{n \to \infty} b_n}.$$

证明：由于 $a_n - b_n = a_n + (-b_n)$，$\dfrac{a_n}{b_n} = a_n \cdot \dfrac{1}{b_n}$，故只需要证明和、积、倒数运算的结论即可.

设 $\lim\limits_{n \to \infty} a_n = a$，$\lim\limits_{n \to \infty} b_n = b$，则对 $\forall \varepsilon > 0$，分别 $\exists N_1, N_2 \in \mathbf{N}^+$，当 $n > N_1$ 时，有

$$|a_n - a| < \varepsilon,$$

当 $n > N_2$ 时，有

$$|b_n - b| < \varepsilon.$$

取 $N = \max\{N_1, N_2\}$，则当 $n > N$ 时，上述两个不等式同时成立. 从而

(1) 当 $n > N$ 时，有

$$|(a_n + b_n) - (a + b)| \leqslant |a_n - a| + |b_n - b| < 2\varepsilon,$$

所以

$$\lim_{n \to \infty}(a_n \pm b_n) = a + b = \lim_{n \to \infty} a_n \pm \lim_{n \to \infty} b_n.$$

证毕.

(2) 由收敛数列的有界性，存在 $M > 0$，使得对一切 n，有

$$|b_n| < M,$$

于是，当 $n > N$ 时，有

$$|(a_n b_n) - (ab)|$$
$$\leqslant |a_n - a||b_n| + |a||b_n - b|$$
$$< (M + |a|)\varepsilon,$$

所以

$$\lim_{n \to \infty}(a_n \cdot b_n) = ab = \lim_{n \to \infty} a_n \cdot \lim_{n \to \infty} b_n.$$

证毕.

（3）由于 $\lim\limits_{n\to\infty}b_n=b\neq0$，则由收敛数列的保号性，$\exists N_3\in\mathbf{N}^+$，使得当 $n>N_3$ 时，有

$$|b_n|>\frac{|b|}{2},$$

取 $N'=\max\{N_2,N_3\}$，当 $n>N'$ 时，有

$$\left|\frac{1}{b_n}-\frac{1}{b}\right|=\left|\frac{b_n-b}{b_nb}\right|$$

$$<\frac{2|b_n-b|}{b^2}$$

$$<\frac{2\varepsilon}{b^2},$$

所以

$$\lim_{n\to\infty}\frac{1}{b_n}=\frac{1}{b}=\frac{1}{\lim\limits_{n\to\infty}b_n}.$$

证毕.

3.3.2 函数的极限

3.3.2.1 函数在一点处的极限

数列极限讨论的是一列无限个数据的变化趋势.定义在某区间上的函数 $f(x)$ 也对应着无限个数据,在自变量 x 的变化趋势下,考虑这些数据的变化趋势则涉及函数极限.如果把数列看作定义在正整数集上的函数

$$x_n=f(n)(n=1,2,\cdots),$$

那么 $\lim\limits_{n\to\infty}x_n=a$ 就表示当自变量 $n\to\infty$ 时,函数 $f(n)$ 极限为 a.这样自然可以引出函数极限的一般概念,即在自变量的某个变化过程中,如果对应的函数值无限接近于某个确定的数,那么这个确定的数就叫作在这一变化过程中函数的极限.这个极限是与自变量的变化过程密切相关的,由于自变量的变化过程不同,函数的极限就表现为不同的形式.

（1）函数在一点的极限

定义 3.3.2 设函数 $f(x)$ 在 x_0 的一个去心邻域有定义,如果对于任意给定的 $\varepsilon>0$,存在 $\delta>0$ 使得当 $0<|x-x_0|<\delta$ 时,有

$$|f(x)-A|<\varepsilon,$$

其中,A 为常数,则称 $f(x)$ 在点 x_0 处的极限为 A,或 $f(x)$ 收敛于 A,记作

$$\lim_{x\to x_0}f(x)=A$$

或
$$f(x) \rightarrow A(x \rightarrow x_0).$$
如果这样的 A 不存在,则称 $f(x)$ 在点 x_0 处的极限不存在.

(2) $\lim\limits_{x \rightarrow x_0} f(x) = A$ 的几何解释

任意给定正数 ε,作平行于 x 轴的两条直线 $y = A + \varepsilon$ 和 $y = A - \varepsilon$,根据定义,对于给定的 ε,存在点 x_0 的一个去心邻域 $0 < |x - x_0| < \delta$,当函数 $f(x)$ 的横坐标 x 落在该邻域内时,这些点的纵坐标落在横带状区域 $A - \varepsilon < f(x) < A + \varepsilon$ 中,如图 3-1 所示.

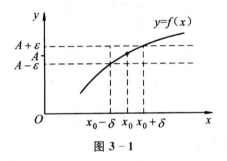

图 3-1

显然,$f(x)$ 在点 x_0 处的极限仅与 f 在 x_0 处的一个去心领域内的值有关,与 f 在 x_0 处的值 $f(x_0)$ 无关,与 $f(x)$ 在点 x_0 上是否有定义无关;δ 与任意给定的正数 ε 有关,ε 可以理解为对 $f(x)$ 与实数 A 的接近程度 $|f(x) - A|$ 的要求,而 δ 则表示要达到这种程度,x 需要充分接近于 x_0 的程度.

(3)左极限和右极限

定义 3.3.3 ①当 $x < x_0$ 且 x 从左侧无限接近于 x_0,函数 $f(x)$ 无限接近于常数 A 时,称常数 A 是函数 $f(x)$ 在点 x_0 处的左极限,记为
$$\lim\limits_{x \rightarrow x_0^-} f(x) = A,$$
如图 3-2 所示.

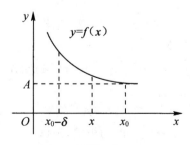

图 3-2

②当 $x>x_0$ 且 x 从右侧无限接近于 x_0,函数 $f(x)$ 无限接近于常数 A 时,称常数 A 是函数 $f(x)$ 在点 x_0 处的右极限,记为

$$\lim_{x \to x_0^+} f(x) = A,$$

如图 3-3 所示.

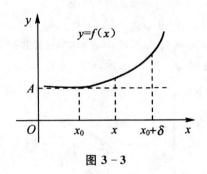

图 3-3

定理 3.3.2 $\lim\limits_{x \to x_0} f(x) = A$ 的充分必要条件是 $f(x+0)=A$ 和 $f(x-0)=A$ 都存在而且相等,即

$$\lim_{x \to x_0} f(x) = A \Leftrightarrow \lim_{x \to x_0^+} f(x) = \lim_{x \to x_0^-} f(x) = A.$$

证明略.

3.3.2.2 函数趋向无穷时的极限

自变量 x 趋于无穷大分为以下三种形式:

(1) $x \to +\infty$ 表示 x 沿数轴正向趋近于正无穷大;

(2) $x \to -\infty$ 表示 x 沿数轴负向趋近于负无穷大;

(3) $x \to \infty$ 表示 $|x|$ 沿数轴趋近于无穷大.

定义 3.3.4 设 $f(x)$ 为 $[a, +\infty)$ 上的函数,A 是常数.若对 $\forall \varepsilon > 0$,$\exists M > 0$,当 $x > M$ 时,有

$$|f(x) - A| < \varepsilon,$$

则称 A 为函数 $f(x)$ 当 $x \to +\infty$ 时的极限,记作

$$\lim_{x \to +\infty} f(x) = A [或当 x \to +\infty 时, f(x) \to A].$$

定义 3.3.5 设 $f(x)$ 为 $(-\infty, a)$ 上的函数,A 是常数.若对 $\forall \varepsilon > 0$,$\exists M > 0$,当 $x < -M$ 时,有

$$|f(x) - A| < \varepsilon,$$

则称 A 为函数 $f(x)$ 当 $x \to -\infty$ 时的极限,记作

$$\lim_{x \to -\infty} f(x) = A [或当 x \to -\infty 时, f(x) \to A].$$

定义 3.3.6 设 $f(x)$ 为 $(-\infty, -a) \bigcup (a, +\infty)$ 上的函数，A 是常数. 若对 $\forall \varepsilon > 0$，$\exists M > 0$，当 $|x| > M$ 时，有

$$|f(x) - A| < \varepsilon,$$

则称 A 为函数 $f(x)$ 当 $x \to \infty$ 时的极限，记作

$$\lim_{x \to \infty} f(x) = A [\text{或当 } x \to \infty \text{ 时}, f(x) \to A].$$

定理 3.3.3 当 $x \to \infty$ 时，函数 $f(x)$ 的极限存在的充分必要条件是函数 $f(x)$ 在 $x \to +\infty$ 时和 $x \to -\infty$ 时的极限都存在而且相等，即

$$\lim_{x \to \infty} f(x) = A \Leftrightarrow \lim_{x \to +\infty} f(x) = \lim_{x \to -\infty} f(x) = A.$$

3.3.3　各类极限的求解方法

3.3.3.1　数列极限的证明及求解方法

这部分内容所涉及的问题一般是利用数列极限的定义、性质、四则运算法则以及无穷小与无穷大的相关性质来求解数列极限或证明数列极限是某值.

例 3.3.1 用"$\varepsilon - N$ 定义法"证明数列极限 $\lim\limits_{n \to \infty} \dfrac{\sqrt{2n + \sqrt{n}} - \sqrt{n}}{n + 1} = 0$.

证明： $\forall \varepsilon > 0$，利用放大法有

$$\left| \frac{\sqrt{2n + \sqrt{n}} - \sqrt{n}}{n + 1} \right| = \frac{n + \sqrt{n}}{(n + 1)(\sqrt{2n + \sqrt{n}} + \sqrt{n})} < \frac{2n}{n^{\frac{3}{2}}} = \frac{2}{\sqrt{n}} < \varepsilon,$$

进而可得 $n > \dfrac{4}{\varepsilon^2}$，故取 $N = \left[\dfrac{4}{\varepsilon^2} \right]$，则当 $n > N$ 时，有 $\left| \dfrac{\sqrt{2n + \sqrt{n}} - \sqrt{n}}{n + 1} \right| < \varepsilon$，

故而可得 $\lim\limits_{n \to \infty} \dfrac{\sqrt{2n + \sqrt{n}} - \sqrt{n}}{n + 1} = 0$.

例 3.3.2 求下列数列极限：

(1) $\lim\limits_{n \to \infty} \dfrac{2n^2 - 2n + 1}{n^2 + 6n + 5}$.　　(2) $\lim\limits_{n \to \infty} \left(\dfrac{1}{2!} + \dfrac{2}{3!} + \cdots + \dfrac{n}{(n + 1)!} \right)$.

(3) $\lim\limits_{n \to \infty} \left[\sqrt{1 + 2 + \cdots + n} - \sqrt{1 + 2 + \cdots + (n - 1)} \right]$.

解： (1) 用分子和分母同时除以 n^2，得

$$\lim_{n \to \infty} \frac{2n^2 - 2n + 1}{n^2 + 6n + 5} = \lim_{n \to \infty} \frac{2 - \dfrac{2}{n} + \dfrac{1}{n^2}}{1 + \dfrac{6}{n} + \dfrac{5}{n^2}} = \frac{\lim\limits_{n \to \infty} 2 - \lim\limits_{n \to \infty} \dfrac{2}{n} + \lim\limits_{n \to \infty} \dfrac{1}{n^2}}{\lim\limits_{n \to \infty} 1 + \lim\limits_{n \to \infty} \dfrac{6}{n} + \lim\limits_{n \to \infty} \dfrac{5}{n^2}}$$

$$= \frac{2-0+0}{1+0+0} = 2.$$

（2）由 $\frac{n}{(n+1)!} = \frac{1}{n!} - \frac{1}{(n+1)!}$，可得

$$\frac{1}{2!} + \frac{2}{3!} + \cdots + \frac{n}{(n+1)!} = \left(\frac{1}{1!} - \frac{1}{2!} \right) + \cdots + \left[\frac{1}{n!} - \frac{1}{(n+1)!} \right]$$

$$= 1 - \frac{1}{(n+1)!},$$

所以

$$\lim_{n \to \infty} \left[\frac{1}{2!} + \frac{2}{3!} + \cdots + \frac{n}{(n+1)!} \right] = \lim_{n \to \infty} \left[1 - \frac{1}{(n+1)!} \right]$$

$$= \lim_{n \to \infty} 1 - \lim_{n \to \infty} \frac{1}{(n+1)!} = 1 - 0 = 1.$$

（3）因为

$$\sqrt{1+2+\cdots+n} - \sqrt{1+2+\cdots+(n-1)} = \sqrt{\frac{n(n+1)}{2}} - \sqrt{\frac{n(n-1)}{2}}$$

$$= \sqrt{2} \cdot \left(\frac{\sqrt{n}}{\sqrt{n+1} + \sqrt{n-1}} \right)$$

$$= \sqrt{2} \cdot \frac{1}{\sqrt{1 + \frac{1}{n}} + \sqrt{1 - \frac{1}{n}}},$$

所以

$$\lim_{n \to \infty} \left[\sqrt{1+2+\cdots+n} - \sqrt{1+2+\cdots+(n-1)} \right]$$

$$= \lim_{n \to \infty} \left(\sqrt{2} \cdot \frac{1}{\sqrt{1 + \frac{1}{n}} + \sqrt{1 - \frac{1}{n}}} \right) = \lim_{n \to \infty} \sqrt{2} \cdot \frac{\lim\limits_{n \to \infty} 1}{\lim\limits_{n \to \infty} \sqrt{1 + \frac{1}{n}} + \lim\limits_{n \to \infty} \sqrt{1 - \frac{1}{n}}}$$

$$= \sqrt{2} \cdot \frac{1}{1+1} = \frac{\sqrt{2}}{2}.$$

注意：利用极限的四则运算法则，将复杂数列极限转化为简单的数列极限的四则运算，是常用的极限求解办法．在具体应用中，关键在于如何将一个复杂的极限通过恒等变形拆分成简单的极限．在本题中，（1）先利用了分子与分母同时除以 n^2，然后利用极限的四则运算法则求出极限；（2）利用公式 $\frac{n}{(n+1)!} = \frac{1}{n!} - \frac{1}{(n+1)!}$ 将原极限拆成部分分式的极限；（3）先分别求出两个根号里的和，再利用分子有理化和极限的四则运算法则求出极限．

例 3.3.3 证明数列 $\{8^{(-1)^n \cdot n}\}$ 不是无穷大.

证明: 数列 $\{8^{(-1)^n \cdot n}\}$ 的通项为 $x_n = 8^{(-1)^n \cdot n}$,将原数列中所有 $n = 2k-1(k=1,2,\cdots)$ 的项提取出来,构成子列 $\{x_{2k-1}\}$,该子列的通项为 $8^{-(2k-1)}$,易知其极限为 0.故而,数列 $\{8^{(-1)^n \cdot n}\}$ 包含极限等于 0 的子列,其不可能是无穷大.

注意: 证明数列 $\{x_n\}$ 的极限不是无穷大的常用方法是只需找出一个收敛子列.因为数列 $\{x_n\}$ 的子列的收敛性与其本身的收敛性一致,如果数列 $\{x_n\}$ 是无穷大,则其任何子列的极限都是无穷大,所以若有某子列收敛,则该子列的极限就不是无穷大,因而原数列也不是无穷大.当然,这类问题还可以用反证法来证明.

3.3.3.2 函数极限的证明及求解方法

这部分内容所涉及的问题一般是利用函数极限的定义、性质、四则运算法则以及无穷小与无穷大的相关性质来求解函数极限或证明函数极限是某值.

例 3.3.4 利用函数趋于无穷远处的极限的"$\varepsilon - X$ 定义"证明 $\lim\limits_{x \to \infty} \dfrac{x^3+1}{2x^3} = \dfrac{1}{2}$.

证明: 因为 $\left| \dfrac{x^3+1}{2x^3} - \dfrac{1}{2} \right| = \dfrac{1}{2|x|^3}$,所以,要使得 $\left| \dfrac{x^3+1}{2x^3} - \dfrac{1}{2} \right| < \varepsilon$,只需 $\dfrac{1}{2|x|^3} < \varepsilon$,即 $|x| > \dfrac{1}{\sqrt[3]{2\varepsilon}}$,于是对任意的 $\varepsilon > 0$,存在 $X = \dfrac{1}{\sqrt[3]{2\varepsilon}}$,当 $|x| > X$ 时,恒有 $\left| \dfrac{x^3+1}{2x^3} - \dfrac{1}{2} \right| < \varepsilon$,因而 $\lim\limits_{x \to \infty} \dfrac{x^3+1}{2x^3} = \dfrac{1}{2}$.

注意: 利用函数极限的"$\varepsilon - X$ 定义"证明 $\lim\limits_{x \to \infty} f(x) = A$ 的一般步骤为:

(1)将 $|f(x) - A|$ 化简或适当放大成 $|f(x) - A| \leqslant \varphi(|x|)$.

(2)对任意的 $\varepsilon > 0$,要使 $|f(x) - A| < \varepsilon$,只需 $\varphi(|x|) < \varepsilon$,由此解出 $|x| < \psi(\varepsilon)$.

(3)取 $X = \psi(\varepsilon)$,则当 $|x| > X$ 时,恒有 $|f(x) - A| < \varepsilon$,进而得到 $\lim\limits_{x \to \infty} f(x) = A$.

例 3.3.5 利用函数趋于点 x_0 的极限的"$\varepsilon - \delta$ 定义"证明 $\lim\limits_{x \to -2} \dfrac{x^2-4}{x+2} = -4$.

证明: 因为 $\left| \dfrac{x^2-4}{x+2} + 4 \right| = \left| \dfrac{(x+2)^2}{x+2} \right| = |x+2|$,由于 $x \to -2$ 的过程中 $x \neq -2$,即 $x+2 \neq 0$,于是有 $|f(x) - A| = \left| \dfrac{x^2-4}{x+2} + 4 \right| = |x+2|$.要使

$\left|\dfrac{x^2-4}{x+2}+4\right|<\varepsilon$，只要 $|x+2|<\varepsilon$，故取 $\delta=\varepsilon$，则 $\forall\varepsilon>0$，$\exists\delta=\varepsilon$，当 $0<$ $|x+2|<\delta$ 时，$\left|\dfrac{x^2-4}{x+2}+4\right|<\varepsilon$ 恒成立，进而可得 $\lim\limits_{x\to-2}\dfrac{x^2-4}{x+2}=-4$.

注意：利用函数趋于点 x_0 的极限的"$\varepsilon-\delta$ 定义"证明 $\lim\limits_{x\to x_0}f(x)=A$ 的一般步骤为：

(1)将 $|f(x)-A|$ 化简或适当放大为 $|f(x)-A|\leqslant\varphi(|x-x_0|)$（不等式右端是 $|x-x_0|$ 的函数）.

(2)对任意 $\varepsilon>0$，要使 $|f(x)-A|<\varepsilon$，只需 $\varphi(|x-x_0|)<\varepsilon$，由此解出 $|x-x_0|<\psi(\varepsilon)$.

(3)取 $\delta=\psi(\varepsilon)$，则当 $0<|x-x_0|<\delta$ 时，恒有 $|f(x)-A|<\varepsilon$，进而得到 $\lim\limits_{x\to x_0}f(x)=A$.

例 3.3.6 根据定义证明函数 $y=\dfrac{1+2x}{x}$ 为当 $x\to0$ 时的无穷大.并且讨论当自变量 x 满足什么条件时有 $|y|>10^4$.

解：用缩小法来证明.注意到 $\left|\dfrac{1+2x}{x}\right|=\left|\dfrac{1}{x}+2\right|\geqslant\dfrac{1}{|x|}-2$，于是对任意大的正数 M，要使 $\left|\dfrac{1+2x}{x}\right|>M$，只要使 $\dfrac{1}{|x|}-2>M$，即只要 $|x|<\dfrac{1}{M+2}$，取 $\delta=\dfrac{1}{M+2}$，则当 $0<|x-0|<\delta$ 时，总有

$$\left|\dfrac{1+2x}{x}\right|=\left|\dfrac{1}{x}+2\right|>\dfrac{1}{|x|}-2>M+2-2=M.$$

所以当 $x\to0$ 时，$y=\dfrac{1+2x}{x}$ 是无穷大.

令 $M=10^4$，取 $\delta=\dfrac{1}{10^4+2}$，则当 $0<|x-0|=|x|<\dfrac{1}{10^4+2}$ 时就能使 $|y|>10^4$ 成立.

注意：本题先将 $|f(x)|=\left|\dfrac{1+2x}{x}\right|$ 等价变形，然后适当缩小，使缩小后的量小于 M，从而求出 δ.这种方法在按定义证明函数在某一变化过程中为无穷大时经常使用.

例 3.3.7 根据无穷小的定义证明 $y=x\sin\left(\dfrac{1}{x}\right)$ 为当 $x\to0$ 时的无穷小.

证明：由于 $|f(x)-0|=\left|x\sin\left(\dfrac{1}{x}\right)\right|\leqslant|x|$，对于任意正数 ε，欲

使 $|f(x)-0|<\varepsilon$ 成立,只要 $\left|x\sin\left(\dfrac{1}{x}\right)\right|\leqslant|x|<\varepsilon$ 成立,于是取 $\delta=\varepsilon$,

对任意正数 ε,存在 $\delta=\varepsilon$,使当 $0<|x|<\delta$ 时恒有 $\left|x\sin\left(\dfrac{1}{x}\right)\right|<\varepsilon$,即

$$\lim_{x\to 0}x\sin\left(\dfrac{1}{x}\right)=0.$$

　　注意:无穷小是一个变量,"0"作为无穷小的唯一常数,但任意一个很小的正数都不能作为无穷小.

3.4　函数连续性问题解法和利用函数连续性解题

3.4.1　函数连续的定义及其运算

　　函数 f 在一点 x_0 的极限与函数在这点的定义无关,但从几何直观上看,我们在初等数学中所接触到的函数 f,当自变量 x 趋向于 x_0 时,函数值 $f(x)$ 似乎总是趋向于 $f(x_0)$,这就是函数在点 x_0 的连续性.函数的连续性是与函数极限密切相关的一个重要概念.

　　定义 3.4.1　如果函数 $f(x)$ 在 x_0 处满足以下三个条件:

　　(1) $f(x)$ 在 x_0 处有定义[即 $f(x_0)$ 存在];

　　(2) $f(x)$ 在 x_0 处有极限;

　　(3) $f(x)$ 在 x_0 处的极限值等于这点的函数值.

则称函数 $f(x)$ 在 x_0 处连续,$x=x_0$ 为 $f(x)$ 的连续点.

　　定义 3.4.2　设函数 $y=f(x)$ 在点 x_0 及其附近有定义,若自变量 x 的增量 $\Delta x=x-x_0$ 趋于 0 时,对应的函数增量 $\Delta y=f(x_0+\Delta x)-f(x_0)$ 也趋于 0,就称函数 $f(x)$ 在 x_0 连续.

　　定义 3.4.3　若函数 $f(x)$ 在 x_0 的某右邻域有定义,且

$$\lim_{x\to 0^+}f(x)=f(x_0),$$

则称 $f(x)$ 在 x_0 处右连续;若函数 $f(x)$ 在 x_0 的某左邻域有定义,且

$$\lim_{x\to 0^-}f(x)=f(x_0),$$

则称 $f(x)$ 在 x_0 处左连续.

定理 3.4.1 $f(x)$ 在 x_0 连续的充分必要条件是 $f(x)$ 在 x_0 既左连续又右连续, 即

$$\lim_{x \to x_0} f(x) = f(x_0) \Leftrightarrow \lim_{x \to 0^+} f(x) = f(x_0) = \lim_{x \to 0^-} f(x).$$

从几何图形上来看, 连续体现了函数曲线连绵不断的特点, 我们通过分段函数 $y = f(x)$ 的图形来从几何上理解连续, 左、右连续以及不连续的概念. 从图 3-4 可以看出: a 点只能是右连续点; c 为连续点; b 为左连续点; d 为右连续点; h 既非左连续点, 又非右连续点; 且 b, d, h 都是间断点.

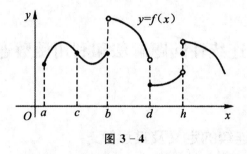

图 3-4

定理 3.4.2 两个在某点连续的函数的和、差、积、商 (分母在该点不为零), 是一个在该点连续的函数.

定理 3.4.3 设函数 $u = \varphi(x)$ 在点 $x = x_0$ 处连续, 并且 $\varphi(x_0) = u_0$, 而函数 $y = f(u)$ 在点 $u = u_0$ 处连续, 则复合函数 $y = f[\varphi(x)]$ 在点 $x = x_0$ 也是连续的.

定理 3.4.4 若函数 $y = f(x)$ 在某区间 I_x 上单调增加 (或减少) 并且连续, 则它的反函数 $x = f^{-1}(y)$ 也在对应的区间

$$I_y = \{y \mid y = f(x), x \in I_x\}$$

上增加 (或减少) 且连续.

3.4.2 利用函数连续性解题

3.4.2.1 分段函数的极限、连续、间断问题解法

(1) 分段函数的极限

① 当分段点两侧表达式相同, 一般直接计算极限, 不分左、右讨论.

② 当分段点两侧表达式不同或相同, 但含有 $a^{\frac{1}{x}} (x \to 0)$, $\arctan \dfrac{1}{x} (x \to 0)$, 或者含有绝对值情形时, 需要讨论左、右极限. 仅当函数在分段点处的左、右

极限存在且相等时,函数在该点的极限才存在.求函数在一点处的左、右极限的方法与求函数极限的方法相同.

③分段函数的极限主要是研究函数在分段点处的连续性与可导性.

(2)函数连续性讨论

①基本初等函数在其定义域内连续;初等函数在其定义区间连续;分段函数在每一段内是初等函数,故在每一段内连续.

②分段点的连续性讨论.一般是针对由极限定义的函数、带有绝对值符号的函数、分段函数等.对分段点 x_0,若函数 $f(x)$ 在 x_0 两侧表达式相同时,直接用

$$\lim_{x \to x_0} f(x) = f(x_0)$$

来判定 $f(x)$ 在 x_0 点是否连续;若 x_0 两侧表达式不同,或如上边分段函数极限②中所述情形,则先求函数 $f(x)$ 在 x_0 点的左极限、右极限,然后根据函数在 x_0 点连续的充要条件,即

$$\lim_{x \to x_0^-} f(x) = \lim_{x \to x_0^+} f(x) = f(x_0)$$

来判定 $f(x)$ 在 x_0 点是否连续.此处特别注意的是,计算 $\lim_{x \to x_0^-} f(x)$ 时,只能用 x_0 左边($x < x_0$)的函数表达式,而计算 $\lim_{x \to x_0^+} f(x)$ 时,则只能用 x_0 右边($x > x_0$)的函数表达式.

详细归纳如下:

①分段函数 $f(x)$ 在分段点 x_0 处的连续性.

先求出 $\lim_{x \to x_0^-} f(x)$,$\lim_{x \to x_0^+} f(x)$,再根据 $f(x)$ 在 x_0 点连续的充要条件

$$\lim_{x \to x_0^-} f(x) = \lim_{x \to x_0^+} f(x) = f(x_0)$$

来判断 $f(x)$ 在点 x_0 处是否连续.

②带有绝对值符号的函数的连续性.

首先是去掉绝对值符号,将函数改写成分段函数,然后用①中的方法讨论.

③含有极限符号的函数的连续性.

以 x 为参变量,以自变量 n 的无限变化趋势(即 $n \to \infty$)为极限所定义的函数 $f(x)$,即

$$f(x) = \lim_{n \to \infty} g(x, n)$$

称为极限函数.为讨论 $f(x)$ 的连续性,应先求出极限.极限中的变量是 n,在求极限的过程中 x 不变化,但 x 的取值范围不同,极限值也不同,因此要求出仅用 x 表示的函数 $f(x)$ 一般为分段函数.

（3）函数间断点及其类型的确定

①求出 $f(x)$ 的定义域,若函数 $f(x)$ 在 $x=x_0$ 点无定义,则 x_0 为间断点.若有定义,再查看下一步.

②查看 x_0 是否为初等函数定义区间的点.若是,则 x_0 为连续点,否则看 $\lim\limits_{x \to x_0} f(x)$ 是否存在.若 $\lim\limits_{x \to x_0} f(x)$ 不存在,则 x_0 为 $f(x)$ 的间断点;若 $\lim\limits_{x \to x_0} f(x)$ 存在,再看下一步.

③若 $\lim\limits_{x \to x_0} f(x) = f(x_0)$,则 x_0 为连续点;若不相等,则 x_0 为间断点.

④分段函数通常要考查的是分段点.

⑤间断点分类如图 3－5 所示.

$$
\text{间断点}
\begin{cases}
\text{第一类:} \\
\text{左右极限都存在}
\begin{cases}
\text{可去型} \quad \text{左极限＝右极限,即极限存在} \\
\text{跳跃型} \quad \text{左极限≠右极限}
\end{cases} \\
\text{第二类:} \\
\text{左右极限中至少有一个不存在}
\end{cases}
$$

图 3－5

在这里需要特别指出的是,只有第一类可去型间断点才能补充或改变函数在该点的定义而成为连续点,其他类型不能做到;函数无定义的点未必都是间断点.

例 3.4.1 讨论函数 $f(x)=\begin{cases} \dfrac{x(1+x)}{\sin \dfrac{\pi}{2}x} & x>0 \\[4mm] \dfrac{2}{\pi}\cos\dfrac{x}{x^2-1} & x\leqslant 0 \end{cases}$ 的连续性.

解:先讨论分段点

$$x=0, f(0)=\frac{2}{\pi}, \lim_{x \to x^+}\frac{x(1+x)}{\sin\dfrac{\pi}{2}x}=\frac{2}{\pi}, \lim_{x \to x^-}\frac{2}{\pi}\cos\frac{x}{x^2-1}=\frac{2}{\pi}.$$

因为

$$\lim_{x \to x^+} f(x) = \lim_{x \to x^-} f(x) = \frac{2}{\pi} = f(0),$$

所以 $f(x)$ 在 $x=0$ 处连续.

在 $x>0$ 时,$f(x)=\dfrac{x(1+x)}{\sin\dfrac{\pi}{2}x}$,当

$$x = \pm 2, \pm 4, \cdots, \pm 2n, \cdots$$

时,有

$$\sin \frac{\pi}{2} x = 0,$$

但因 $x > 0$,故而只有

$$x = 2n \, (n = 1, 2, \cdots)$$

时 $f(x)$ 无定义,而

$$\lim_{x \to 2n} \frac{x(1+x)}{\sin \frac{\pi}{2} x} = \infty,$$

因此 $x = 2n \, (n = 1, 2, \cdots)$ 是第二类无穷间断点.

在 $x < 0$ 时,只有 $x = -1$ 时 $f(x)$ 无定义,而 $\lim\limits_{x \to -1} \frac{2}{\pi} \cos \frac{x}{x^2 - 1}$ 不存在,所以 $x = -1$ 是第二类震荡间断点.

综上所述,$f(x)$ 在 $x = 2n \, (n = 1, 2, \cdots)$ 及 $x = -1$ 以外的所有点处连续,$x = 2n \, (n = 1, 2, \cdots)$ 是第二类无穷间断点,$x = -1$ 是第二类震荡间断点.

3.4.2.2　闭区间上连续函数问题解法

(1)闭区间上连续函数的性质

定义在闭区间 $[a, b]$ 上的连续函数,具有十分重要的性质.在讨论这些性质之前,必须明确一个重要概念,那就是函数 $f(x)$ 在区间 I 上的最大值与最小值的概念.

定义 3.4.4　对于在区间 I 上有定义的函数 $f(x)$,如果存在 $x_0 \in I$,使得对于任意 $x \in I$ 都有 $f(x) \leqslant f(x_0)$[或 $f(x) \geqslant f(x_0)$],则称 $f(x_0)$ 是函数 $f(x)$ 在区间 I 上的最大值(或最小值).

定义在闭区间 $[a, b]$ 上的连续函数的一系列性质是许多理论证明的基础,这些性质使得对连续函数的研究及应用比不连续函数的情形要简单得多.在高等数学中,人们将闭区间上连续函数的主要性质总结为如下一系列定理.

定理 3.4.5(有界性定理)　如果函数 $f(x)$ 是闭区间 $[a, b]$ 上的连续函数,则函数 $f(x)$ 在 $[a, b]$ 上必然有界.

定理 3.4.6(最大值与最小值定理)　若函数 $f(x)$ 在闭区间 $[a, b]$ 上连续,则 $f(x)$ 在 $[a, b]$ 上一定取到最大值和最小值.

最大值与最小值定理表明,如果函数 $f(x)$ 在闭区间 $[a, b]$ 上连续,则一定存在 $\xi_1, \xi_2 \in [a, b]$,使 $f(\xi_1)$ 与 $f(\xi_2)$ 分别是函数 $f(x)$ 在 $[a, b]$ 上的最大值与最小值,即 $f(\xi_1) = \max\{f(x) \mid a \leqslant x \leqslant b\}$,$f(\xi_2) = \min\{f(x) \mid a \leqslant x \leqslant b\}$.

推论 3.4.1 如果函数 $f(x)$ 在闭区间 $[a,b]$ 上连续,则其值域也是一个闭区间.

定理 3.4.7(零点定理) 如果函数 $f(x)$ 在闭区间 $[a,b]$ 上是连续函数,且 $f(a)\cdot f(b)<0$,则函数 $f(x)$ 在开区间 (a,b) 内至少有一处可以取值为零,即至少有一点 $\xi\in(a,b)$,使得 $f(\xi)=0$.

定理 3.4.8(介值定理) 如果函数 $f(x)$ 在闭区间 $[a,b]$ 上连续,且 $f(a)\neq f(b)$,则对于介于 $f(a)$ 与 $f(b)$ 之间的任何实数 μ,至少存在一点 $\xi\in(a,b)$,使 $f(\xi)\neq\mu$.

（2）证明方程根的存在性

通常用零点定理证明方程根的存在性.零点定理的条件由三部分组成,一是闭区间 $[a,b]$,二是在闭区间上的连续函数 $f(x)$,三是 $f(x)$ 在端点值异号,题型一般分为:

①需找出函数值异号的两点.通常用观察法、保号性等得到.

②需找出根(零点)存在的区间.

③构造辅助函数.一般从要证明的结果出发,将所证的式子移项,使右端为零,再将 ξ 换成 x,即为辅助函数.

（3）介值定理的应用

用来证明存在实数(一点) η,使在闭区间上连续的函数 $f(x)$ 在 η 处的值 $f(\eta)$ 等于介于其最小值与最大值之间的某个值.

（4）证明函数的有关性质

例 3.4.2 设 $f(x)$ 在 $[0,n]$（n 为正整数,且 $n\geq2$）上连续,且 $f(0)=f(n)$,试证明在 $[0,n]$ 上至少存在一点 c,使得

$$f(c)=f(c+1).$$

证明:令

$$F(x)=f(x)-f(x+1),$$

其中,$x\in[0,n-1]$,$F(x)$ 在 $[0,n-1]$ 上连续,则有 m,M 使得

$$m\leqslant F(x)\leqslant M,$$

从而有

$$m\leqslant\frac{1}{n}\sum_{i=0}^{n-1}F(i)=0\leqslant M,$$

根据介值定理,至少存在一点 $c\in[0,n-1]\subset[0,n]$,使得

$$F(c)=\frac{1}{n}\sum_{i=0}^{n-1}F(i)=0,$$

即

$$f(c)=f(c+1).$$

3.5　函数知识的实际应用

　　函数概念反映了事物之间的广泛联系,从千变万化的世间万物中,我们可发现函数知识的广泛实际应用.下面介绍经济关系中的经济函数.

　　在市场经济迅猛发展的今天,生产者必然会遇到供应、需求、成本、收入、利润等问题,且这类问题常以函数的形式出现在我们的生活中.

3.5.1　几种经济函数

　　下面首先介绍几种经济函数,然后再从几个方面介绍其实际应用.

　　需求函数:消费者对某种商品的需求量 q 与人口数、消费者收入及该商品价值等诸多因素有关,常常只考虑其价格(其他因素取定值)p,则 q 是 p 的函数,记为 $q=g(p)(q>0)$.

　　价格函数:需求函数的反函数就是价格函数,记为 $p=g^{-1}(q)(q>1)$.

　　供应函数:商品供应者对社会提供的商品量 s 主要受商品价格 p 的影响,当其他因素取定值时,则 s 是 p 的函数,记为 $s=f(p)(p>0)$.

　　成本函数:成本是指对生产的投入.在成本投入中一般可分为两部分.其一是在短期内不随产品数量增加而变化的部分,如厂房、设备等,称此部分为固定成本,常用 c_1 表示;其二是随产品数量增加而直接变化的部分,如原材料、能源等,称这部分为变动成本,常用 c_2 表示,它是产品数量 q 的函数,即 $c_2=h(q)$.固定成本与变动成本之和为总成本,常用 c 表示,则 $c=k(q)=c_1+c_2=c_1+h(q)(q\geqslant 0)$.特别地,$k(0)$ 为固定成本,即 $k(0)=c_1$.

　　收入函数:总收入 R 是指销售量 q 的商品所得的全部收入,则 R 是 q 的函数.设商品价格为 p,则 $R=pq$.销售量 q 对消费者而言,q 又为需求量,由价格函数知 $p=g^{-1}(q)$,则有收入函数 $R=r(q)=pq=q\cdot g^{-1}(q)(q\geqslant 0)$,平均收入 $\bar{R}=\bar{r}(q)=\dfrac{r(q)}{q}=g^{-1}(q)(q>0)$ 是商品的价格函数.

　　利润函数:利润 L 是指生产数量 q 的产品售出后的总收入 $r(q)$ 与其总成本 $k(q)$ 之差,则利润函数为 $L=l(q)=r(q)-k(q)$.

　　用函数来表示经济关系有很多好处.在经济学中,需求函数、供应函数、成本函数、利润函数等都是被研究的主要经济函数.用函数表示经济关系的目的,并不仅仅是为了用此函数来计算相应的因变量的数值,更重要的是为了构造经济关系的数学模式,以此为根据来分析经济结构,从而用来进行预测、决策等各项工作.

3.5.2 产品调运与费用

例 3.5.1 A 市和 B 市分别有某种库存产品 12 件和 6 件,现决定调运到 C 市 10 件,D 市 8 件.若从 A 市调运一件产品到 C 市和 D 市的运费分别是 400 元和 800 元,从 B 市调运一件产品到 C 市和 D 市的运费分别是 300 元和 500 元.(1)设 B 市运往 C 市产品为 x 件,求总运费 W 关于 x 的函数关系式;(2)若要求总运费不超过 9000 元,共有几种调运方案?(3)求出总运费最低的调运方案和最低运费.

解:通过表 3 - 1 和表 3 - 2,可直观地显示各数量关系.

表 3 - 1

起点	件数		
	C 市(终点)	D 市(终点)	合计
A 市	$10-x$	$8-(6-x)$	12
B 市	x	$6-x$	6
合计	10	8	18

表 3 - 2

起点	运费	
	C 市	D 市
A 市	4	8
B 市	3	5

(1)由题意,若运费以百元计,则得总运费 W 关于 x 的函数关系式为
$$W=4(10-x)+8[8-(6-x)]+3x+5(6-x)=2x+86.$$

(2)根据题意,可列出不等式组
$$\begin{cases} 0 \leqslant x \leqslant 6 \\ 2x+86 \leqslant 90 \end{cases}.$$

解得 $0 \leqslant x \leqslant 2$.

因为 x 只能取整数,所以 x 只有三种可能的值,即 $0,1,2$. 故共有三种调运方案.

(3)一次函数 $W = 2x + 86$,W 随 x 的增大而增大,而 $0 \leqslant x \leqslant 2$,故当 $x = 0$ 时,函数 $W = 2x + 86$ 有最小值,$W_{最小值} = 86$(百元),即最低总运费是 8600 元. 此时调运方案是,B 市的 6 件全部运往 D 市,A 市运往 C 市 10 件,运往 D 市 2 件.

3.5.3　成本与产量

例 3.5.2　当产品产量不大时,成本 C 是产量 q 的一次(或线性)函数;而当产品产量较大时,由于固定成本、变动成本不能再被认为是不变的,所以成本 C 与产量不再是线性关系,而是非线性关系. 现有某产品成本与产量的关系如下:

$$C = C(q) = \begin{cases} 10000 + 8q, & 0 \leqslant q \leqslant 4000 \\ 15q - 0.00125q^2, & 4000 < q \leqslant 6000 \end{cases}.$$

这就是说,当产品产量不超过 4000 单位时,成本以 $C = 10000 + 8q$ 计算,而当产品产量在 4000 单位与 6000 单位之间时,成本以 $C = 15q - 0.00125q^2$ 计算,即可按照产品产量计算出来.

3.5.4　销售利润与市场需求

例 3.5.3　某商人开始将进货单价为 8 元的商品按每件 10 元售出,每天可销售 100 件. 现在他想采用提高出售价格的办法来增加利润,若这种商品每件提价 1 元,每天销售量就要减少 10 件.(1)写出售出价格 x 元与每天所得毛利润 y 元之间的函数关系式;(2)每件售出价为多少时,才能使每天获利最大?

解:若每件销售价为 x 元时($x \geqslant 10$),则每件提价 $(x - 10)$ 元,每天销售量减少 $10(x - 10)$ 件,每天销售量为 $100 - 10(x - 10)$ 件 $= 200 - 10x$ 件. 根据题意,销售价 x 元与每天所得毛利润 y 元之间的函数关系式为

$$y = (x - 8)(200 - 10x) = -10(x - 14)^2 + 360 \quad (10 \leqslant x \leqslant 20).$$

而 $-10 < 0$,$10 \leqslant 14 \leqslant 20$. 故当 $x = 14$ 时,$y_{最大值} = 360$ 元.

例 3.5.4 某店以 R_1 元的单价购进香蕉,而以 R_2 元的单价卖出 $(R_2 > R_1)$.当天卖不完的又必须以 R_3 元的单价处理掉.设该店每天进货量为 Q,试确定该店每天的利润 W 与当天香蕉需求量 D 之间的关系.

解: 该店每天的利润 W 取决于当天香蕉的需求量 D.这要分两种情况:

(1)$D < Q$(供大于求).这时,在进货量为 Q 的香蕉中,以单价 R_2 和 R_3 销售的量依次是 D 和 $Q-D$,所以利润为

$$W = R_2 D + R_3(Q-D) - R_1 Q = (R_2 - R_3)D + (R_3 - R_1)Q.$$

(2)$D \geqslant Q$(供不应求).这时香蕉以单价 R_2 售出,利润为

$$W = R_2 Q - R_1 Q = (R_2 - R_1)Q.$$

从而

$$W = \begin{cases} (R_2 - R_3)D + (R_3 - R_1)Q, & D < Q \\ (R_2 - R_1)Q, & D \geqslant Q \end{cases}.$$

其中 D 为自变量,Q, R_1, R_2, R_3 为常量,此函数的定义域为 $[0, +\infty)$,值域为 $[(R_3 - R_1)Q, (R_2 - R_1)Q]$.

3.5.5 数量折扣与价格差

例 3.5.5 设企业对某种商品规定了如下的价格差(每千克价):购买量不超过 10 千克时为 10 元;购买量不超过 100 千克时,其中 10 千克以上的部分为 7 元;购买量超过 100 千克的部分为 5 元,试确定购买费 $C(Q)$ 与购买量 Q 之间的关系式.

解: 由题设,购买费 $C(Q)$ 按有关价格的规定与购买量 Q 之间有如下函数关系:

$$C(Q) = \begin{cases} 10Q, & 0 \leqslant Q \leqslant 10 \\ 100 + 7(Q-10), & 10 < Q \leqslant 100 \\ 100 + 630 + 5(Q-100), & Q > 100 \end{cases}.$$

3.5.6 设备折旧费的计算

设有一设备原价值为 C,使用到第 n 年末的残值为 $S, C-S$ 即该设备在几年内的折旧费.在财务计划中,一个企业为了补偿设备的折旧,必须每年为折旧基金提交一笔折旧费.若用确定折旧费的直线法,则它可求出每年应提交折旧基金的数额.在此暂假设基金设有利息,设备在整个使用期内每年提交的折旧金额相等.这样每年提交基金的数额

$$R = \frac{1}{n}(C - S)$$

是一常数,而第 t 年底时已提的折旧基金

$$F = Rt$$

是 t 的正比例函数,而设备在任何日期的账面价值

$$V(t) = C - F$$

仍然是 t 的一次函数.

第4章 一元函数的导数与微分
思想与解题方法

    导数刻画了函数相对于自变量变化而变化的快慢程度,即函数的变化率,从而在运动变化过程中,使描述某一瞬时的变化快慢程度的度量成为可能;微分则是当自变量有微小改变时,函数变化多少的主体.动态描述仍是微分学的核心思想.

4.1 导数与微分的思想方法

    微分学的历史相对于积分学而言短得多,其原因是积分学研究的问题是静态的,而微分学研究的问题却是动态的,它涉及运动.在生产力还没有发展到一定阶段的时候,微分学是不会产生的,一旦时机成熟,便呼之而出.

4.1.1 用映射的观点认识求导数运算

    若把区间(a,b)上的(实)函数的全体组成的集合记作M,那么,M中任何两个元素(函数)u与v之和$u+v=u(x)+v(x)$是(a,b)上的一个函数,即$u+v\in M$.同时,对任意实数α,乘积$\alpha u=\alpha u(x)$是(a,b)上的一个函数,即$\alpha u\in M$.因此M是一个(实)线性空间.

    进一步,若把区间(a,b)上的可导(实)函数全体组成的集合记作D,根据函数的和差积商求导法则可知,任何两个可导函数u与v之和$u+v$仍然是可导函数,且

$$[u(x)+v(x)]'=u'(x)+v'(x), \qquad (4-1-1)$$

同时,任一实数α与可导函数f的乘积αf仍然是可导函数且

$$[\alpha u(x)]'=\alpha u'(x). \qquad (4-1-2)$$

因此D也是一个线性空间,它是M的子空间.

现在用映射的观点来看求导这种运算,因为一个可导函数 u 求导后得到一个新的函数 $u'(u'$ 未必可导$)$,于是可把求导运算看成是从 D 到 M 的一个映射 Φ(又称为算子),显然式$(4-1-1)$和式$(4-1-2)$可改写为

$$(u+v)'=u'+v',(\alpha u)'=\alpha u',$$

那么,这说明了这个映射 Φ 满足

$$\Phi(u+v)=\Phi(u)+\Phi(v),且\ \Phi(\alpha u)=\alpha\Phi(u).$$

因此求导映射(算子)是定义在线性空间 D 上的一个线性映射(注:设 X 是一个实线性空间,则 X 上的使得上式对任何 $u,v\in X$ 和实数 α 都成立的映射 Φ 称为线性映射).

4.1.2　符号思想——从导数的符号谈起

事实上,作为微积分创始人的牛顿与莱布尼茨,就是分别从运动的角度和曲线的切线问题出发引入导数的概念的.为了表示导数,牛顿采用记号 $\dot{x}$ 表示一阶导数,即路程函数 $x=x(t)$ 的速度;$\ddot{x}$ 表示二阶导数,即路程函数 $x=x(t)$ 的加速度.而莱布尼茨分别采用 $\dfrac{\mathrm{d}y}{\mathrm{d}x}$ 和 $\dfrac{\mathrm{d}^2 y}{\mathrm{d}x^2}$ 表示函数 $y=f(x)$ 的一阶导数和二阶导数.在历史上,人们常把用点号表示导数的数学学派称为点派,而把用字母 d 表示导数的数学学派称为 d 派.虽然两种表示法各有优点,但历史证明,用字母 d 表示导数更有利于数学的进一步发展,而点号表示导数却在许多情况下显得不合适.

其实,符号是数学语言的组成部分,数学符号的合理使用对数学的发展具有重大的意义,关于数学符号的研究已经形成了一套理论,称为符号思想.所谓符号思想是指用符号及符号组成的数学语言来表达数学的概念、命题及其运算的数学思想.符号思想是导致数学脱离其实际内容并形成抽象化形式系统的关键思想.

数学家们都非常重视数学符号设计的科学性和合理性.数学家欧拉一生中的诸多贡献之一是发明了函数符号 $f(x)$,自然对数的底 e,求和符号 $\sum$ 和虚数单位 i,并把 e,i 与 π 统一在一个重要的公式之中:$e^{i\pi}=-1$.

数学发展史表明,数学不仅需要数学符号,而且

(1)采用符号的不同,标志着抽象程度的高低差异,并在很大程度上反映了数学发展水平的高低.

(2)抽象程度的高低差异直接影响数学的发展方向与速度.

由于每个数学符号与特定的对象建立对应关系,因此,对于数学知识的

学习和掌握,必须先掌握每个符号的含义,然后才能理解数学语言所表达的意思.

数学是建立在概念的基础上的;概念利用符号来表达,但这并不意味着数学是建立在符号的基础上的,没有概念含义的符号是没有意义的,不懂符号所表示的含义,就无法了解数学的内容.有的人对数学的了解很少,看到数学中有许多符号,就说"数学是不可读懂的天书";有些初学者,包括部分数学系学生一看到稍微复杂的数学式子就感到头痛,其实这是还没有理解符号的概念含义的缘故,是很正常的事,一旦破译了符号的秘密,就能体会其中的奥妙,就会认识到符号的重要性,甚至会感到符号太可爱了.因此,关键是要认识符号的重要性,解除畏惧心理;同时,把每个新出现的重要符号的含义理解清楚,并尽可能地加以应用和记忆.这样,通过循序渐进的学习和积累,就可以逐步达到熟练掌握的地步.

4.1.3 微分的思想方法

关于运动和变化的考查从古希腊就已开始,而且由芝诺、毕达哥拉斯以至欧多克索斯、欧几里得,不论是在哲学的思辨上或是在数学基础上都达到了很高的水平.除了这些纯思辨的考查,还有许多有待解决的实际问题推动着科学的进步.从当时生产力发展的水平以及与之相应的科学技术发展水平来看,静力学、流体静力学、光学,特别是物体的机械运动,包括地上的和天上的物体的运动都是当时科学发展中的关键问题.其中一个重大问题是天体运行规律问题.由古希腊的托勒密地心说到后来的哥白尼的日心说,以及布鲁诺被施以火刑,伽利略受到教廷的迫害,我们时常看到的是它的科学认知引导形态方面.但是这个问题的意义远不止于此.现在每一个大学生、中学生都懂得了什么是相对运动,而日心说与地心说之差别无非是采用了不同的坐标系,何必大动干戈呢?但是能把问题"看穿"到这个地步,前提是要能用数学很好地刻画运动,要能追索星体在天空运动的轨迹,写出其运动方程式,而不是只满足于亚里士多德式的思辨,比如认为物体下坠是因为向下落是物体"自然的本性".这就不但不是依赖哲学,而恰好是能摆脱某种哲学,回到科学的道路上,回到观测、推算等科学方法的道路上.不仅是天体运动的规律,还有关于运动学的基本概念如速度、加速度如何理解,什么是力,什么是离心力等,这些都是 16—17 世纪科学界关心的焦点.牛顿力学三大定律正是在这样的科学氛围中出现的.一方面它吸收了许多人的成就,特别是伽利略、笛卡儿的成就,另一方面它也是牛顿本人的努力和智慧的结晶.所以牛顿说自己是站在巨人肩上是很有道理、很有见解的.特别要提出,牛顿深受欧几里得《几何原本》的影响,在他的巨著《自然哲学的数学原理》一书中,他就把三大定律列为"运动的公理或定律",并由此推导出此书中所有的命题.这一点确实是牛顿的伟大贡献.可是,这一切努力绝不只具有理论的意义,而在实际上也十分重要.例如,由于资本主义向全世界扩展,所以需要进行长距离的航海,确定船只在海洋中的位置自然是重要的.确定纬度比较容易,只要测定某一颗恒星离天顶的角度即可,但确定经度却要困难得多.大约从 16 世纪起,人们就开始利用时差来确定经度.因此一是要有关于天体运动的准确知识.1675 年英国国王查理二世建立格林尼治天文台,就是为了这个目的.研究天体运动的人不仅有伽利略和牛顿,还有许多人,比如哈雷(Edmond Halley,1656—1742),他所作的星图是最精确的.二是要有一个好的钟.单摆是当时人们测定时间的基本工具.关于单摆的研究工作的基础是由惠更斯和胡克奠定的.但是为了计算经度,摆的误差每天不得超过 2～3 s,这在当时是很难达到的.哈里森(John Harrison,1693—1776)在 1761 年造出了航海精密计时器.总之,微积分发展的环境已与古希腊时期和中世纪有了天壤之别.

天体的运动当时还主要是太阳系中行星运动的规律,由于问题的重要性,人们已经进行了多年的观测,积累了大量观测数据.到 17 世纪初,开普勒以多年观测数据为基础,提出了著名的开普勒三定律.开普勒三定律是唯象定律.它没有解释为什么正好有这三个定律成立.牛顿的功绩在于指出它们其实是一个更深刻的定律——万有引力定律的推论.

万有引力定律指出,若有两质点,质量各为 m_1、m_2,设一个质点在极坐标原点处,另一质点的动径为 $\vec{r}$,则第一质点对另一质点必有引力,其方向与 $-\vec{r}$ 相同而大小与 r^2 成反比.当然,按牛顿第三定律,另一质点也对第一质点有引力,大小相同,方向相反.

牛顿是怎样把开普勒三定律与万有引力定律联系起来的呢? 牛顿在《自然哲学的数学原理》中证明了一个与此相关的命题:若一质点在有心力场中运动,则其面积速度必为常数.现在来看牛顿对上述命题的证明,其目的在于探讨牛顿的方法的要点是什么.

设有心力场的中心是原点 O,先设没有外力,这是有心力场的特例,即力之强度为 0,若质点初始位置在 A,经过一个无穷小时间 dt 后到了 B 点.因为没有外力,按牛顿第一定律,该质点将沿直线 AB 做匀速运动,再过一段时间 dt 到达 C 点.ABC 是一条直线,而且 $AB=BC$,所以 OB 是 $\triangle OAC$ 的中线,而 $\triangle OAB$ 和 $\triangle OBC$ 面积相等.这就是说质点的动径 $\overrightarrow{OA}$ 在 dt 时间内扫过的面积相同,如图 4-1 所示.

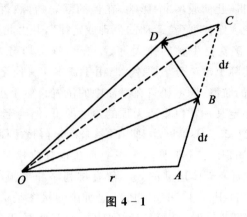

图 4 - 1

若有向心力作用,则在 B 点处有一个力沿 $\overrightarrow{BO}$ 的方向指向 O,因此在第二个时间段 dt 内,质点还有一个与 $\overrightarrow{BO}$ 方向平行的位移 $\overrightarrow{CD}$.这样质点从 B 点的位移将是 $\overrightarrow{BC}$ 与 $\overrightarrow{CD}$ 的合位移 $\overrightarrow{BD}$.动径 $\overrightarrow{OB}$ 在第二个时间段 dt 内扫过的面积是 $\triangle OBD$ 的面积.比较 $\triangle OBC$ 与 $\triangle OBD$,其底等长,高又因顶点 C 和 D 位于 OB 的平行线 CD 上,故为等高,所以推得 $\triangle OAB$、$\triangle OBC$ 和 $\triangle OBD$ 面积相等.

这个证明中最值得注意的是:牛顿的证明使用了一个假设,即在每一个时间段 dt 里,向心力的方向与其开始瞬间的方向一样,所以才得到面积速度可以用 $\triangle OAB$ 与 $\triangle OBD$ 表示的结论.如果我们记质点的动径(从 $\overrightarrow{OA}$ 算起)扫过的面积为 $A(t)$,而在"无穷小"的时段 dt 内,扫过的面积为 $dA(t)$,则在时刻 t,$dA(t) = \triangle OAB$ 面积 + 高阶无穷小量;在时刻 $t+dt$,$dA(t+dt) = \triangle OBD$ 面积 + 高阶无穷小量.

注意到 $\triangle OAB$ 与 $\triangle OBD$ 面积相等,略去高阶无穷小量,并用 dt 去除,即有

$$\frac{d^2 A(t)}{dt^2} = 0,$$

所以得知面积速度 $\dfrac{dA(t)}{dt}$ 为常数.

以上通过实例说明了微分学的基本思想就是"丢掉高阶无穷小".要注意,当时的数学家、数学物理学家,不但是在某种社会经济发展和科学探索的需要的推动下工作,而且是在一定的文化、科学的传统下工作.从欧几里得以来,数学的严格性、合逻辑性的要求,并不是人们认为的那样是一种过分的苛求.牛顿写《自然哲学的数学原理》以《几何原本》为范本,就是这种表现.那么,什么是无穷小,它是不是零,诸如此类的问题自然成了牛顿最放不

下心的事.所以,一方面牛顿称"在数学中最微小的误差也不可忽略";另一方面,反对他的人就以此相讥:"高阶无穷小何以可以略去?"一直到 19 世纪中晚期,这场大争论才尘埃落定.微积分学才站在稳固的基础上,成为今天教材中的讲法,而略去高阶无穷小这个威力强大的方法也便得到公认了.

4.2 一元函数的导数及其计算方法

4.2.1 导数的定义

定义 4.2.1 设函数 $y = f(x)$ 在点 x_0 的某个邻域内有定义,当自变量在 x_0 的增量为 $\Delta x = x - x_0$ 时,函数相应的增量 $\Delta y = f(x_0 + \Delta x) - f(x_0)$,如果当 $\Delta x \to 0$ 时,极限

$$\lim_{\Delta x \to 0} \frac{\Delta y}{\Delta x} = \lim_{\Delta x \to 0} \frac{f(x_0 + \Delta x) - f(x_0)}{\Delta x}$$

存在,则称此极限值为函数 $y = f(x)$ 在点 x_0 处的导数,记作 $f'(x_0)$,$y' \big|_{x=x_0}$,$\dfrac{\mathrm{d}y}{\mathrm{d}x} \big|_{x=x_0}$ 或 $\dfrac{\mathrm{d}f(x)}{\mathrm{d}x} \big|_{x=x_0}$,此时称 $f(x)$ 在点 x_0 可导.

如果上述极限不存在,则称 $f(x)$ 在点 x_0 不可导,特别在极限 $\lim\limits_{\Delta x \to 0} \dfrac{\Delta y}{\Delta x}$ 为无穷大这种不可导情况,习惯上也常称 $y = f(x)$ 在 x_0 处导数为无穷大.

如果固定 x_0,令 $x_0 + \Delta x = x$,则当 $\Delta x \to 0$ 时,有 $x \to x_0$,故函数在点 x_0 处的导数 $f'(x_0)$ 也可表示为

$$f'(x_0) = \lim_{x \to x_0} \frac{f(x) - f(x_0)}{x - x_0}.$$

如果函数 $y = f(x)$ 在开区间 I 内的每一点处都可导,就称函数 $y = f(x)$ 在开区间 I 内可导.这时,对于任意一点 $x \in I$,都对应着 $f(x)$ 的一个确定的导数值.这样就生成了一个新的函数,叫作原来函数的导函数,简称导数,记作 y',f',$\dfrac{\mathrm{d}y}{\mathrm{d}x}$ 或 $\dfrac{\mathrm{d}f(x)}{\mathrm{d}x}$.导函数的定义式可以表示为

$$y' = \lim_{\Delta x \to 0} \frac{f(x + \Delta x) - f(x)}{\Delta x}.$$

4.2.2 求导法则

前面介绍了导数的定义,通过导数定义可以求简单函数的导数.虽然能够通过定义求导数,然而对于一般的初等函数,仍然需要探索简化求导过程的一般方法,即基本初等函数的求导公式和导数的运算法则.

4.2.2.1 基本初等函数的求导公式

根据导数的定义,可以求出常数及基本初等函数的导数,作为求导的基本公式.

(1) $(c)' = 0$；

(2) $(x^{\mu})' = \mu x^{\mu-1}$；

(3) $(\sin x)' = \cos x$；

(4) $(\cos x)' = -\sin x$；

(5) $(\tan x)' = \sec^2 x$；

(6) $(\cot x)' = -\csc^2 x$；

(7) $(\sec x)' = \sec x \tan x$；

(8) $(\csc x)' = -\csc x \cot x$；

(9) $(a^x)' = a^x \ln a \ (a > 0, a \neq 1)$；

(10) $(e^x)' = e^x$；

(11) $(\log_a x)' = \dfrac{1}{x \ln a} \ (a > 0, a \neq 1)$；

(12) $(\ln x)' = \dfrac{1}{x}$；

(13) $(\arcsin x)' = \dfrac{1}{\sqrt{1-x^2}}$；

(14) $(\arccos x)' = -\dfrac{1}{\sqrt{1-x^2}}$；

(15) $(\arctan x)' = \dfrac{1}{1+x^2}$；

(16) $(\text{arccot} x)' = -\dfrac{1}{1+x^2}$.

4.2.2.2 导数的四则运算法则

利用导数的定义,可以证明导数的四则运算法则.

设 $u = u(x), v = v(x)$ 都可导,则

(1) $(u \pm v)' = u' \pm v'$；

(2) $(Cu)' = Cu' \ (C \text{ 是常数})$；

(3) $(uv)' = u'v + uv'$；

(4) $\left(\dfrac{u}{v}\right)' = \dfrac{u'v - uv'}{v^2} \ (v \neq 0)$.

以上四个求导法则都可以用导数的定义和极限运算法则来证明.

运算法则(1)、(2)还可以推广至多个函数的情形,例如

$$(u + v - \omega)' = u' + v' - \omega';$$

$$(uv\omega)' = [(uv)\omega]' = (uv)'\omega + (uv)\omega'$$

$$= u'v\omega + uv'\omega + uv\omega'.$$

4.2.2.3　反函数的求导法则

如果函数 $x = \varphi(y)$ 在区间 I_y 内单调、可导,且 $x' = \varphi'(y) \neq 0$,那么它的反函数 $y = f(x)$ 在区间 I_y 内也可导,且有

$$y' = f'(x) = \frac{1}{\varphi'(y)}.$$

4.2.2.4　复合函数的求导法则

设函数 $u = \varphi(x)$ 在点 x 处可导,函数 $y = f(u)$ 在对应点 x 的点 u 处可导,那么函数 $y = f[\varphi(x)]$ 在点 x 处可导,并且有

$$\frac{dy}{dx} = \frac{dy}{du}\frac{du}{dx} \text{或} \frac{dy}{dx} = f'[\varphi(x)]\varphi'(x).$$

4.2.2.5　隐函数及由参数方程所确定函数的导数

(1)隐函数求导法

如果变量 x, y 之间的函数关系 $y = y(x)$ 是由方程 $F(x, y) = 0$ 所确定,那么函数 $y = y(x)$ 称为由方程 $F(x, y) = 0$ 所确定的隐函数.下面介绍隐函数的求导方法.

将方程 $F(x, y) = 0$ 两边对 x 求导,遇到含有 y 的项,把 y 看作中间变量,先对 y 求导,再乘 y 对 x 的导数 y'_x,得到一个含有 y'_x 的方程,从中解出 y'_x 即可.

(2)由参数方程所确定的函数的导数

若由参数方程

$$\begin{cases} x = \varphi(t) \\ y = \psi(t) \end{cases} \tag{4-2-1}$$

可确定 y 与 x 之间的函数关系,则称此函数为由参数方程(4-2-1)所确定的函数.下面我们来讨论这类函数的导数.

设 $x = \varphi(t)$ 的反函数为 $t = \varphi^{-1}(x)$,并设它满足反函数求导的条件,于是视 y 为复合函数

$$y = \psi(t) = \psi[\varphi^{-1}(x)].$$

利用反函数和复合函数求导法则,得

$$\frac{dy}{dx} = \frac{dy}{dt}\frac{dt}{dx} = \frac{\dfrac{dy}{dt}}{\dfrac{dx}{dt}} = \frac{\psi'(t)}{\varphi'(t)}.$$

于是得到由参数方程(4-2-1)所确定的函数的求导公式为

$$\frac{dy}{dx} = \frac{\psi'(t)}{\varphi'(t)}.$$

如果 $\varphi''(t)$、$\psi''(t)$ 存在,则按照复合函数求导法则和商的求导方法,可得 y 对 x 的二阶导数

$$y'' = \frac{dy'}{dx} = \frac{dy'}{dt}\frac{dt}{dx} = \frac{d}{dt}\left[\frac{\psi'(t)}{\varphi'(t)}\right] \cdot \frac{1}{\varphi'(t)} = \frac{\psi''(t)\varphi'(t) - \psi'(t)\varphi''(t)}{[\varphi'(t)]^3}.$$

最后这个式子比较复杂,不便记忆和使用.在实际计算中,当 $y' = \dfrac{\psi'(t)}{\varphi'(t)}$ 已经求得且形式较简单时,常用第二式,即 $y'' = \dfrac{d}{dt}\left[\dfrac{\psi'(t)}{\varphi'(t)}\right] \cdot \dfrac{1}{\varphi'(t)}$ 来求 y''.

4.2.3　一元函数导数计算方法

一元函数求导的基本类型和方法有下面几种:

(1)根据导数定义;

(2)根据函数及其运算的性质;

(3)复合函数求导法;

(4)隐函数求导法;

(5)反函数求导法;

(6)参变量函数求导法;

(7)一元函数的高阶导数求法.

下面分别举例谈谈这些方法.

4.2.3.1　根据导数定义

一些函数的导数计算,常可通过函数导数的定义求得——多在无法使用(或不便使用)求导法则及公式的情况下.请看下例例子.

例 4.2.1　求函数 $f(x) = \dfrac{1}{x}$ 在 $x = x_0 \neq 0$ 处的导数.

解:　$\Delta y = f(x_0 + \Delta x) - f(x_0) = \dfrac{1}{x_0 + \Delta x} - \dfrac{1}{x_0} = \dfrac{-\Delta x}{x_0(x_0 + \Delta x)},$

$$\frac{\Delta y}{\Delta x} = \frac{\dfrac{-\Delta x}{x_0(x_0 + \Delta x)}}{\Delta x} = \frac{-1}{x_0(x_0 + \Delta x)},$$

所以

$$f'(x_0) = \lim_{\Delta x \to 0} \frac{\Delta y}{\Delta x} = \lim_{\Delta x \to 0} \frac{-1}{x_0 (x_0 + \Delta x)} = -\frac{1}{x_0^2}.$$

例 4.2.2　求函数 $f(x) = \sin x$ 的导数.

解：
$$f'(x) = \lim_{\Delta x \to 0} \frac{f(x + \Delta x) - f(x)}{\Delta x} = \lim_{\Delta x \to 0} \frac{\sin(x + \Delta x) - \sin x}{\Delta x}$$

$$= \lim_{\Delta x \to 0} \frac{1}{\Delta x} \cdot 2\cos\left(x + \frac{\Delta x}{2}\right) \sin \frac{\Delta x}{2}$$

$$= \lim_{\Delta x \to 0} \cos\left(x + \frac{\Delta x}{2}\right) \cdot \frac{\sin \dfrac{\Delta x}{2}}{\dfrac{\Delta x}{2}}$$

$$= \cos x,$$

即有

$$(\sin x)' = \cos x.$$

也就是说,正弦函数的导数是余弦函数.

同理可得

$$(\cos x)' = -\sin x.$$

4.2.3.2　根据函数及其运算的性质

利用基本导数表及函数导数的四则运算性质求函数导数,是一种重要的求导手段.

例 4.2.3　求函数 $y = \sqrt{x} \cos x + 4\ln x + \sin \frac{\pi}{7}$ 的导数.

解：
$$y' = (\sqrt{x} \cos x)' + (4\ln x)' + \left(\sin \frac{\pi}{7}\right)'$$

$$= (\sqrt{x})' \cos x + \sqrt{x} (\cos x)' + 4(\ln x)'$$

$$= \frac{\cos x}{2\sqrt{x}} - \sqrt{x} \sin x + \frac{4}{x}.$$

例 4.2.4　求函数 $y = x^3 \sin x \ln x$ 的导数.

解：
$$y' = (x^3)' \sin x \ln x + x^3 (\sin x)' \ln x + x^3 \sin x (\ln x)'$$

$$= 3x^2 \sin x \ln x + x^3 \cos x \ln x + x^3 \frac{1}{x} \sin x$$

$$= 3x^2 \sin x \ln x + x^3 \cos x \ln x + x^2 \sin x.$$

例 4.2.5 求函数 $y = \tan x$ 的导数.

解:
$$y' = (\tan x)' = \left(\frac{\sin x}{\cos x}\right)'$$
$$= \frac{(\sin x)' \cos x - \sin x (\cos x)'}{\cos^2 x}$$
$$= \frac{\cos^2 x + \sin^2 x}{\cos^2 x}$$
$$= \frac{1}{\cos^2 x}$$
$$= \sec^2 x.$$

即
$$y' = (\tan x)' = \sec^2 x.$$

4.2.3.3 复合函数求导法

复合函数的求导,其实在前面的例子中已有阐述,下面再来看几个例子.

例 4.2.6 求函数 $y = (x-1)\sqrt{x^2-1}$ 的导数.

解: 由复合函数的求导法则可得
$$y' = (x-1)'\sqrt{x^2-1} + (x-1)\left(\sqrt{x^2-1}\right)'$$
$$= \sqrt{x^2-1} + (x-1) \cdot \frac{1}{2\sqrt{x^2-1}}(x^2-1)'$$
$$= \sqrt{x^2-1} + (x-1) \cdot \frac{2x}{2\sqrt{x^2-1}}$$
$$= \frac{2x^2 - x - 1}{\sqrt{x^2-1}}.$$

例 4.2.7 求函数 $y = \ln(x + \sqrt{1+x^2})$ 的导数.

解:
$$y' = \frac{1}{x + \sqrt{1+x^2}} \cdot (x + \sqrt{1+x^2})'$$
$$= \frac{1}{x + \sqrt{1+x^2}} \cdot \left[1 + \frac{1}{\sqrt{1+x^2}}(1+x^2)'\right]$$
$$= \frac{1}{x + \sqrt{1+x^2}} \cdot \left(1 + \frac{x}{\sqrt{1+x^2}}\right)$$
$$= \frac{1}{\sqrt{1+x^2}}.$$

4.2.3.4　隐函数求导法

隐函数 $F(x,y)=0$ 的求导方法是先把方程 $F(x,y)=0$ 两边对 x 求导,然后从中解出 y' 来.

例 4.2.8　求由方程 $x\ln y+y\ln x=0$ 所确定的隐函数的导数 y'_x.

解:方程两边对 x 求导,得

$$x'_x\ln y+x(\ln y)'_x+y'_x\ln x+y(\ln x)'_x=0,$$

$$\ln y+x(\ln y)'_y y'_x+y'_x\ln x+y\frac{1}{x}=0,$$

$$\ln y+x\frac{1}{y}y'_x+y'_x\ln x+y\frac{1}{x}=0,$$

解出 y'_x 得

$$y'_x=-\frac{y^2+xy\ln y}{x^2+xy\ln x}.$$

利用隐函数求导法可以证明幂函数 $y=x^a$ 的求导公式.事实上,等式 $y=x^a$ 两边取对数,得

$$\ln y=\alpha\ln x.$$

把 $y=x^a$ 视为由方程 $\ln y=\alpha\ln x$ 所确定的函数,使用隐函数求导法,式子两边同时对 x 求导,得

$$(\ln y)'_x=(\alpha\ln x)'_x,$$

$$(\ln y)'_y\cdot y'_x=\alpha(\ln x)'_x,$$

$$\frac{1}{y}y'_x=\alpha\frac{1}{x},$$

即

$$y'_x=\frac{\alpha}{x}y=\frac{\alpha}{x}x^a=\alpha x^{a-1}.$$

此时,公式 $y'_x=\alpha x^{a-1}$ 成立.

例 4.2.9　求 $y=x^{\sin x}(x>0)$ 的导数.

解:这个函数是幂函数.为了求这个函数的导数,可以先在等式两边取对数,得

$$\ln y=\sin x\cdot\ln x.$$

上式两边对 x 求导,注意到 $y=y(x)$,得

$$\frac{1}{y}y'=\cos x\cdot\ln x+\sin x\cdot\frac{1}{x},$$

于是

$$y' = y\left(\cos x \cdot \ln x + \frac{\sin x}{x}\right) = x^{\sin x}\left(\cos x \cdot \ln x + \frac{\sin x}{x}\right).$$

对于一般形式的幂函数

$$y = [u(x)]^{v(x)} \quad (u > 0),$$

如果 $u = u(x)$、$v = v(x)$ 都可导，则可像例 4.2.9 那样利用对数求导法求出幂函数的导数.

4.2.3.5 反函数求导法

反函数的求导法一般可根据前述公式即可，这里举两个例子.

例 4.2.10 求 $y = \arcsin x$ 的导数.

解：因为 $y = \arcsin x$ 是 $x = \sin y$ 的反函数，$x = \sin y$ 在区间 $\left(-\frac{\pi}{2}, \frac{\pi}{2}\right)$ 内单调可导，且 $\frac{\mathrm{d}x}{\mathrm{d}y} = \cos y > 0$. 所以由反函数求导法得

$$y' = \frac{1}{\frac{\mathrm{d}x}{\mathrm{d}y}} = \frac{1}{\cos y} = \frac{1}{\sqrt{1 - \sin^2 y}} = \frac{1}{\sqrt{1 - x^2}}.$$

即

$$(\arcsin x)' = \frac{1}{\sqrt{1 - x^2}}.$$

用类似的方法可得反余弦函数的导数公式

$$(\arccos x)' = -\frac{1}{\sqrt{1 - x^2}}.$$

例 4.2.11 求函数 $y = \arctan x$ 的导数.

解：因为 $y = \arctan x$ 是 $x = \tan y$ 的反函数，$x = \tan y$ 在区间 $\left(-\frac{\pi}{2}, \frac{\pi}{2}\right)$ 内单调可导，且 $\frac{\mathrm{d}x}{\mathrm{d}y} = \sec^2 y \neq 0$. 所以由反函数求导法则得

$$y' = \frac{1}{\frac{\mathrm{d}x}{\mathrm{d}y}} = \frac{1}{\sec^2 y} = \frac{1}{1 + \tan^2 y} = \frac{1}{1 + x^2}.$$

即

$$(\arctan x)' = \frac{1}{1 + x^2}.$$

用类似的方法可得反余弦函数的导数公式

$$(\text{arccot} x)' = -\frac{1}{1 + x^2}.$$

4.2.3.6 参变量函数求导法

参变量函数的求导问题,只需要按照前面给的方法即可.下面请看例子.

例 4.2.12 已知心脏线的极坐标方程 $r=2a(1+\cos\theta)$,求其上对应于 $\theta=\dfrac{\pi}{6}$ 处的切线方程.

解:当 $\theta=\dfrac{\pi}{6}$ 时,

$$x=2a\left(1+\cos\frac{\pi}{6}\right)\cos\frac{\pi}{6}=\left(\frac{3}{2}+\sqrt{3}\right)a,$$

$$y=2a\left(1+\cos\frac{\pi}{6}\right)\sin\frac{\pi}{6}=\left(1+\frac{\sqrt{3}}{2}\right)a,$$

又由

$$r'(\theta)=-2a\sin\theta,$$

故得

$$\left.\frac{\mathrm{d}y}{\mathrm{d}x}\right|_{\theta=\frac{\pi}{6}}=\left.\frac{-2a\sin\theta\sin\theta+2a(1+\cos\theta)\cos\theta}{-2a\sin\theta\cos\theta-2a(1+\cos\theta)\sin\theta}\right|_{\theta=\frac{\pi}{6}}=-1,$$

得到切线方程为

$$y-\left(1+\frac{\sqrt{3}}{2}\right)a=-\left[x-\left(\frac{3}{2}+\sqrt{3}\right)a\right],$$

即

$$2x+2y-(5+3\sqrt{3})a=0.$$

4.2.3.7 一元函数的高阶导数求法

一元函数的高阶导数求法较多、技巧性相对较强,归纳起来大致有以下几种方法:

(1)根据定义计算;

(2)根据莱布尼茨(Leibniz)公式;

(3)利用数学归纳法.

举例如下:

(1)根据定义计算

由于函数导数是一个局部概念,有时要考查函数在某点的导数情况,往往需要根据导数定义来求.

例 4.2.13 求函数 $y = x^2(1 + \ln x)$ 的二阶导数.

解：
$$\begin{aligned} y' &= \left[x^2(1 + \ln x) \right]' \\ &= (x^2)'(1 + \ln x) + x^2(1 + \ln x)' \\ &= 2x(1 + \ln x) + x^2 \cdot \frac{1}{x} \\ &= 3x + 2x\ln x. \end{aligned}$$

$$y'' = (3x + 2x\ln x)' = 3 + 2\ln x + 2x \cdot \frac{1}{x} = 5 + 2\ln x.$$

（2）根据莱布尼茨公式

定义 4.2.2 设 $u(x), v(x)$ 存在 n 阶导数，则

$$(uv)^{(n)} = \sum_{k=0}^{n} C_n^k u^{(n-k)}(v)^{(k)}.$$

其中，$u^{(0)} = u$，$C_n^k = \dfrac{n!}{k!(n-k)!}$，规定 $0! = 1$. 这个公式即为莱布尼茨公式.

例 4.2.14 $y = x^2 e^{2x}$，求 $y^{(20)}$.

解： 设 $u = e^{2x}, v = x^2$，那么有

$$u^{(k)} = 2^k e^{2x}, k = 1,2,3,\cdots,20,$$

$$v' = 2x, v'' = 2, v^{(k)} = 0, k = 3,4,5,\cdots,20,$$

代入莱布尼茨公式可得

$$\begin{aligned} y^{(20)} &= (x^2 e^{2x})^{(20)} \\ &= 2^{20} e^{2x} \cdot x^2 + 20 \cdot 2^{19} e^{2x} \cdot 2x + \frac{20 \cdot 19}{2!} 2^{18} e^{2x} \cdot 2 \\ &= 2^{20} e^{2x}(x^2 + 20x + 95). \end{aligned}$$

（3）利用数学归纳法

利用数学归纳法求函数的高阶导数时，一般先探求其表达式规律，然后再用数学归纳法证明.

例 4.2.15 求对数函数 $y = \ln(1 + x)$ 的 n 阶导数.

解： 根据高阶导数的定义，逐阶求导可得

$$y' = \frac{1}{1+x}, y'' = -\frac{1}{(1+x)^2}, y''' = \frac{1 \times 2}{(1+x)^3}, y^{(4)} = -\frac{1 \times 2 \times 3}{(1+x)^4},$$

依此类推，可得

$$y^{(n)} = (-1)^{n-1} \frac{(n-1)!}{(1+x)^n}.$$

例 4.2.16 $y = e^{ax}\sin bx$（a, b 为常数），求 $y^{(n)}$.

解： 根据高阶导数的定义，逐阶求导可得

$$y' = a e^{ax}\sin bx + b e^{ax}\cos bx$$

$$= e^{ax}(a\sin bx + b\cos bx)$$

$$= e^{ax} \cdot \sqrt{a^2 + b^2}\sin(bx + \varphi), \varphi = \arctan\frac{b}{a}.$$

$$y'' = \sqrt{a^2 + b^2} \cdot \left[a e^{ax}\sin(bx + \tilde{\omega}) + b e^{ax}\cos(bx + \varphi) \right]$$

$$= \sqrt{a^2 + b^2} \cdot e^{ax} \cdot \sqrt{a^2 + b^2}\sin(bx + 2\varphi),$$

$$\vdots$$

$$y^{(n)} = (a^2 + b^2)^{\frac{\pi}{2}} \cdot e^{ax}\sin(bx + n\varphi).$$

4.3　导数、微分中值定理的应用及与其有关的问题解法

4.3.1　导数的应用

导数的应用有下列几个方面,下面分别举例谈谈这些问题.

4.3.1.1　函数的单调性

函数单调上升和单调下降均与导数的符号有关.

定理 4.3.1　设函数 $f(x)$ 在区间 (a,b) 内可导.

(1)若在 (a,b) 内, $f'(x_0) \geqslant 0$,则函数 $f(x)$ 在 (a,b) 内单调增加(或单调上升);

(2)若在 (a,b) 内, $f'(x_0) \leqslant 0$,则函数 $f(x)$ 在 (a,b) 内单调减少(或单调下降).

利用导数的符号来判断函数的单调性,关键在于确定函数图形上升与下降的临界点,这些临界点将把 x 轴分成若干个区间,而 $f'(x)$ 在这些区间上的符号不变.

下面为两类临界点:

(1)驻点,即使 $f'(x) = 0$ 的点;

(2)不可导点,即 $f'(x)$ 不存在的点.

例 4.3.1　判定函数 $y = e^x - x - 1$ 的单调性.

解:函数的定义域为 $(-\infty, +\infty)$. $y' = e^x - 1$,令 $y' = 0$,解得 $x = 0$,如表 4-1 所示.

表 4-1

x	$(-\infty,0)$	0	$(0,+\infty)$
y'	$-$	0	$+$
y	↘	0	↗

由表 4-1 知,在 $(-\infty,0)$ 内,$y'<0$,所以函数 $y=e^x-x-1$ 在 $(-\infty,0]$ 上单调减少;在 $(0,+\infty)$ 内,$y'>0$,所以函数 $y=e^x-x-1$ 在 $[0,+\infty)$ 上单调增加(表 4-1 中"↗"表示单调增加,"↘"表示单调减少).

例 4.3.2 讨论函数 $f(x)=(x-1)x^{\frac{2}{3}}$ 的单调性.

解:函数 $f(x)$ 的定义域为 $(-\infty,+\infty)$,而

$$f'(x)=\frac{2}{3}x^{-\frac{1}{3}}(x-1)+x^{\frac{2}{3}}=\frac{5x-2}{3\sqrt[3]{x}}.$$

令 $f'(x_0)=0$,得 $x=\frac{2}{5}$.此外,显然 $x=0$ 为 $f(x)$ 的不可导点.于是,$x=0,x=\frac{2}{5}$ 把函数的定义域划分为 3 个子区间 $(-\infty,0)$,$\left(0,\frac{2}{5}\right)$,$\left(\frac{2}{5},+\infty\right)$.表 4-2 讨论如下.

表 4-2

x	$(-\infty,0)$	0	$\left(0,\frac{2}{5}\right)$	$\frac{2}{5}$	$\left(\frac{2}{5},+\infty\right)$
$f'(x)$	$+$	不存在	$-$	0	$+$
$f(x)$	↗	0	↘	$-\frac{3}{5}\sqrt[3]{\frac{4}{25}}$	↗

所以函数 $f(x)$ 在 $(-\infty,0]$ 和 $\left[\frac{2}{5},+\infty\right)$ 上单调增加,在 $\left[0,\frac{2}{5}\right]$ 上单调减少.

从以上例子可以看到,有些函数在它的定义区间上不是单调的,但用导数等于零或导数不存在的点划分函数的定义区间后,就可以使函数在每个部分区间上单调.因此,确定函数的单调性的一般步骤如下.

（1）确定函数的定义域；

（2）求出使 $f'(x)=0$ 和 $f'(x)$ 不存在的点，并以这些点为临界点把定义域分成若干个子区间；

（3）确定 $f'(x)$ 在各个子区间内的符号，从而判定出 $f(x)$ 的单调性.

根据函数的单调性，还可以证明一些不等式.

例 4.3.3　求证：当 $x>1$ 时，$\mathrm{e}^x>\mathrm{e}x$.

证明：设 $f(x)=\mathrm{e}^x-\mathrm{e}x$，则 $f(x)$ 在 $[1,+\infty)$ 上连续，且 $f(1)=0$，在 $(1,+\infty)$ 内，有

$$f'(x)=\mathrm{e}^x-\mathrm{e}>0,$$

由定理 4.3.1 知，$f(x)$ 在 $[1,+\infty)$ 上单调增加.

所以，当 $x>1$ 时，$f(x)>f(1)=0$，即 $\mathrm{e}^x-\mathrm{e}x>0$，从而 $\mathrm{e}^x>\mathrm{e}x$.

4.3.1.2　函数的极值与最值

（1）函数的极值

根据定理 4.3.1 和函数极值的定义，可以借助导数的符号来判定极值.

定理 4.3.2 极值的一阶导数检验法　在临界点 $x=x_0$［即 $f'(x)=0$ 的点或 $f'(x)$ 不存在的点］处，

①如果 $f'(x)$ 在 $x=x_0$ 两边从负变到正，则 $f(x)$ 有极小值；

②如果 $f'(x)$ 在 $x=x_0$ 两边从正变到负，则 $f(x)$ 有极大值；

③如果 $f'(x)$ 在 $x=x_0$ 两边符号相同，则 $f(x)$ 没有极值.

求函数极值的步骤如下：

①求 $f(x)$ 的定义域；

②求 $f(x)$ 的导数 $f'(x)$；

③求 $f'(x)=0$，求出 $f(x)$ 在定义域内所有临界点、驻点和导数不存在的点；

④用临界点把定义域分成若干个区间，列表并判断临界点是否为极值点，是极大值点还是极小值点；

⑤确定各极值，给出结论.

上述的方法同样适用于确定函数的单调区间.

例 4.3.4　求函数 $f(x)=x-\dfrac{3}{2}\sqrt[3]{x^2}$ 的极值.

解：① $f(x)$ 的定义域为 $(-\infty,+\infty)$；

② $f'(x)=1-x^{-\frac{1}{3}}=\dfrac{\sqrt[3]{x}-1}{\sqrt[3]{x}}$；

③令 $f'(x)=0$，得驻点为 $x=1$，又当 $x=0$ 时，$f'(x)$ 不存在；

④列表 4-3 讨论如下.

表 4-3

x	$(-\infty,0)$	0	$(0,1)$	1	$(1,+\infty)$
$f'(x)$	$+$	不存在	$-$	0	$+$
$f(x)$	↗	极大值 0	↘	极小值 $-\dfrac{1}{2}$	↗

由表 4-3 可知,函数 $f(x)$ 的极大值为 $f(0)=0$,极小值为 $f(1)=-\dfrac{1}{2}$.

当函数 $f(x)$ 在驻点处的二阶导数存在且不为零时,也可以利用下列定理来判定 $f(x)$ 在驻点处取得极大值还是极小值.

定理 4.3.3 极值存在的第二充分条件 设函数 $f(x)$ 在点 x_0 处具有二阶导数且 $f'(x_0)=0$,$f''(x_0)\neq 0$,则

①当 $f''(x_0)<0$ 时,函数 $f(x)$ 在 x_0 处取得极大值;

②当 $f''(x_0)>0$ 时,函数 $f(x)$ 在 x_0 处取得极小值.

(2)函数的最值

定义 4.3.1 已知闭区间 $[a,b]$ 上的连续函数 $f(x)$,当 $[a,b]$ 上任一点 x_0 处的函数值 $f(x_0)$ 与区间上其余各点的函数值 $f(x)$ 相比较时,若

① $f(x_0)\geqslant f(x)$ 成立,则称 $f(x_0)$ 为函数 $f(x)$ 在区间 $[a,b]$ 上的最大值,称点 x_0 为函数 $f(x)$ 在区间 $[a,b]$ 上的最大点;

② $f(x)\geqslant f(x_0)$ 成立,则称 $f(x_0)$ 为函数 $f(x)$ 在区间 $[a,b]$ 上的最小值,称点 x_0 为函数 $f(x)$ 在区间 $[a,b]$ 上的最小点.

最大值和最小值统称为最值.

由极值与最值的定义可知,极值是局部性概念,而最值是整体性概念,根据闭区间上连续函数最大值、最小值的性质可知,闭区间 $[a,b]$ 上的连续函数 $f(x)$,在 $[a,b]$ 上一定有最大值和最小值.函数的最值可能出现在区间内部,也可能在区间的端点处取得.如果最值在区间 (a,b) 内部取得,则这个最值一定是函数的极值.因此,求函数 $f(x)$ 在 $[a,b]$ 上的最值的方法是:

①求出 $f(x)$ 在开区间 (a,b) 内所有可能是极值点的函数值;

②计算端点的函数值 $f(a)$,$f(b)$;

③比较以上函数值,其中最大的就是函数的最大值,最小的就是函数的最小值.

例 4.3.5　求函数 $f(x)=x^3-3x^2-9x+5$ 在 $[-2,6]$ 上的最大值和最小值.

解：①因为 $f'(x)=3x^2-6x-9=3(x^2-2x-3)=3(x+1)(x-3)$，令 $f'(x)=0$，得驻点为 $x_1=-1,x_2=3$.它们对应的函数值为 $f(-1)=10$，$f(3)=-22$；

②区间 $[-2,6]$ 端点处的函数值为 $f(-2)=3,f(6)=59$；

③比较以上各函数值，可知在 $[-2,6]$ 上，函数的最大值为 $f(6)=59$，最小值为 $f(3)=-22$.

特别地，如果函数 $f(x)$ 在某个开区间内可导且有唯一的极值点 x_0，则当 $f(x_0)$ 是极大值时，其就是 $f(x)$ 在该区间上的最大值；当 $f(x_0)$ 是极小值时，其就是 $f(x)$ 在该区间上的最小值.

在实际问题中，如果函数 $f(x)$ 在某区间 (a,b) 内只有一个驻点 x_0，而且从实际问题本身又可以知道 $f(x)$ 在该区间内必定有最大值或最小值，则 $f(x_0)$ 就是所要求的最大值或最小值.

4.3.1.3　曲线的凹凸性与拐点

（1）曲线的凹凸性

定义 4.3.2 曲线的凹凸性　设函数 $f(x)$ 在某区间 I 上连续，如果

①曲线 $y=f(x)$ 位于其上任意一点的切线的上方，则称曲线 $y=f(x)$ 在这个区间内是凹的.

②曲线 $y=f(x)$ 位于其上任意一点的切线的下方，则称曲线 $y=f(x)$ 在这个区间内是凸的.

（2）曲线的拐点

定义 4.3.3 曲线的拐点　如果曲线 $y=f(x)$ 上存在这样的点 $(x_0,f(x_0))$，使得曲线 $y=f(x)$ 在此点的一侧为凹的，另一侧是凸的，则称此分界点为曲线的拐点.

例如，曲线 $y=x^3$ 在区间 $(-\infty,0)$ 内是凸的，在区间 $(0,+\infty)$ 内是凹的，因此点 $(0,0)$ 是曲线 $y=x^3$ 的拐点.

定理 4.3.4　设函数 $f(x)$ 在开区间 (a,b) 内存在二阶导数，

①若在区间 (a,b) 内 $f''(x)>0$，则曲线 $y=f(x)$ 在 (a,b) 内是凹的；

②若在区间 (a,b) 内 $f''(x)<0$，则曲线 $y=f(x)$ 在 (a,b) 内是凸的.

例 4.3.6　讨论曲线 $y=(x-1)\cdot\sqrt[3]{x^5}$ 的凹凸性与拐点.

解：函数的定义域为 $(-\infty,+\infty)$.由于

$$y=x^{\frac{8}{3}}-x^{\frac{5}{3}},\ y'=\frac{8}{3}x^{\frac{5}{3}}-\frac{5}{3}x^{\frac{2}{3}},\ y''=\frac{40}{9}x^{\frac{2}{3}}-\frac{10}{9}x^{-\frac{1}{3}}=\frac{10}{9}\cdot\frac{4x-1}{\sqrt[3]{x}},$$

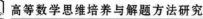

令 $y''=0$,得 $x=\dfrac{1}{4}$;又当 $x=0$ 时,y'' 不存在.列表 4-4 考察 y'' 的符号.

表 4-4

x	$(-\infty,0)$	0	$\left(0,\dfrac{1}{4}\right)$	$\dfrac{1}{4}$	$\left(\dfrac{1}{4},+\infty\right)$
y''	$+$	不存在	$-$	0	$+$
曲线 y	$\cup$	拐点	$\cap$	拐点	$\cup$

由表 4-4 可知,曲线在 $(-\infty,0)$ 和 $\left(\dfrac{1}{4},+\infty\right)$ 内是凹的,在 $\left(0,\dfrac{1}{4}\right)$ 内是凸的;由于 $y\Big|_{x=0}=0,y\Big|_{x=\frac{1}{4}}=-\dfrac{3}{32\sqrt[3]{2}}$,故曲线的拐点为 $(0,0)$ 和 $\left(\dfrac{1}{4},-\dfrac{3}{32\sqrt[3]{2}}\right)$.

4.3.2 微分中值定理及与其有关的问题

微分中值定理的应用主要包括:证明某些等式、证明某些不等式、求函数极限、证明方程根的存在等.下面阐述具体的微分中值定理及与其有关的问题.

4.3.2.1 罗尔中值定理

定理 4.3.5 费马引理 设函数 $y=f(x)$ 在点 x_0 的某邻域 $U(x_0)$ 内有定义,并在 x_0 点可导.如果 $\forall x\in U(x_0)$,有

$$f(x)\geqslant f(x_0)$$

或

$$f(x)\leqslant f(x_0),$$

则

$$f'(x_0)=0.$$

对于 $f(x)\leqslant f(x_0)[\forall x\in U(x_0)]$ 的情形,可以同样证明.

定义 4.3.4 通常称导数 $f'(x)$ 等于零的点为 $y=f(x)$ 的驻点.

易知,费马引理中的点 x_0 是函数 $y=f(x)$ 的驻点.

定理 4.3.6 罗尔中值定理　如果 $y=f(x)$ 满足：

(1)在闭区间 $[a,b]$ 上连续；

(2)在开区间 (a,b) 上可导；

(3)在区间端点处函数值相等，即 $f(a)=f(b)$，

则在区间 (a,b) 上至少存在一点 ξ，使

$$f'(\xi)=0.$$

罗尔中值定理的几何意义：如果连续曲线 $y=f(x)$ 在 A，B 处的纵坐标相等且除端点外处处有不垂直于 x 轴的切线，则至少有一点 $(\xi,f(\xi))$ $(a<\xi<b)$ 使曲线在该点处有水平切线，如图 4-2 所示。

读者需要注意的是，罗尔中值定理的三个条件是驻点存在的充分条件。这就是说，这三个条件都成立，则 (a,b) 内必有驻点；若这三个条件中有一个不成立，则 (a,b) 内可能有驻点，也可能没驻点。

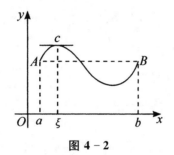

图 4-2

例如，下列三个函数在指定的区间内都不存在驻点：

$(1)f_1(x)=\begin{cases}1, & x=0 \\ x, & 0<x\leqslant 1\end{cases}.$

$(2)f_2(x)=|x|$，$x\in[-1,1]$.

$(3)f_3(x)=x$，$x\in[0,1]$.

事实上，函数 $f_1(x)$ 在 $(0,1)$ 内可导，且 $f(0)=f(1)=1$，但它在 $x=0$ 处间断，不满足在闭区间 $[0,1]$ 连续的条件。该函数显然没有水平切线，如图 4-3 所示。

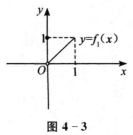

图 4-3

函数 $f_2(x)$ 在 $[-1,1]$ 上连续且 $f(-1)=f(1)=1$，但它在 $x=0$ 不可导，不满足在开区间 $(-1,1)$ 内可导的条件.该函数显然没有水平切线，如图 $4-4$ 所示.

函数 $f_3(x)$ 在 $[0,1]$ 上连续，在 $(0,1)$ 内可导，但 $f(0)=0\neq1=f(1)$.该函数同样也没有水平切线，如图 $4-5$ 所示.

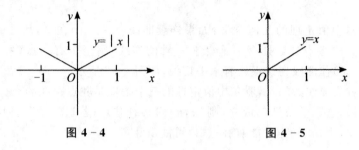

图 $4-4$ 图 $4-5$

例 4.3.7 设函数 $f(x)$ 在 $[0,1]$ 上连续，在 $(0,1)$ 上可导，且 $f(1)=0$.证明存在 $\xi\in(0,1)$ 使得 $f'(\xi)+\dfrac{1}{\xi}f(\xi)=0$.

证明: 需证结果可改写为

$$\xi f'(\xi)+f(\xi)=\left[xf(x)\right]'\Big|_{x=\xi}=0.$$

故可考虑函数

$$F(x)=xf(x).$$

它在 $[0,1]$ 上满足罗尔中值定理的条件，从而存在 $\xi\in(0,1)$，使得

$$F'(\xi)=\xi f'_+(\xi)+f(\xi)=0.$$

4.3.2.2 拉格朗日中值定理

罗尔中值定理中的条件(3)相当特殊，使得定理的应用受到限制，如果把这个条件取消，只保留条件(1)与(2)，则可得到我们下面将介绍的微分学中十分重要的中值定理——拉格朗日(Lagrange)中值定理.

定理 4.3.7 拉格朗日中值定理 如果函数 $f(x)$ 满足:

(1)在闭区间 $[a,b]$ 上连续;

(2)在开区间 (a,b) 内可导,

那么，在 (a,b) 内至少有一点 $\xi(a<\xi<b)$，使得

$$f(b)-f(a)=f'(\xi)(b-a) \tag{4-3-1}$$

或

$$f'(\xi)=\frac{f(b)-f(a)}{b-a} \tag{4-3-2}$$

成立.

拉格朗日中值定理的几何意义如下：

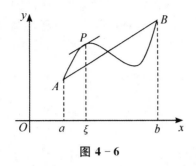

图 4 - 6

图 4 - 6 所示为曲线 $y = f(x)(x \in [a, b])$ 的图形，其端点为 $A(a, f(a))$ 和 $B(b, f(b))$. 从图 4 - 6 看出，过点 $A(a, f(a))$ 和 $B(b, f(b))$ 的直线 l 的方程为

$$y = l(x) = f(a) + \frac{f(b) - f(a)}{b - a}(x - a),$$

$\dfrac{f(b) - f(a)}{b - a}$ 就是弦 AB 的斜率. 由此可以看出，拉格朗日中值定理的几何意义为：在满足定理条件的曲线 $y = f(x)$ 上至少存在一点 $P(\xi, f(\xi))[\xi \in (a, b)]$，使得曲线在该点的切线平行于弦 AB. 特别地，当 $f(a) = f(b)$ 时，式(4 - 3 - 2)就变成 $f'(\xi) = 0$，因此，罗尔中值定理是拉格朗日中值定理的特殊情形. 在一定条件下，可以把一般的问题转化为特殊问题去处理.

式(4 - 3 - 2)称为拉格朗日中值公式，它还有下面几种等价形式：

(1) $f(b) - f(a) = f'(\xi)(b - a)$，$a < \xi < b$.

(2) $f(b) - f(a) = f'[a + \theta(b - a)](b - a)$，$0 < \theta < 1$.

(3) $f(a + h) - f(a) = f'(a + \theta h)h$，$0 < \theta < 1$.

值得注意的是，拉格朗日中值公式无论对于 $a < b$ 还是 $a > b$ 都成立，其中 ξ 是介于 a 与 b 之间的某一确定的数.

下面给出拉格朗日中值定理的两个重要推论.

推论 4. 3. 1　设函数 $y = f(x)$ 在闭区间 $[a, b]$ 上连续，在开区间 (a, b) 内可导且 $f'(x) \equiv 0$，则 $y = f(x)$ 在 $[a, b]$ 上为常数.

证明：设 x_1, x_2 为 $[a, b]$ 上任意两点，且 $x_1 < x_2$，由拉格朗日中值定理得

$$f(x_2) - f(x_1) = f'(\xi)(x_2 - x_1)，\xi \in (x_1, x_2).$$

因 $f'(\xi) = 0$，故得 $f(x_2) = f(x_1)$，即 $y = f(x)$ 在 $[a, b]$ 上任意两点处的函数值相等，所以 $y = f(x)$ 为常数.

推论 4.3.2 设函数 $f(x)$ 和 $g(x)$ 在闭区间 $[a,b]$ 上连续,在开区间 (a,b) 内可导且 $f'(x) \equiv g'(x)$,则在 $[a,b]$ 上有 $f(x) = g(x) + c$,其中 c 是常数.

令 $\varphi(x) = f(x) - g(x)$,对函数 $\varphi(x)$ 利用推论 4.3.1 即可证得推论 4.3.2.

例 4.3.8 证明:$\arctan x = \arcsin \dfrac{x}{1+x^2}$ $(x \in \mathrm{R})$.

证明: 因为 $\arctan x = \dfrac{1}{1+x^2}$,

$$\left(\arcsin \frac{x}{\sqrt{1+x^2}}\right)' = \frac{1}{\sqrt{1-\dfrac{x^2}{1+x^2}}}\left(\frac{x}{\sqrt{1+x^2}}\right)'$$

$$= \frac{1}{\sqrt{\dfrac{1}{1+x^2}}} \cdot \frac{\sqrt{1+x^2} - x\dfrac{x}{\sqrt{1+x^2}}}{1+x^2} = \frac{1}{1+x^2}.$$

所以,对任意的 $x \in \mathrm{R}$,

$$\arctan x = \arcsin \frac{x}{1+x^2} + C.$$

当 $x = 0$ 时,$\arctan x = 0$,$\arcsin \dfrac{x}{\sqrt{1+x^2}} = 0$,从而 $C = 0$.这就得到要证的等式.

例 4.3.9 证明不等式:

$$\frac{x}{1+x} < \ln(1+x) < x \; (x > 0).$$

证明: 对于任意的数 $t > 0$,函数 $y = \ln(1+x)$ 在 $[0, t]$ 上满足拉格朗日中值定理的条件,由此 $\exists \xi \in (0, t)$ 使得

$$\ln(1+t) - \ln 1 = \ln(1+t) = f'(\xi)(t-0) = \frac{1}{1+\xi}t.$$

由于 $0 < \xi < t$,故 $\dfrac{1}{1+t} < \dfrac{1}{1+\xi} < 1$.所以

$$\frac{t}{1+t} < \ln(1+t) < t.$$

因为 t 是任意正数,不等式得证.

4.3.2.3 柯西中值定理

根据拉格朗日中值定理可知,一段处处具有不垂直于 x 轴的切线的曲线

弧,在其上一定有平行于连接两端点的弦的切线.如图 4-7 所示,如果曲线

表示为参数方程 $\begin{cases} x=f(t) \\ y=g(t) \end{cases}$，$t\in(a,b)$，端点的坐标分别为 $A(f(a),g(a))$，

$B(f(b),g(b))$，若令 $f(a)\neq f(b)$，则弦 AB 的斜率为

$$k=\frac{g(a)-g(b)}{f(a)-f(b)}.$$

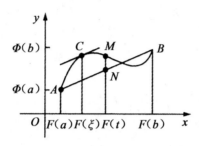

图 4-7

曲线在点 C(对应于 $t=\xi$)处的切线斜率为

$$\frac{\mathrm{d}y}{\mathrm{d}x}\bigg|_{t=\xi}=\frac{g'(\xi)}{f'(\xi)},\xi\in(a,b),$$

于是应有

$$\frac{g(a)-g(b)}{f(a)-f(b)}=\frac{g'(\xi)}{f'(\xi)},f'(\xi)\neq0.$$

可以把这一事实总结为另一个定理,即柯西中值定理.

定理 4.3.8(柯西中值定理)　如果函数 $f(x)$ 和 $g(x)$ 满足

(1)在闭区间 $[a,b]$ 上连续;

(2)在开区间 (a,b) 中可导,且 $g'(x)\neq0$.

那么在 (a,b) 内至少有一点 $\xi(a<\xi<b)$，使

$$\frac{f(a)-f(b)}{g(a)-g(b)}=\frac{f'(\xi)}{g'(\xi)}.$$

上式称为柯西中值公式.

例 4.3.10　设 $b>a>0$，函数 $f(x)$ 在 $[a,b]$ 上连续,在 (a,b) 上可导,证明存在 $\xi\in(a,b)$，使得

$$f(\xi)-\xi f'(\xi)=\frac{bf(a)-af(b)}{b-a}.$$

证明: 上式可改写为

$$\frac{\dfrac{f(b)}{b}-\dfrac{f(a)}{a}}{\dfrac{1}{b}-\dfrac{1}{a}}=f(\xi)-\xi f'(\xi),$$

故若设 $F(x)=\dfrac{f(x)}{x}$, $G(x)=\dfrac{1}{x}(a\leqslant x\leqslant b)$, 则 $F(x)$ 和 $G(a,b)$ 在 $[a,b]$ 上满足柯西中值定理的条件, 所以必存在 $\xi\in(a,b)$ 使得

$$\frac{F(b)-F(a)}{G(b)-G(a)}=\frac{F'(\xi)}{G'(\xi)}.$$

而 $F'(x)=\dfrac{xf'(x)-f(x)}{x^2}$, $G'(x)=-\dfrac{1}{x^2}$, 从而

$$\frac{F'(\xi)}{G'(\xi)}=f(\xi)-\xi f'(\xi).$$

又

$$\frac{F(b)-F(a)}{G(b)-G(a)}=\frac{bf(a)-af(b)}{b-a},$$

问题得证.

微分中值定理是罗尔中值定理、拉格朗日中值定理和柯西中值定理的统称.这些定理的共同点是:建立函数在一个区间上增量与区间内某一个点处的导数之间的联系,它是沟通函数局部性态和整体性态的桥梁,也是应用导数解决实际问题的理论基础.

4.4 实际应用

4.4.1 导数在经济分析中的应用

随着经济的发展,经济学的研究用到越来越多的数学知识,许多经济学的概念、理论都与数学相关,尤其是与导数密切相关,本节将介绍导数概念在经济学中的两个应用——边际分析和弹性分析.

4.4.1.1 边际与边际分析

19 世纪 70 年代,经济学发生了一场著名的"边际革命",成功地运用了

数学中导数和微分的理论成果,建立了边际分析理论.所谓"边际"是指额外的或增加的意思,边际是在经济学中刻画经济变量升降趋势、变动急缓的量化指标,需要有数学中导数概念与微分方法的支撑.运用边际来衡量和评价经济变量变动的状态就是边际分析,边际分析对经济活动的决策具有重要的指导意义.

由导数定义可知,函数的导数是函数的变化率.经济学上将函数的导数称为边际函数.设函数 $y=f(x)$ 在点 x 处可导,则称 $f'(x)$ 为 $f(x)$ 的边际函数,简称边际.$f'(x)$ 在 x_0 处的导数值 $f'(x_0)$ 为边际函数值.利用导数研究经济变量的边际变化的方法,称为边际分析方法.

设 $y=f(x)$ 是一个可导的经济函数,由微分的概念可知,自变量 x 的改变量很小时有 $\Delta y \approx \mathrm{d}y$,但在经济应用中,最小的改变量可以是一个单位,即 $\Delta x=1$,所以有

$$\Delta y \approx \mathrm{d}y = f'(x_0)\Delta x = f'(x_0).$$

这说明,$f(x)$ 在点 $x=x_0$ 处,当 x 产生一个单位的改变时,函数 $y=f(x)$ 近似改变了 $f'(x_0)$ 个单位.

例 4.4.1　设函数 $f(x)=x^2$,试求 $f(x)$ 在 $x=5$ 时的边际函数值.

解: 由边际函数 $f'(x)=2x$,得边际函数值

$$f'(5)=2\times 5=10.$$

边际函数值 $f'(5)$ 的意义:当 $x=5$ 时,x 改变一个单位,函数 $f(x)$ 大约改变 10 个单位.

由于在经济学的研究中,常把变量看作连续变化,因而可以用导数来计算边际成本、边际收益和边际利润.

(1)边际成本

设总成本函数为 $C(Q)$,则称其导数 $C'(Q)=\lim\limits_{\Delta Q \to 0}\dfrac{C(Q+\Delta Q)-C(Q)}{\Delta Q}$ 为产量为 Q 时的边际成本,记为 MC.即

$$MC=\frac{\mathrm{d}C}{\mathrm{d}Q}=\lim\limits_{\Delta Q \to 0}\frac{C(Q+\Delta Q)-C(Q)}{\Delta Q}.$$

当产量为 Q,$\Delta Q=1$ 时,

$$\Delta C \approx \mathrm{d}C = C'(Q)\cdot \Delta Q = C'(Q)=MC.$$

因此,产量为 Q 时的边际成本的经济意义为 $C'(Q)$ 近似等于当产品的产量生产了 Q 个单位时,再生产一个单位产品时所需增加的成本数.

显然,边际成本与固定成本无关.

平均成本的导数 $\overline{C}(Q)=\left[\dfrac{C(Q)}{Q}\right]'=\dfrac{QC'(Q)-C(Q)}{Q^2}$ 为边际平均

成本.

例 4.4.2 设某产品产量为 Q（单位：吨）时的总成本函数（单位：元）为
$$C(Q) = 1000 + 7Q + 50\sqrt{Q}.$$

求：①产量为 100 吨时的总成本；

②产量为 100 吨时的平均成本；

③产量从 100 吨增加到 225 吨时，总成本的平均变化率；

④产量为 100 吨时的边际成本.

解：①产量为 100 吨时的总成本为
$$C(100) = 1000 + 7 \times 100 + 50\sqrt{100} = 2200（元）.$$

②产量为 100 吨时的平均成本为
$$\overline{C}(100) = \frac{C(100)}{100} = 22（元/吨）.$$

③产量从 100 吨增加到 225 吨时，总成本的平均变化率为
$$\frac{\Delta C}{\Delta Q} = \frac{C(225) - C(100)}{225 - 100} = \frac{3325 - 2200}{125} = 9（元/吨）.$$

④产量为 100 吨时，总成本的变化率即边际成本为
$$MC = C'(100) = (1000 + 7Q + 50\sqrt{Q})' \Big|_{Q=100} = 9.5（元）.$$

经济含义是：当产量为 100 吨时，再多生产 1 吨成本增加 9.5 元.

例 4.4.3 已知某商品的成本函数为
$$C(Q) = 100 + \frac{1}{4}Q^2（Q \text{ 表示产量}）.$$

求：①当 $Q = 10$ 时的平均成本，以及 Q 为多少时平均成本最小；

②当 $Q = 10$ 时的边际成本，并解释其经济意义.

解：①由 $C(Q) = 100 + \frac{1}{4}Q^2$，得平均成本函数为

$$\frac{C(Q)}{Q} = \frac{100 + \frac{1}{4}Q^2}{Q} = \frac{100}{Q} + \frac{1}{4}Q.$$

当 $Q = 10$ 时，$\dfrac{C(Q)}{Q}\Big|_{Q=10} = \dfrac{100}{10} + \dfrac{1}{4} \times 10 = 12.5.$

记 $\overline{C} = \dfrac{C(Q)}{Q}$，则

$$\overline{C}' = -\frac{100}{Q^2} + \frac{1}{4}, \quad \overline{C}'' = \frac{200}{Q^3},$$

令 $\overline{C}' = 0$，得 $Q = 20$. 而 $\overline{C}''(20) = \dfrac{200}{20^3} = \dfrac{1}{40} > 0$，所以当 $Q = 20$ 时，平均

成本最小.

②由 $C(Q) = 100 + \dfrac{1}{4}Q^2$,得边际成本函数为

$$C'(Q) = \frac{1}{2}Q,$$

于是 $C'(Q)\Big|_{Q=10} = \dfrac{1}{2} \times 10 = 5$,即当产量 $Q = 10$ 时的边际成本为 5,其经济意义为:当产量为 10 时,若再增加(减少)一个单位产品,总成本将近似地增加(减少)5 个单位.

(2)边际收益

定义 4.4.1　设总收益函数为 $R(Q)$,则称其导数 $R'(Q) = \lim\limits_{\Delta x \to 0} \dfrac{R(Q+\Delta Q) - R(Q)}{\Delta Q}$ 为销量为 Q 时的边际收益,记为 MR,即

$$MR = \frac{\mathrm{d}R}{\mathrm{d}Q} = \lim_{\Delta Q \to 0} \frac{R(Q+\Delta Q) - R(Q)}{\Delta Q}.$$

当销量为 Q,$\Delta Q = 1$ 时,

$$\Delta R \approx \mathrm{d}R = R'(Q)\Delta Q = R'(Q) = MR.$$

其经济含义是:销量为 Q 个单位时,再销售一个单位产品,所增加的收益为 $R'(Q)$.

例 4.4.4　某商品的价格 P 关于需求量 Q 的函数为 $P = 10 - \dfrac{Q}{5}$,求

①总收益函数、平均收益函数和边际收益函数;

②当 $Q = 20$ 时的总收益、平均收益和边际收益.

解:①

$$R(Q) = PQ = 10Q - \frac{1}{5}Q^2,$$

$$\bar{R}(Q) = \frac{R(Q)}{Q} = 10 - \frac{1}{5}Q,$$

$$R'(Q) = 10 - \frac{2}{5}Q.$$

②容易求得 $R(20) = 120$,$\bar{R}(20) = 6$,$R'(20) = 2$.

例 4.4.5　设某产品的需求函数为 $x = 100 - 5P$,其中 P 为价格,x 为需求量,求边际收入函数以及 $x = 20$、50 和 70 时的边际收入,并解释所得结果的经济意义.

解:由题设有 $P = \dfrac{1}{5}(100 - x)$,于是,总收入函数为

$$R(x) = xP = x \cdot \frac{1}{5}(100 - x) = 20x - \frac{1}{5}x^2.$$

于是边际收入函数为

$$R'(x) = 20 - \frac{2}{5}x = \frac{1}{5}(100 - 2x),$$

$$R'(20) = 12, R'(50) = 0, R'(70) = -8.$$

由所得结果可知,当销售量(即需求量)为 20 个单位时,再增加销售可使总收入增加,多销售一个单位产品总收入约增加 12 个单位.当销售量为 50 个单位时,总收入的变化变为零.这时总收入达到最大值,增加一个单位的销售量,总收入基本不变;当销售量为 70 个单位时,再多销售一个单位产品,反而使总收入约减少 8 个单位.或者说,再少销售一个单位产品,将使总收入少损失约 8 个单位.

(3)边际利润

定义 4.4.2 设总利润函数为 $L(Q)$,则称其导数 $L'(Q) = \lim_{\Delta Q \to 0} \frac{L(Q + \Delta Q) - L(Q)}{\Delta Q}$ 为销量为 Q 时的边际利润,记为 ML.即

$$ML = \frac{dL}{dQ} = \lim_{\Delta Q \to 0} \frac{L(Q + \Delta Q) - L(Q)}{\Delta Q}.$$

当销售量为 Q,$\Delta Q = 1$ 时,由 $L = L(Q) = R(Q) - C(Q)$,得

$$\Delta L = dL = R'(Q) - C'(Q) = MR - MC.$$

即边际利润等于边际收益与边际成本之差,其经济意义:销售量为 Q 单位时,再销售一个单位产品时所增加的利润.

例 4.4.6 一工厂生产某种产品每月产量为 Q(千克)的总成本(元)为

$$C(Q) = \frac{1}{2}Q^2 + 4Q + 3200.$$

对该产品的需求函数为 $Q = 600 - 2p$,其中 p(元/千克)是产品的价格.为使平均成本最低,试确定每月的产量和每千克产品的利润及边际利润.

解: 因为总成本

$$C(Q) = \frac{1}{2}Q^2 + 4Q + 3200,$$

所以平均成本

$$\bar{C}(Q) = \frac{C(Q)}{Q} = \frac{1}{2}Q + 4 + \frac{3200}{Q}.$$

令 $\bar{C}'(Q) = \frac{1}{2} - \frac{3200}{Q^2} = 0$,得唯一驻点.

而 $\bar{C}''(Q) = \frac{6400}{Q^3} > 0$,所以 $Q = 80$ 千克时,$\bar{C}(Q)$ 最小.

又因为需求函数 $Q=600-2p$，所以

$$R(Q)=pQ=300Q-\frac{Q^2}{2},$$

则

$$L(Q)=R(Q)-C(Q)$$

$$=\left(300Q-\frac{Q^2}{2}\right)-\left(\frac{1}{2}Q^2+4Q+3200\right)$$

$$=-Q^2+296Q-3200.$$

所以

$$\bar{L}(Q)=\frac{L(Q)}{Q}=-Q+296-\frac{3200}{Q}.$$

故

$$\bar{L}(80)=-80+296-\frac{3200}{80}=176(元).$$

又

$$L'(Q)=-2Q+296,$$

则

$$L'(80)=-2\times80+296=136(元).$$

由此得出，平均成本最低时每月的产量是 80 千克；每千克产品的利润是 176 元，每千克产品的边际利润为 136 元.

例 4.4.7　设某产品的平均单位成本

$$\bar{C}(Q)=Q+4+\frac{16}{Q}(元).$$

若产品以每件 1000 元的价格销售，试问产量 Q 为多少时总利润最大？最大利润是多少？

解：依题意，总成本

$$C(Q)=Q\bar{C}(Q)=Q\left(Q+4+\frac{16}{Q}\right)=Q^2+4Q+16,$$

总收入

$$R(Q)=pQ=1000Q,$$

所以，总利润

$$L(Q)=R(Q)-C(Q)$$

$$=1000Q-(Q^2+4Q+16)$$

$$=-Q^2+996Q-16.$$

令 $L'(Q)=-2Q+996=0$，得唯一驻点 $Q=498$.

又因 $L''(Q)=-2<0$，所以 $Q=498$ 时，$L(Q)$ 最大，且

$$L(498) = -498^2 + 996 \times 498 - 16 = 247988,$$

所以产量为 498 件时总利润最大,最大利润是 247988 元.

例 4.4.8 生产某种产品 q 单位的利润是

$$L(q) = -0.00001q^2 + q + 5000(\text{元}).$$

求:①边际利润函数;

②$q = 40000$ 单位时的边际利润,并说明其经济意义;

③利润最大时的产量.

解:①由 $L(q) = -0.00001q^2 + q + 5000$,得边际利润函数

$$ML = L'(q) = -0.00002q + 1.$$

②由 $L'(q) = -0.00002q + 1$,得

$$L'(40000) = 0.2 > 0.$$

边际利润 $L'(40000) = 0.2 > 0$,说明产量还可以继续增加.

③由 $L'(q) = -0.00002q + 1 = 0$,得 $q = 50000$.

因为 $L''(q) = -0.00002 < 0$,所以利润最大时的产量为 50000.此时边际利润为零($ML = 0$),边际收益等于边际成本($MR = MC$).这说明,当产量为 50000 个单位时,再多生产 1 个单位不会增加利润.

由此题可获得结论:当边际利润 $ML > 0$ 时,边际收益大于边际成本($MR > MC$),即生产每一单位产品的收益大于成本.因此这种经济活动是可取的;当边际利润 $ML < 0$ 时,边际收益小于边际成本($MR < MC$),即生产每一单位这种产品的收益小于成本,因此这种经济活动是不可取的;当边际利润 $ML = 0$ 时,边际收入等于边际成本($MR = MC$),厂商利润最大.

4.4.1.2 弹性与弹性分析

弹性概念用于定量地描述一个经济变量对另一个经济变量变化的反应程度,例如:甲商品单位价格 10 元,涨价 1 元;乙商品单位价格 200 元,也涨价 1 元.两种商品绝对改变量都是 1 元,但人们的感受是不一样的,哪个商品的涨价幅度更大呢? 仅考虑变量的改变量还不够,我们只要用它们与原价相比就能获得答案.甲商品涨价 10%,乙商品涨价 0.5%,显然甲商品的涨价幅度比乙商品的涨价幅度更大.商品价格上涨的百分比更能反映商品价格的改变情况,因此,有必要研究函数的相对改变量与相对变化率,当 x 取改变量 Δx 时,称 $\dfrac{\Delta x}{x_0}$ 为 x 在点 x_0 的相对改变量,称 $\dfrac{\Delta y}{y_0} = \dfrac{f(x_0 + \Delta x) - f(x_0)}{f(x_0)}$ 为函数 y 在点 x_0 的相对改变量.

定义 4.4.3　设 $f(x)$ 在 $x=x_0$ 可导,极限

$$\lim_{\Delta x \to 0} \frac{\Delta y / f(x_0)}{\Delta x / x_0} = \lim_{\Delta x \to 0} \frac{[f(x_0 + \Delta x) - f(x_0)] / f(x_0)}{\Delta x / x_0}$$

称为 $f(x)$ 在点 x_0 处的相对变化率或弹性,记为 $\dfrac{Ey}{Ex}\Big|_{x=x_0}$.

而称比值

$$\frac{\Delta y / f(x_0)}{\Delta x / x_0} = \frac{[f(x_0 + \Delta x) - f(x_0)] / f(x_0)}{\Delta x / x_0}$$

为 $y = f(x)$ 在点 x_0 与点 $x_0 + \Delta x$ 之间的弧弹性.

由定义可知

$$\frac{Ey}{Ex}\Big|_{x=x_0} = \frac{x_0 \, \mathrm{d}y}{f(x_0)\, \mathrm{d}x}\Big|_{x=x_0},$$

当 $|\Delta x|$ 充分小时,有

$$\frac{Ey}{Ex}\Big|_{x=x_0} \approx \frac{\Delta y / f(x_0)}{\Delta x / x_0} = 弧弹性.$$

如果 $y = f(x)$ 在区间 (a,b) 内可导,且 $f(x) \neq 0$,则称

$$\frac{Ey}{Ex} = \frac{x}{f(x)} f'(x)$$

为函数 $y = f(x)$ 在区间 (a,b) 内的弹性函数.

定义 4.4.4　设某产品的需求量为 Q,价格为 p,需求函数 $Q = Q(p)$ 可导,则该产品的需求弹性为

$$\frac{EQ}{Ep} = \frac{p}{Q(p)} \frac{\mathrm{d}Q}{\mathrm{d}p}.$$

需求弹性反映了产品价格变动时需求变动的强弱.由于需求函数为递减函数,所以需求函数的弧弹性为负,从而当 $\Delta x \to 0$ 时,需求弧弹性的极限一般也为负,也就是说需求价格弹性一般为负.这说明当产品的价格上涨(或下跌)1% 时,其需求将减少(或增加)约 $\left|\dfrac{EQ}{Ep}\right|$.因此,在经济学中,比较产品需求弹性的大小时,指的是弹性的绝对值 $\left|\dfrac{EQ}{Ep}\right|$.

当 $\left|\dfrac{EQ}{Ep}\right| = 1$ 时,称为单位弹性,说明产品需求变动的幅度等于价格变动的幅度;当 $\left|\dfrac{EQ}{Ep}\right| > 1$ 时,称为高弹性,说明产品需求变动的幅度大于价格变动的幅度,产品价格的变动对销售影响较大;当 $\left|\dfrac{EQ}{Ep}\right| < 1$ 时,称为低弹性,说明产品需求变动的幅度小于价格变动的幅度,产品价格的变动对销售

的影响不大.

　　商品经营者关注的重点是涨价（$\Delta p > 0$）或降价（$\Delta p < 0$）对总收益的影响.利用需求弹性的概念,可以推测出价格变动对销售收益的影响.

　　由于

$$\frac{EQ}{Ep} = \frac{p \, \mathrm{d}Q}{Q \, \mathrm{d}p} \text{ 或 } Q \, \mathrm{d}p,$$

可见,由价格 p 的微小变化而引起的销售收益 $R = Qp$ 的改变量为

$$\Delta R = \Delta(Qp) \approx \mathrm{d}(Qp)$$
$$= Q \, \mathrm{d}p + p \, \mathrm{d}Q = \left(1 + \frac{EQ}{Ep}\right) Q \, \mathrm{d}p.$$

由 $\dfrac{EQ}{Ep} < 0$,知 $\dfrac{EQ}{Ep} = -\left|\dfrac{EQ}{Ep}\right|$,于是可得,当 $\left|\dfrac{EQ}{Ep}\right| > 1$（高弹性）时,降价（$\Delta p < 0$）可使总收益增加（$\Delta R > 0$）,也就是采取薄利多销的方式;涨价（$\Delta p > 0$）将使总收益减少（$\Delta R < 0$）.当 $\left|\dfrac{EQ}{Ep}\right| < 1$（低弹性）时,降价使总收益减少,涨价使总收益增加.当 $\left|\dfrac{EQ}{Ep}\right| = 1$ 时,ΔR 是 Δp 高阶的无穷小量,涨价或降价对总收益没有显著的影响.

　　例 4.4.9　某商品的需求函数 $Q = \mathrm{e}^{-\frac{p}{5}}$,求

　　（1）该商品的需求弹性;

　　（2）当价格为 3 时的需求弹性,给出其经济解释;

　　（3）当该商品的价格为多少时,需求弹性为 -1? 其经济意义是什么？

　　解：（1）$Q'(p) = -\dfrac{1}{5}\mathrm{e}^{-\frac{p}{5}}$,$\dfrac{EQ}{Ep} = p \cdot \dfrac{Q'(p)}{Q(p)} = p \cdot \dfrac{-\dfrac{1}{5}\mathrm{e}^{-\frac{p}{5}}}{\mathrm{e}^{-\frac{p}{5}}} = -\dfrac{p}{5}.$

　　（2）$\dfrac{EQ}{Ep}\Big|_{p=3} = -\dfrac{3}{5} = -0.6$,其经济意义是：当价格水平在 $p = 3$ 时,价格上涨 1%,需求量就减少 0.6%.

　　（3）当 $\dfrac{EQ}{Ep} = -\dfrac{p}{5} = -1$,即 $p = 5$ 时,需求弹性为 -1,表明在价格水平 $p = 5$ 时,价格上涨 1%,需求量减少 1%,即需求变动的幅度与价格变动的幅度相同.

　　例 4.4.10　某商品的需求函数为 $Q = f(p) = 20 - \dfrac{p}{4}$,求：

　　（1）在 $p = 48$ 时,若价格上涨 1%,总收益是增加还是减少？ 将变化百分之几？

(2)当价格水平为多少时,总收益最大? 最大收益是多少?

解:(1)由于 $Q'(p) = -\dfrac{1}{4}$,故需求弹性为

$$\frac{EQ}{Ep} = p \cdot \frac{Q'(p)}{Q(p)} = p \cdot \frac{-\dfrac{1}{4}}{20 - \dfrac{p}{4}} = \frac{p}{p - 80}\bigg|_{p=48}$$

$$= \frac{48}{48 - 80} = -1.5 < -1,$$

所以价格上涨时,总收益将减少.

再计算收益对价格的弹性:由于

$$\frac{\mathrm{d}Q}{\mathrm{d}p}\bigg|_{p=48} = f(p)\left(1 + \frac{EQ}{Ep}\right) = 8 \times (1 - 1.5) = -4,$$

$$R(p) = pQ = 20p - \frac{p^2}{4}, R(48) = 384,$$

所以

$$\frac{ER}{Ep}\bigg|_{p=48} = R'(48) \cdot \frac{48}{R(48)} = -4 \times \frac{48}{384} = -0.5.$$

即当 $p = 48$ 时,价格上涨 1%,总收益减少 0.5%.

(2)$R'(p) = 20 - \dfrac{p}{2}$,当 $R'(p) = 0$,即 $p = 40$ 时,总收益最大,最大收益为 $R(40) = 400$.

4.4.2　在中学数学中的应用

4.4.2.1　推导或证明公式

中学数学中某些公式的推导与证明,借助于导数极为方便.

例 4.4.11　我们注意到圆的面积公式为 $A = \pi r^2$,若把 r 看作自变量,对 A 求导,则得圆的周长公式 $C = 2\pi r$;同样对球的体积公式 $V_{球} = \dfrac{4}{3}\pi r^3$ 求导,则得球的表面积分式 $S_{球面} = 4\pi R^2$;对圆柱的体积公式 $V_{圆柱} = \pi R^2 h$ 求导,则得圆柱的侧面积公式 $S_{圆柱侧} = 2\pi Rh$;……这使得我们不必单独计算圆的周长、球面面积、圆柱的侧面积公式等,也使我们进一步认清了圆的面积与周长,球体积与表面积等之间的关系.

例 4.4.12 许多三角公式可以由求导推出,这也可以减轻记忆负担.例如:

由 $\sin\alpha \cdot \csc\alpha = 1$ 对 α 求导,有 $\cot\alpha = \dfrac{\cos\alpha}{\sin\alpha}$.

由 $\tan\alpha = \dfrac{\sin\alpha}{\cos\alpha}$ 对 α 求导,有 $1 + \tan^2\alpha = \sec^2\alpha$,$\sin^2\alpha + \cos^2\alpha = 1$.

由 $\cos(\alpha + 2k\pi) = \cos\alpha$ 对 α 求导,有 $\sin(\alpha + 2k\pi) = \sin\alpha$.

由 $\sin 3\alpha = 3\sin\alpha - 4\sin^3\alpha$ 对 α 求导,有 $\cos 3\alpha = 4\cos^3\alpha - 3\cos\alpha$.

由 $\sin\dfrac{\alpha}{2} = \pm\sqrt{\dfrac{1 - \cos\alpha}{2}}$ 对 α 求导,有 $\cos\dfrac{\alpha}{2} = \pm\sqrt{\dfrac{1 + \cos\alpha}{2}}$.

由 $\sin\alpha \cdot \cos\beta = \dfrac{1}{2}\left[\sin(\alpha + \beta) + \sin(\alpha - \beta)\right]$ 对 α 求导,有 $\cos\alpha \cdot \cos\beta = \dfrac{1}{2}\left[\cos(\alpha + \beta) + \cos(\alpha - \beta)\right]$.

由 $\sin\alpha \cdot \cos\beta = \dfrac{1}{2}\left[\sin(\alpha + \beta) + \sin(\alpha - \beta)\right]$ 对 β 求导,有 $\sin\alpha \cdot \sin\beta = -\dfrac{1}{2}\left[\cos(\alpha + \beta) - \cos(\alpha - \beta)\right]$.

由 $\sin\alpha \cdot \cos\beta = \dfrac{1}{2}\left[\sin(\alpha + \beta) + \sin(\alpha - \beta)\right]$ 先对 α 求导,再对 β 求导,有 $\cos\alpha \cdot \sin\beta = \dfrac{1}{2}\left[\sin(\alpha + \beta) - \sin(\alpha - \beta)\right]$.

4.4.2.2 证明各类恒等式或解答数列求和问题

类似于前述公式的推导,有些恒等式只需对一恒等式求导即可推得,或求导前或后做一点技术处理即可.

例 4.4.13 求证:$1 + 2x + 3x^2 + \cdots + nx^{n-1} = \dfrac{nx^{n+1} - (n+1)x^n + 1}{(x-1)^2}$ $(x \neq 1)$.

(或求和 $S_n = 1 + 2x + 3x^2 + \cdots + nx^{n-1}$).

证明: 由恒等式 $1 + x + x^2 + \cdots + x^n = \dfrac{x^{n+1} - 1}{x - 1}$ $(x \neq 1)$,两边求导即证得欲证恒等式.

4.4.2.3 讨论函数的单调性与极值

例 4.4.14 讨论函数 $y = \dfrac{10}{4x^3 - 9x^2 + 6x}$ 的增减性.

解: $y' = \dfrac{-10(12x^2 - 18x + 6)}{(4x^3 - 9x^2 + 6x)^2} = -\dfrac{60(x-1)(2x-1)}{x^2(4x^2 - 9x + 6)^2}$.

当 $-\infty < x < 0, 0 < x < \dfrac{1}{2}, 1 < x < +\infty$ 时,$y' < 0$,故函数 y 在 $(-\infty, 0)$,

$\left(0, \dfrac{1}{2}\right)$,$(1, +\infty)$ 内为减函数.

当 $\dfrac{1}{2} < x < 1$ 时,$y' > 0$,故函数 y 在 $\left(\dfrac{1}{2}, 1\right)$ 内为增函数.

例 4.4.15　函数 $f(x) = \dfrac{1}{4} x^4 + \dfrac{1}{3} a x^3 + \dfrac{1}{2} b x^2 + 2x$,在 $x = -2$ 时取极值,在 $x = -2$ 以外,还存在 $x = c$,使 $f'(c) = 0$,但函数在 $x = c$ 处无极值,求 a、b 的值(其中 $a, b, c \in \mathrm{R}$).

解:求导
$$f'(x) = x^3 + a x^2 + b x + 2,$$

依题意 $f'(-2) = 0, f'(c) = 0$,则 -2、c 是方程 $f'(x) = 0$ 的实根.在 $x = -2$ 处取极值,在 $x = c$ 处无极值,故 $f'(x) = (x + 2)(x - c)^2$,即
$$f'(x) = x^3 + (2 - 2c) x^2 + (c^2 - 4c) x + 2c^2.$$

由以上两式,有 $x^3 + a x^2 + b x + 2 \equiv x^3 + (2 - 2c) x^2 + (c^2 - 4c) x + 2c^2$,得
$$\begin{cases} 2 - 2c = a \\ c^2 - 4c = b \\ 2c^2 = 2 \end{cases} \Rightarrow \begin{cases} c = 1 \\ a = 0 \\ b = -3 \end{cases} \text{或} \begin{cases} c = -1 \\ a = 4 \\ b = 5 \end{cases}$$

为所求.

第5章 一元函数的积分思想与解题方法

本章讨论一元函数的积分.首先介绍了积分的思想方法、定积分及其计算方法、定积分的应用和与定积分有关的几个问题的解法,然后介绍不定积分及其计算方法、广义积分的判敛与计算方法,最后介绍了用积分解问题的思路与方法.

5.1 积分的思想方法

5.1.1 逆向思维和逆运算

积分是求导或微分的逆运算,这包含着逆向思维的思想方法.在数学中,一种数学运算的产生都伴随着它的逆运算.这是数学研究和发展的需要,是人们逆向思维的结果.

简单点说,逆向思维即逆运算在数学中是十分普遍的,加法运算伴随着减法,乘法伴随着除法,正整数次乘方伴随着开方等.

通过观察,人们不难看到逆运算的一些特点.逆运算不是简单的反方向操作,做逆运算一般来说比原来的运算的难度大,更重要的是,逆运算常可引导出新的研究成果,促进数学的发展.

如果说,伴随求函数导数这种运算的逆运算是求原函数,那么,当把求函数导数这种运算看成一种映射时,这种映射是单值的,但它的逆映射是多值的.

为了更好地描述逆运算,人们引入不定积分的概念.一个函数的不定积分如果存在,它是唯一的,它代表一族(原)函数.这样一来,不定积分就可以看成微分的逆运算,而且是单值的.即假定 $F'(x)$ 和 $f(x)$ 都连续,则有

$$\int F'(x)\mathrm{d}x = \int \mathrm{d}F(x) = \int \mathrm{d}(F+C) = F+C, \mathrm{d}\int f(x)\mathrm{d}x = f(x)\mathrm{d}x.$$

积分是微分(或求导)的逆运算,它体现了数学运算的对称性,在逻辑意义上含有美学的意味.事实上,也正是这种互逆运算形式的存在促使微积分理论有了更为广泛的利用价值.从更深一个层次上讲,微分学的基础是极限理论,而极限是一个理论中介,对于数学的纯逻辑矛盾的解决并没有现实意义上的对策,积分的出现刚好将这种逻辑缺陷抵消,使得微积分理论有了更为严谨的现实应用价值.

5.1.2　微分与积分的产生与发展

5.1.2.1　微积分的产生

　　微积分由英国的数学家牛顿(A.Newton,1643—1727)和德国的数学家莱布尼茨(G.Leibniz,1646—1716)各自独立完成.莱布尼茨是从几何学的角度来创立它的,而牛顿则是以运动学为原型来研究问题的.

　　微积分的创立是 17 世纪数学的最重要的成就.微积分的创立说明了在数学发展进程中,完成了由常量数学到变量数学,由初等数学到高等数学的转变."无穷小"被作为数学研究的对象,是数学思想和方法上的一次革命.微积分的创立开创了变量数学的新时代.

5.1.2.2　微积分的发展

　　关于"无穷小"的概念,中国古代以及古希腊的数学家们都曾经有过这种思想萌芽.在近代西方,微积分的思想也经过了大约一个世纪的酝酿,很多数学家都为此做出了贡献.而最终还是牛顿、莱布尼茨分别独立地迈出了关键的一步.

　　虽然微积分学已经创立,但是它的最基本的概念——无穷小、微商等等都不够严密.因而,遭到贝克莱(G.Berkeley,1685—1753)等人的强烈攻击.其后的 150 年间,又经过许多数学家的艰苦努力,微积分才得以严格化.尽管微积分在创立初期有一些缺陷,但它经受住了实践方面的检验,足以使人们信服.贝克莱说:"流数术(微积分的别称)是一把万能的钥匙,借着它,近代数学家打开了天体以至大自然的秘密.有人认为,17、18 世纪的数学史几乎全部是微积分的历史,当时绝大部分数学家的注意力都被这新兴的、有无限发展前途的学科所吸引.在这方面有特殊功劳的首先是瑞士的伯努利家族、欧拉、拉格朗日等人的工作,使得微积分学飞快地向前发展,在 18 世纪达到了空前灿烂的程度.

微积分内容的丰富,应用的广泛,极大地推动了科学技术的发展,也促进了数学自身的发展.同时,在它自身不断完善化的过程中,派生出许多新的分支学科,如级数论、函数论、微分方程、积分方程、泛函分析等,形成一个庞大的数学分析体系.从此之后,变量数学在内容、思想方法及应用范围上迅速地占据了数学的主导地位,一直影响着近代和现代数学的发展方向.

5.2　定积分及其基本计算方法

5.2.1　定积分的定义

　　定义 5.2.1　设函数 $y=f(x)$ 在区间 $[a,b]$ 上有界,在区间 $[a,b]$ 中任意插入 $n-1$ 个分点

$$a=x_0<x_1<x_2<\cdots<x_{i-1}<x_i<\cdots<x_{n-1}<x_n=b,$$

把区间分为 n 个小区间

$$[x_0,x_1],[x_1,x_2],\cdots,[x_{i-1},x_i],\cdots,[x_{n-1},x_n],$$

记小区间 $[x_{i-1},x_i]$ 的长度为

$$\Delta x_i=x_i-x_{i-1}(i=1,2,\cdots,n).$$

在每个小区间 $[x_{i-1},x_i]$ 上任取一点 $\xi_i(x_{i-1}\leqslant\xi_i\leqslant x_i)$,做乘积的和式

$$S=\sum_{i=1}^{n}f(\xi_i)\Delta x_i,$$

如果不论对区间 $[a,b]$ 采取何种分法及 ξ_i 如何选取,当最大区间长度 $\lambda\to 0$ 时,和式 S 的极限 I 存在,则称此极限 I 为函数 $f(x)$ 在区间 $[a,b]$ 上的定积分,记作 $\int_a^b f(x)\mathrm{d}x$,即

$$\int_a^b f(x)\mathrm{d}x=I=\lim_{\lambda\to 0}\sum_{i=1}^{n}f(\xi_i)\Delta x_i.$$

其中,"$\int$" 称为积分号,$f(x)$ 称为被积函数,$f(x)\mathrm{d}x$ 称为被积表达式,x 称为积分变量,a 与 b 分别称为积分的上限与下限,$[a,b]$ 称为积分区间.

　　如果函数 $f(x)$ 在区间 $[a,b]$ 上的定积分存在,则称 $f(x)$ 在 $[a,b]$ 上可积.那么,在什么条件下,$f(x)$ 在 $[a,b]$ 上一定可积呢? 我们有如下两条定积分存在定理:

定理 5.2.1　函数 $f(x)$ 在区间 $[a,b]$ 上连续,则 $f(x)$ 在区间 $[a,b]$ 上可积.

定理 5.2.2　函数 $f(x)$ 在区间 $[a,b]$ 上有界,并且只有有限个第一类间断点,则 $f(x)$ 在区间 $[a,b]$ 上可积.

5.2.2　定积分的性质

为了理论与计算的需要,我们介绍定积分的基本性质,在下面的讨论中,均假定定积分在区间 $[a,b]$ 上可积.

性质 5.2.1　被积函数的常数因子可以提到积分号的外面,即
$$\int_a^b kf(x)\mathrm{d}x = k\int_a^b f(x)\mathrm{d}x\,(k\ \text{为常数}).$$

性质 5.2.2　两个函数和(差)的定积分等于它们定积分的和(差),即
$$\int_a^b [f(x)\pm g(x)]\mathrm{d}x = \int_a^b f(x)\mathrm{d}x \pm \int_a^b g(x)\mathrm{d}x.$$

性质 5.2.3 积分区间的可加性　对于任意三个实数 a,b,c,恒有
$$\int_a^b f(x)\mathrm{d}x = \int_a^c f(x)\mathrm{d}x + \int_c^b f(x)\mathrm{d}x.$$

性质 5.2.4　若 $f(x)=k\,(k\ \text{为常数})$,则
$$\int_a^b f(x)\mathrm{d}x = \int_a^b k\,\mathrm{d}x = k(b-a),$$
特别地,当 $k=1$ 时,有
$$\int_a^b 1\mathrm{d}x = \int_a^b \mathrm{d}x = b-a.$$

性质 5.2.5　若在区间 $[a,b]$ 上,有 $f(x)\geqslant g(x)$,则在区间 $[a,b]$ 上必有
$$\int_a^b f(x)\mathrm{d}x \geqslant \int_a^b g(x)\mathrm{d}x.$$

性质 5.2.6　设 M 和 m 分别是 $f(x)$ 在区间 $[a,b]$ 上的最大值与最小值,则
$$m(b-a) \leqslant \int_a^b f(x)\mathrm{d}x \leqslant M(b-a)(a<b).$$

性质 5.2.7 积分中值定理　如果函数 $f(x)$ 在闭区间 $[a,b]$ 上连续,则在 $[a,b]$ 上至少有一点 ξ,使下式成立
$$\int_a^b f(x)\mathrm{d}x = f(\xi)(b-a)(a\leqslant \xi \leqslant b),$$
这个公式称为积分中值公式.

5.2.3 定积分的计算方法

5.2.3.1 定积分的换元积分法

牛顿-莱布尼茨公式给出了计算定积分的最基本的方法.在不定积分中,我们知道换元积分法是可以求出一些函数的原函数的.实际上,在一定条件下,是可以用换元积分法来直接计算定积分的.下面就来讨论定积分的换元积分法.

定理 5.2.3 设函数 $f(x)$ 在 $[a,b]$ 上连续,做变量代换 $x=\varphi(t)$,它满足以下三个条件:

(1) $\varphi(\alpha)=a$, $\varphi(\beta)=b$;

(2) 当 t 在 $[\alpha,\beta]$(或 $[\beta,\alpha]$)上变化时,$x=\varphi(t)$ 的值在 $[a,b]$ 上变化;

(3) $\varphi'(t)$ 在 $[\alpha,\beta]$(或 $[\beta,\alpha]$)上连续.

则下述定积分换元公式成立:

$$\int_a^b f(x)\mathrm{d}x = \int_\alpha^\beta f[\varphi(t)]\varphi'(t)\mathrm{d}t.$$

5.2.3.2 定积分的分部积分法

设函数 $u(x)$、$v(x)$ 在 $[a,b]$ 上具有连续的导数,那么,根据导数运算法则,有

$$(uv)'=u'v+uv'.$$

上式两端同时在 $[a,b]$ 上积分,得

$$\int_a^b (uv)'\mathrm{d}x = \int_a^b u'v\mathrm{d}x + \int_a^b uv'\mathrm{d}x.$$

即

$$[uv]_a^b = \int_a^b u'v\mathrm{d}x + \int_a^b uv'\mathrm{d}x.$$

从而

$$\int_a^b uv'\mathrm{d}x = [uv]_a^b - \int_a^b u'v\mathrm{d}x$$

或

$$\int_a^b u\mathrm{d}v = [uv]_a^b - \int_a^b v\mathrm{d}u.$$

这就是定积分的分部积分公式.

应用定积分的分部积分公式的关键是适当地选择 u 与 v,选择办法和求不定积分时的情形类似.在应用定积分的分部积分公式时,对已经积出的部分 uv,可以先用上、下限代入,不必等待求完 $\int u \, \mathrm{d}v$ 后再一起代入上、下限.

5.3　定积分的应用和与定积分有关的几个问题解法

5.3.1　利用定积分计算平面图形的面积

根据定积分的几何意义可知,在直角坐标系下,由曲线 $y = f(x)(y \geqslant 0)$ 与直线 $x = a$、$x = b(a < b)$ 以及 x 轴所围成的曲边梯形的面积为 $A = \int_a^b f(x)\mathrm{d}x$;若不要求 $y \geqslant 0$,那么所围的面积为 $A = \int_a^b |f(x)|\mathrm{d}x$. 如图 $5-1(a)$所示,由连续曲线 $y = f(x)$、$y = g(x)[g(x) \leqslant f(x)]$ 及直线 $x = a$、$x = b(a < b)$ 所围成的平面图形面积为 $A = \int_a^b [f(x) - g(x)]\mathrm{d}x$;如图 $5-1(b)$所示,由两条连续曲线 $x = \varphi(y)$、$x = \psi(y)[\psi(y) \leqslant \varphi(y)]$ 及直线 $y = c$、$y = d(c < d)$ 所围成的曲边梯形的面积为 $A = \int_c^d [\varphi(y) - \psi(y)]\mathrm{d}y$.

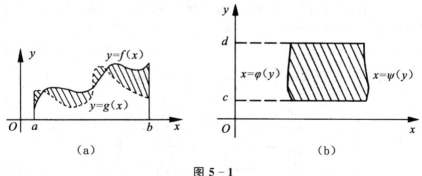

图 5-1

在极坐标系下,若函数 $r=r(\theta)$ 在区间 $[\alpha,\beta]$ 上连续,且 $r(\theta)\geqslant 0$,那么,要计算由曲线 $r=r(\theta)$ 与矢径 $\theta=\alpha$ 及 $\theta=\beta$ 所围成的图形(图 5-2),则可取 θ 为积分变量,其变化区间是 $[\alpha,\beta]$.在 $[\alpha,\beta]$ 的任一小区间 $[\theta,\theta+\mathrm{d}\theta]$ 上,用半径为 $r=r(\theta)$、中心角为 $\mathrm{d}\theta$ 的圆扇形 OAB 去近似代替相应的窄曲边扇形 OAC,从而得到 $\Delta A\approx\frac{1}{2}r^2(\theta)\mathrm{d}\theta$,即曲边扇形的面积微元为 $\mathrm{d}A=\frac{1}{2}r^2(\theta)\mathrm{d}\theta$,于是,所求曲边扇形的面积为 $A=\frac{1}{2}\int_{\alpha}^{\beta}r^2(\theta)\mathrm{d}\theta$.

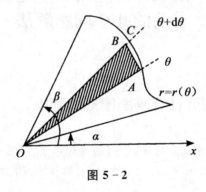

图 5-2

5.3.2 利用定积分计算立体的体积

定积分在立方体体积的计算中应用十分广泛,限于本书篇幅,笔者在这里仅就如下两种最简单的情形展开讨论:

(1)平行截面面积已知的立方体的体积计算.如图 5-3 所示,设立方体在过点 $x=a$、$x=b(a<b)$ 且垂直于 x 轴的两平面之间,并且过点 $x\in[a,b]$ 且垂直于 x 轴的截面面积为已知的连续函数 $A(x)$,取 x 为积分变量,其变化区间为 $[a,b]$,任取其中一个区间微元 $[x,x+\mathrm{d}x]$,相应于该微元的一薄片的体积,近似于底面积为 $A(x)$、高为 $\mathrm{d}x$ 的扁圆柱体的体积,即体积微元 $\mathrm{d}V=A(x)\mathrm{d}x$,故所求立体的体积为 $V=\int_{a}^{b}A(x)\mathrm{d}x$.

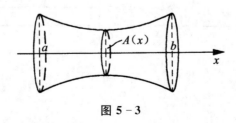

图 5-3

（2）旋转体体积的计算.所谓旋转体,具体是指一个平面图形绕该平面内一条直线旋转一周而成的立体,这条直线称为旋转轴.如圆柱体、圆锥体和球都是旋转体.如图 5-4 所示,设连续曲线 $y=f(x)[f(x)\geqslant 0]$ 与直线 $x=a$、$x=b$ 及 x 轴所围成的曲边梯形绕 x 轴旋转一周形成一个旋转体,由于垂直于旋转轴的截面都是圆,因此在 x 处截面积为 $A(x)=\pi y^2=\pi f^2(x)$,体积微元为 $\mathrm{d}V_x=\pi f^2(x)\mathrm{d}x$,故所求旋转体体积为 $V_x=\pi\displaystyle\int_a^b f^2(x)\mathrm{d}x$;同理,由连续曲线 $y=f(x)$ 与直线 $x=a$、$x=b$ 及 x 轴所围成的平面图形绕 y 轴旋转一周所得的旋转体体积公式为 $V_y=2\pi\displaystyle\int_a^b x\,|f(x)|\mathrm{d}x$.如图 5-5 所示,由连续曲线 $y=f_1(x)$、$y=f_2(x)[f_2(x)\geqslant f_1(x)\geqslant 0]$ 和直线 $x=a$、$x=b$ 所围成的平面图形绕 x 轴旋转一周所得的旋转体体积为 $V_x=\pi\displaystyle\int_a^b[f_2^2(x)-f_1^2(x)]\mathrm{d}x$;绕 y 轴旋转一周所得的旋转体体积为 $V_y=2\pi\displaystyle\int_a^b[f_2(x)-f_1(x)]\mathrm{d}x$.

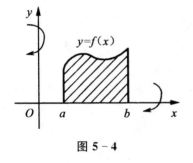

图 5-4

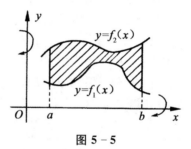

图 5-5

5.3.3　利用定积分计算平面曲线的弧长

利用定积分,除了可以计算平面面积和立方体体积以外,还可以计算曲线弧的弧长.利用定积分计算平面曲线的弧长的常见情形有如下三种:

（1）设平面曲线的直角坐标方程为 $y=f(x)$,其中,$f(x)$ 在 (a,b) 上具有一阶连续导数,则曲线对应于 $x=a$ 与 $x=b$ 之间的弧长为 $s=\displaystyle\int_a^b\sqrt{1+[f'(x)]^2}\,\mathrm{d}x$.

（2）设平面曲线的参数方程为 $\begin{cases}x=x(t)\\y=y(t)\end{cases}$,其中,$x(t)$ 与 $y(t)$ 在区间 $[\alpha,\beta]$ 上具有连续导数,则此曲线对应于 $t=\alpha$ 与 $t=\beta$ 之间的弧长为 $s=$

$$\int_\alpha^\beta \sqrt{[x'(t)]^2 + [y'(t)]^2}\, dt.$$

(3)设平面曲线的极坐标方程为 $\rho = \rho(\theta)(\alpha \leqslant \theta \leqslant \beta)$，其中，$\rho(\theta)$ 在区间 $[\alpha, \beta]$ 上具有连续导数，则对应于 $\theta = \alpha$ 与 $\theta = \beta$ 之间的弧长为 $s = \int_\alpha^\beta \sqrt{[\rho(\theta)]^2 + [\rho'(\theta)]^2}\, d\theta.$

5.3.4 下雪时间的确定

某地从上午开始均匀地下雪，一直持续到天黑.从正午开始，一个扫雪队沿着公路清除前方的积雪.他们在头两小时清扫了 2 km 的路面，但是在其后的两小时内只清扫了 1 km 的路面，如果扫雪队在相等的时间里清除的雪量相等，那么雪是在什么时候开始下的？从已知条件来看，显然扫雪队前进的速率是随着时间的推移越来越慢的，即前进的速率 v 可以看作时刻 t 的函数 $v = v(t)$.由积分的物理意义可知，对做变速运动的物体来说，运动的路程可以表示为速度的积分，因此，只要确定了前进的速率，根据已知条件通过积分是不难列出方程求出下雪时间的.

假设扫雪队开始工作前已经下了 t_0 小时的雪，每小时降雪的厚度为 h cm，扫雪队每小时清除的雪量为 C（单位：cm/km），则单位时间清除的雪量 C 与午后 t 时刻积雪的厚度 $h(t+t_0)$ 之比所表示的就是 t 时刻前进的速率（km/h），即

$$v(t) = \frac{C}{h(t+t_0)}.$$

于是，由"头两小时清扫了 2 km 的路面"可得

$$\int_0^2 v(t)\, dt = \int_0^2 \frac{C}{h(t+t_0)}\, dt = 2,$$

即

$$\frac{C}{h} \ln \frac{2+t_0}{t_0} = 2. \tag{5-3-1}$$

而由"在其后的两小时内只清扫了 1 km 的路面"可得

$$\int_2^4 v(t)\, dt = \int_2^4 \frac{C}{h(t+t_0)}\, dt = 1,$$

即

$$\frac{C}{h} \ln \frac{4+t_0}{2+t_0} = 1. \tag{5-3-2}$$

把式（5-3-1）、式（5-3-2）联立起来，得

$$\ln\frac{2+t_0}{t_0}=2\ln\frac{4+t_0}{2+t_0},$$

即

$$\frac{2+t_0}{t_0}=\frac{(4+t_0)^2}{(2+t_0)^2}.$$

解之,得 $t_0=-1\pm\sqrt{5}$,舍去 $t_0=-1-\sqrt{5}$,即得 $t_0=\sqrt{5}-1=1$ 小时 14 分 10 秒,从而可知开始下雪的时间大约是上午 10 时 45 分 50 秒.

5.4　不定积分及其基本计算方法

5.4.1　不定积分的定义

定义 5.4.1　设 $f(x)$ 是定义在区间 I 上的函数,如果存在函数 $F(x)$,使得对任何 $x\in I$ 均有

$$F'(x)=f(x)$$

或

$$\mathrm{d}F'(x)=f(x)\mathrm{d}x,$$

则称函数 $F(x)$ 为 $f(x)$ 在区间 I 上的原函数.

定义 5.4.2　如果函数 $F(x)$ 是函数 $f(x)$ 在区间 I 上的一个原函数.则称 $F(x)+C$(其中 C 为任意常数)为 $f(x)$ 在区间 I 上的不定积分,记作 $\int f(x)\mathrm{d}x$,即

$$\int f(x)\mathrm{d}x=F(x)+C.$$

式中,"$\int$"为积分号;$f(x)$ 为被积函数;x 为积分变量;$f(x)\mathrm{d}x$ 为被积表达式;C 为积分常数.

根据不定积分的定义,函数的不定积分与倒数(或微分)之间有下列运算关系:

$$\left[\int f(x)\mathrm{d}(x)\right]'=f(x)\ 或\ \mathrm{d}\left[\int f(x)\mathrm{d}(x)\right]=f(x)\mathrm{d}x;$$

$$\int F'(x)\mathrm{d}(x)=F(x)+C\ 或\int\mathrm{d}F(x)=F(x)+C.$$

由此可见,积分与微分是一对互"逆"的运算.

5.4.2　不定积分的性质

根据不定积分的定义,可以推得它有如下性质:

性质 5.4.1　设函数 $f(x)$ 与 $g(x)$ 的原函数存在,则

$$\int [f(x) \pm g(x)] \mathrm{d}x = \int f(x) \mathrm{d}x \pm \int g(x) \mathrm{d}x.$$

性质 5.4.2　函数 $f(x)$ 存在不定积分, k 为不等于零的任意常数,那么函数 $kf(x)$ 也存在不定积分,且有

$$\int kf(x) \mathrm{d}x = k \int f(x) \mathrm{d}x.$$

5.4.3　不定积分的计算方法

5.4.3.1　不定积分的换元积分法

利用基本积分公式与积分的运算性质,所能计算的不定积分是非常有限的,例如: $\int \tan x \mathrm{d}x$, $\sqrt{a^2 - x^2} \mathrm{d}x$ 等就不能利用基本公式直接算出.因此,有必要进一步探讨不定积分的求法.下面将由复合函数的微分法推导出求不定积分的换元积分法.换元积分法通常分为两类:第一类换元积分法(也称为凑微分法)和第二类换元积分法.

(1)第一类换元积分法

定理 5.4.1　设 $f(u)$ 具有原函数, $u = \varphi(x)$ 可导,则有换元公式

$$\int f[\varphi(x)] \varphi'(x) \mathrm{d}x = \left[\int f(u) \mathrm{d}u \right]_{u = \varphi(x)}.$$

(2)第二类换元积分法

定理 5.4.2　设 $x = \varphi(t)$ 是单调可导的函数,且 $\varphi'(t) \neq 0$. 又设 $f[\varphi(t)]\varphi'(t)$ 具有原函数,则有换元公式

$$\int f(x) \mathrm{d}x = \left[f[\varphi(t)] \varphi'(t) \mathrm{d}t \right]_{t = \varphi^{-1}(x)},$$

其中 $\varphi^{-1}(x)$ 是 $x = \varphi(t)$ 的反函数.

利用第二类换元积分法进行积分,重要的是找到恰当的函数 $x = \varphi(t)$ 代入到被积函数中,将被积函数化简成较容易的积分,并且在求出原函数后将 $t = \varphi^{-1}(x)$ 还原.常用的积分换元法主要有三角函数代换法、简单无理函数代换法和倒代换法.

5.4.3.2　不定积分的分部积分法

设 $u = u(x)$ 和 $v = v(x)$ 有连续导数 $u'(x)$ 和 $v'(x)$,且有

$$(uv)' = u'v + uv' \tag{5-4-1}$$

或

$$\mathrm{d}(uv) = v\,\mathrm{d}u + u\,\mathrm{d}v. \tag{5-4-2}$$

将式(5-4-1)或式(5-4-2)改写成如下形式:

$$uv' = (uv)' - u'v \tag{5-4-3}$$

或

$$u\,\mathrm{d}v = \mathrm{d}(uv) - v\,\mathrm{d}u. \tag{5-4-4}$$

再对式(5-4-1)或式(5-4-4)两端进行积分,得

$$\int uv'\,\mathrm{d}x = uv - \int vu'\,\mathrm{d}x \tag{5-4-5}$$

或

$$\int u\,\mathrm{d}v = uv - \int v\,\mathrm{d}u. \tag{5-4-6}$$

式(5-4-5)和式(5-4-6)称为分部积分公式.

利用分部积分公式求不定积分的方法,称为分部积分法.这种积分法多用于被积函数是两种不同类型的函数之积的情况.

分部积分公式表明,$\int uv'\,\mathrm{d}x = \int u\,\mathrm{d}v$ 不易求出,而将 u、v 对调位置后的积分 $\int uv'\,\mathrm{d}x = \int v\,\mathrm{d}u$ 容易求出的情况下,可使用该公式.至于如何选定 u 和 $\mathrm{d}v$ 也是有一定规律的.以下假定 $\int u\,\mathrm{d}v$ 不易求出,而 $\int v\,\mathrm{d}u$ 容易求出.我们通过例题来总结一下规律.

例 5.4.1　求 $\int x\cos x\,\mathrm{d}x$.

解:令 $u = x$,$\mathrm{d}v = \mathrm{d}\sin x$,则 $\mathrm{d}u = \mathrm{d}x$,$v = \sin x$,于是

$$\int x\cos x\,\mathrm{d}x = \int x\,\mathrm{d}(\sin x) = x\sin x - \int \sin x\,\mathrm{d}x = x\sin x + \cos x + C.$$

若选择 $u = \cos x$,$v' = x$,则 $\mathrm{d}u = -\sin x\,\mathrm{d}x$,$v = \dfrac{1}{2}x^2$,于是

$$\int x\cos x\,\mathrm{d}x = \int \cos\,\mathrm{d}\left(\frac{1}{2}x^2\right) = \frac{1}{2}x^2\cos x + \int \frac{1}{2}x^2\sin x\,\mathrm{d}x .$$

上式右端的积分比原积分更难求,所以合理选择 u 与 v 是分部积分公式运用的重要环节.

5.4.4 悬崖的高度问题

小明站在河边悬崖的顶部问小夏:"你能量出它的高度吗?"小夏想了想说:"要量有困难,但我可以算出它的高度!"说完,小夏捡了一块石头对小明说:"你来计时,我把石头丢下去后,看它落到水面时花了多少时间?"小明在小夏将石头丢出的同时开始计时,在第 5 秒时看到石头落到了水面上,小夏说:"因为我知道自由落体运动的加速度大约是 10 m/s^2,所以现在我可以算出悬崖的高度了。"那么,小夏是怎样计算的呢?

若已知物体的路程函数 $s = s(t)$,则求导可得到物体运动的速度函数 $v(t) = s'(t)$。同样,若已知物体运动的速度函数 $v = v(t)$,则求导可得到物体运动的加速度函数 $a(t) = v'(t)$。显然,若能求出路程函数的表达式,则代入时间 $t = 5 \text{ s}$,便可以计算出悬崖的高度。

本问题中,小夏的问题正好与之相反,可分两步计算完成(空气阻力忽略不计)。先从 $a(t) = v'(t) = 10 \text{ m/s}^2$ 中解得

$$v(t) = \int 10 \mathrm{d}t = 10t + C_1,$$

由 $t = 0$ 时,$v(t) = 0$,知 $C_1 = 0$,将其代入上式,得

$$v(t) = 10t,$$

再从 $v(t) = s'(t) = 10t$ 中解得

$$s(t) = \int 10t \mathrm{d}t = 5t^2 + C_2,$$

再由 $t = 0$ 时,$s(t) = 0$,知 $C_2 = 0$,将其代入上式,得

$$s(t) = 5t^2,$$

将 $t = 5$ 代入,得 $s = 5 \times 5^2 = 125(\text{m})$。由此可知,悬崖的高度大约为 125 m。

5.5 广义积分的判敛与计算方法

5.5.1 无穷区间上的广义积分

首先介绍无穷区间上的广义积分。

定义 5.5.1 设函数 $f(x)$ 在区间 $[a, +\infty)$ 上连续,若极限

$$\lim_{b \to +\infty} \int_a^b f(x) \mathrm{d}x$$

存在,则称此极限为函数 $f(x)$ 在无穷区间 $[a,+\infty)$ 上的广义积分,记作

$$\int_a^{+\infty} f(x)\mathrm{d}x,$$

即

$$\int_a^{+\infty} f(x)\mathrm{d}x = \lim_{b\to+\infty}\int_a^b f(x)\mathrm{d}x.$$

此时也称广义积分 $\int_a^{+\infty} f(x)\mathrm{d}x$ 收敛;若极限 $\lim\limits_{b\to+\infty}\int_a^b f(x)\mathrm{d}x$ 不存在,则称广义积分 $\int_a^{+\infty} f(x)\mathrm{d}x$ 发散.

　类似地,设函数 $f(x)$ 在区间 $(-\infty,b]$ 上的广义积分的值,记作

$$\int_{-\infty}^b f(x)\mathrm{d}x.$$

即

$$\int_{-\infty}^b f(x)\mathrm{d}x = \lim_{a\to-\infty}\int_a^b f(x)\mathrm{d}x.$$

定义 5.5.2　设函数 $f(x)$ 在区间 $(-\infty,+\infty)$ 上的广义积分定义为

$$\int_{-\infty}^{+\infty} f(x)\mathrm{d}x = \int_{-\infty}^a f(x)\mathrm{d}x + \int_a^{+\infty} f(x)\mathrm{d}x,$$

其中 a 为任意实数,当上式右端两个积分都收敛时,则称广义积分 $\int_{-\infty}^{+\infty} f(x)\mathrm{d}x$ 为收敛的,否则,称广义积分 $\int_{-\infty}^{+\infty} f(x)\mathrm{d}x$ 为发散的.

　上述广义积分统称为无穷限的广义积分.

　判别广义积分 $\int_a^{+\infty} f(x)\mathrm{d}x$ 敛散性的步骤:

(1) 求定积分 $\int_a^b f(x)\mathrm{d}x$;

(2) 求极限 $\lim\limits_{b\to+\infty}\int_a^b f(x)\mathrm{d}x$;

(3) 判别敛散性.

　如果 $F(x)$ 为 $f(x)$ 的一个原函数,记作

$$F(+\infty) = \lim_{x\to+\infty} F(x),$$
$$F(-\infty) = \lim_{x\to-\infty} F(x),$$

则其广义积分可表示为(如果极限存在):

$$\int_a^{+\infty} f(x)\mathrm{d}x = F(x)\Big|_a^{+\infty} = F(+\infty) - F(a);$$

$$\int_{-\infty}^b f(x)\mathrm{d}x = F(x)\Big|_{-\infty}^b = F(b) - F(-\infty);$$

$$\int_{-\infty}^{+\infty} f(x)\mathrm{d}x = F(x)\Big|_{-\infty}^{+\infty} = F(+\infty) - F(-\infty).$$

例 5.5.1 计算 $\int_{-\infty}^{0} \dfrac{1}{\mathrm{e}^x + \mathrm{e}^{-x}}\mathrm{d}x$.

解：$\displaystyle\int_{-\infty}^{0} \dfrac{1}{\mathrm{e}^x + \mathrm{e}^{-x}}\mathrm{d}x = \int_{-\infty}^{0}\dfrac{\mathrm{e}^x}{1+(\mathrm{e}^x)^2}\mathrm{d}x = \int_{-\infty}^{0}\dfrac{1}{1+(\mathrm{e}^x)^2}\mathrm{d}\mathrm{e}^x$

$$= \lim_{b\to-\infty}\int_{b}^{0}\dfrac{1}{1+(\mathrm{e}^x)^2}\mathrm{d}\mathrm{e}^x$$

$$= \lim_{b\to-\infty} \arctan\mathrm{e}^x\Big|_{b}^{0}$$

$$= \lim_{b\to-\infty}(\arctan\mathrm{e}^0 - \arctan\mathrm{e}^b)$$

$$= \lim_{b\to-\infty}\left(\dfrac{\pi}{4} - \arctan\mathrm{e}^b\right)$$

$$= \dfrac{\pi}{4}.$$

例 5.5.2 计算广义积分 $\int_{0}^{+\infty}\mathrm{e}^{-x}\mathrm{d}x$.

解：对于任意的 $b>0$，有

$$\int_{0}^{b}\mathrm{e}^{-x}\mathrm{d}x = [-\mathrm{e}^{-x}]_{0}^{b} = -\mathrm{e}^{-b} - (-1) = 1 - \mathrm{e}^{-b},$$

则

$$\lim_{b\to+\infty}\int_{0}^{b}\mathrm{e}^{-x}\mathrm{d}x = \lim_{b\to+\infty}(1-\mathrm{e}^{-b}) = 1 - 0 = 1,$$

所以

$$\int_{0}^{+\infty}\mathrm{e}^{-x}\mathrm{d}x = \lim_{b\to+\infty}\int_{0}^{b}\mathrm{e}^{-x}\mathrm{d}x = 1.$$

5.5.2　无界函数的广义积分

定义 5.5.3 设函数 $f(x)$ 在区间 $(a,b]$ 上连续，而在点 a 的右半邻域内 $f(x)$ 无界，取 $\varepsilon>0$，若极限

$$\lim_{\varepsilon\to0^+}\int_{a+\varepsilon}^{b} f(x)\mathrm{d}x$$

存在，则称此极限为函数 $f(x)$ 在区间 $(a,b]$ 上的广义积分，记作

$$\int_{a}^{b} f(x)\mathrm{d}x = \lim_{\varepsilon\to0^+}\int_{a+\varepsilon}^{b} f(x)\mathrm{d}x.$$

当极限存在，则称广义积分 $\int_{a}^{b} f(x)\mathrm{d}x$ 为收敛的，点 a 称为瑕点，否则称广义

积分 $\int_a^b f(x)\mathrm{d}x$ 为发散的.

类似地有,若函数 $f(x)$ 在区间 $[a,b)$ 上连续,且 $\lim\limits_{x\to b^-}f(x)=\infty$,取 $\varepsilon>0$,定义 $f(x)$ 在区间 $[a,b)$ 上的广义积分为

$$\int_a^b f(x)\mathrm{d}x=\lim_{\varepsilon\to 0^+}\int_a^{b-\varepsilon}f(x)\mathrm{d}x.$$

若极限 $\lim\limits_{\varepsilon\to 0^+}\int_a^{b-\varepsilon}f(x)\mathrm{d}x$ 存在,则称广义积分 $\int_a^b f(x)\mathrm{d}x$ 收敛;若极限 $\lim\limits_{\varepsilon\to 0^+}\int_a^{b-\varepsilon}f(x)\mathrm{d}x$ 不存在,则称广义积分 $\int_a^b f(x)\mathrm{d}x$ 发散.

定义 5.5.4　设函数 $f(x)$ 在区间 $[a,b]$ 上除点 $c(a<c<b)$ 外连续,而在点 c 的邻域内无界,则函数 $f(x)$ 在区间 $[a,b]$ 上的广义积分定义为

$$\int_a^b f(x)\mathrm{d}x=\int_a^c f(x)\mathrm{d}x+\int_c^b f(x)\mathrm{d}x,$$

当上式右端两个积分均收敛时,则称广义积分 $\int_a^b f(x)\mathrm{d}x$ 收敛,否则,称广义积分 $\int_a^b f(x)\mathrm{d}x$ 发散.

无界函数的广义积分又称为瑕积分.定义中函数 $f(x)$ 的无界间断点称为瑕点.

例 5.5.3　讨论广义积分 $\int_0^1 \dfrac{1}{x^q}\mathrm{d}x$ 的敛散性.

解:当 $q=1$ 时,

$$\int_0^1 \frac{1}{x^q}\mathrm{d}x=\int_0^1 \frac{1}{x}\mathrm{d}x=\Big[\ln x\Big]_0^1=+\infty;$$

当 $q\neq 1$ 时,

$$\int_0^1 \frac{1}{x^q}\mathrm{d}x=\Big[\frac{x^{1-q}}{1-q}\Big]_0^1=\begin{cases}+\infty,q>1\\[2mm]\dfrac{1}{1-q},q<1\end{cases},$$

所以

当 $q<1$ 时,广义积分 $\int_0^1 \dfrac{1}{x^q}\mathrm{d}x$ 收敛,其值为 $\dfrac{1}{1-q}$;

当 $q\geqslant 1$ 时,广义积分 $\int_0^1 \dfrac{1}{x^q}\mathrm{d}x$ 发散.

例 5.5.4　计算 $\int_0^1 \dfrac{\arcsin\sqrt{x}}{\sqrt{x(1-x)}}\mathrm{d}x$.

解:被积函数有两个可疑瑕点分别为

$$x = 0 \text{ 和 } x = 1.$$

由于

$$\lim_{x \to 0^+} \frac{\arcsin \sqrt{x}}{\sqrt{x(1-x)}} = 1,$$

所以 $x = 1$ 为其唯一的瑕点,故

$$\int_0^1 \frac{\arcsin \sqrt{x}}{\sqrt{x(1-x)}} \mathrm{d}x = (\arcsin \sqrt{x}) \Big|_0^1 = \frac{\pi^2}{4}.$$

5.6　用积分解问题的思路与方法

5.6.1　利用定积分定义求极限

用定积分定义求一类数列和的极限;其特征是"无限个无穷小"之"和",而将其化为定积分的关键是要根据所给条件建立适当和式及确定被积函数和积分区间.

例 5.6.1　求极限 $\lim\limits_{n \to \infty} \dfrac{1}{n} \left(\sin \dfrac{\pi}{n} + \sin \dfrac{2\pi}{n} + \cdots + \sin \dfrac{n-1}{n}\pi \right).$

解法 1： 原式 $= \lim\limits_{n \to \infty} \dfrac{1}{n} \sum\limits_{i=1}^{n} \sin \dfrac{i\pi}{n} = \int_0^1 \sin \pi x \, \mathrm{d}x = -\dfrac{1}{\pi} \cos \pi x \Big|_0^1 = \dfrac{2}{\pi}.$

解法 2： 原式 $= \dfrac{1}{\pi} \lim\limits_{n \to \infty} \dfrac{\pi}{n} \sum\limits_{i=1}^{n} \sin \dfrac{i\pi}{n} = \dfrac{1}{\pi} \int_0^n \sin x \, \mathrm{d}x = -\dfrac{1}{\pi} \cos x \Big|_0^\pi = \dfrac{2}{\pi}.$

注意:(1)从上面两种解法中可看到,当使用的和式不一样时,其所对应的积分区间也有所不同.在做此类题目时要仔细分析,区别清楚.

(2)也可反过来做,将 $[0,1]$ 区间 n 等分,则由定积分定义:

$$\int_0^1 \sin \pi x \, \mathrm{d}x = \lim_{n \to \infty} \frac{1}{n} \sum_{i=1}^{n} \sin \frac{i\pi}{n}.$$

5.6.2　做单项选择题的方法

选择题从难度上讲比其他类型题目的难度低,但其知识覆盖面广,要求解题熟练、准确、灵活、快速.单项选择题的特点是有且只有一个答案是正确

的.因此可充分利用题目提供的信息,排除迷惑项的干扰,正确、合理、迅速地从中选出正确项.选择题中的错误项具有两重性,既有干扰的一面,也有可利用的一面,只有通过认真的观察、分析和思考,才能揭露其潜在的暗示作用,从而从反面提供信息,迅速做出判断.

解选择题常见的方法有直接解答法、逻辑排除法、数形结合法、赋值验证法、估计判断法等,方法很多,因人因题而异.要学会灵活运用所学知识及一定的方法技巧,分门别类,以尽快找出答案.

例 5.6.2　设 $I_1 = \int_{\frac{\pi}{4}}^{\frac{\pi}{3}} \ln(\sin x)\mathrm{d}x$, $I_2 = \int_{\frac{\pi}{4}}^{\frac{\pi}{3}} \ln(\cos x)\mathrm{d}x$,则有(　　).

A. $I_2 < I_1 < 0$ 　　　　　　B. $I_1 < I_2 < 0$

C. $0 < I_1 < I_2$ 　　　　　　D. $0 < I_2 < I_1$

解:因为当 $\frac{\pi}{4} < x \leqslant \frac{\pi}{3}$ 时,有 $0 < \cos x < \sin x < 1$,故 $\ln(\cos x) < \ln(\sin x) < 0$,它们在对应区间上的积分值也有同样的排序,故选 A.

5.6.3　有关不等式的问题

利用定积分的性质证明定积分不等式命题时,常用的定积分性质有积分区间的可加性、比较性质、绝对值函数积分的不等式性质、估值性质等.遇到比较两个定积分的大小时,若积分区间相同,只需比较被积函数的大小即可;当积分上限大于积分下限时,被积函数较大的积分较大.

例 5.6.3　比较定积分 $\int_0^1 \ln(x + \sqrt{1+x^2})\mathrm{d}x$ 与 $\int_0^1 x\mathrm{d}x$ 的大小.

解:令 $f(x) = \ln(x + \sqrt{1+x^2}) - x$,因 $f'(x) = \dfrac{1}{\sqrt{1+x^2}} - 1 < 0$,故 $f(x)$ 单调减少.又因为 $f(x)$ 在区间 $[0,1]$ 上连续,且 $f(0) = 0$,因而当 $0 < x < 1$ 时,有 $f(x) < f(0) = 0$,即 $\ln(x + \sqrt{1+x^2}) < x$,则 $\int_0^1 \ln(x + \sqrt{1+x^2})\mathrm{d}x < \int_0^1 x\mathrm{d}x = \dfrac{1}{2}$.

例 5.6.4　设 $a > 0, f'(x)$ 在区间 $[0,a]$ 上连续.试证明

$$|f(0)| \leqslant \frac{1}{a}\int_0^a |f(x)|\mathrm{d}x + \int_0^a |f'(x)|\mathrm{d}x.$$

证明:由积分中值定理知, $\exists \xi \in [0,a]$,使 $\int_0^a |f(x)|\mathrm{d}x = a|f(\xi)|$.而 $f(\xi) - f(0) = \int_0^\xi f'(x)\mathrm{d}x$,即 $f(0) = f(\xi) - \int_0^\xi f'(x)\mathrm{d}x$,故

$$|f(0)| = \left| f(\xi) - \int_0^\xi f'(x)\mathrm{d}x \right| \leqslant |f(\xi)| + \left| \int_0^\xi f'(x)\mathrm{d}x \right|$$

$$\leqslant |f(\xi)| + \int_0^\xi |f'(x)|\mathrm{d}x \leqslant \frac{1}{a} \int_0^a |f(x)|\mathrm{d}x + \int_0^a |f'(x)|\mathrm{d}x.$$

注意:积分中值定理揭示了函数 $f(x)$ 在区间 $[a,b]$ 上的积分与函数 $f(x)$ 在 $[a,b]$ 上某点处的函数值的关系.利用这一关系可以构建一些等式或不等式,从而完成积分不等式命题的证明.

第6章 多元函数微分思想与解题方法

多元函数微分学在数学史上有着十分重要的意义,是高等数学的基础理论.多元函数微分学是为了解决微分学在多元函数中的问题,后来在多元函数、几何、物理等方面也被广泛应用,在这个过程中多元函数微分学得到了更多学者的关注与探讨,在数学史上占有重要的地位.

6.1 多元函数微分的思想方法

多元函数微分学的基本概念、理论和方法是一元函数微分学中相应的概念、理论和方法的推广与发展.多元函数导数研究了多元函数的变化率,多元函数微分讨论了多元函数的线性化问题.可以看到多元函数微分学与一元函数微分学在很多方面具有形式一致性,但是也会发现,一元函数微分学过渡到多元函数微分学时,也会有许多新情况、新问题.多元函数微分学中的很多实例表明:合理运用对称思想,可以将复杂问题简单化,从而达到事半功倍的效果.

对称思想应用于微积分等数学问题中,有的是形象的,有的则是抽象的观念和方法上的对称.对称的形和式从形式上看十分优美,在解数学题时,时常渗透对称的思想,这样有助于打开思路让很多起初看起来不易解决,难以下手的问题变得易如反掌.

对称通常是指图形或物体关于某个点、直线或平面而言,在大小、形状、排列上具有一一对应关系.自然界中很多事物都具有对称性,从基本粒子、分子的结构到晶体及蛋白质的空间点阵排列;从雪花、树叶的形状到动物躯体以至天体的外观,都呈现某种对称性.数学中的对称既有图形、数式的对称,也有概念、命题、法则或结构的对偶、对应等.在这里,仅就对称思想在多元函数微分学中的应用展开讨论.

设 $y = f(x_1, x_2, \cdots, x_n)$ 为 n 元函数,若变元 $x_i, x_j (i \neq j)$ 对换后函数式不变,则称此函数关于变元 $x_i, x_j (i \neq j)$ 是对称的.若将 $y = f(x_1, x_2, \cdots, x_n)$ 的任意两个变元对换后函数式不变,则称此函数关于变元 $x_1, x_2, \cdots, x_n$ 是对称的.

若 n 元函数 $y = f(x_1, x_2, \cdots, x_n)$ 在变换

$$\begin{bmatrix} x_1 & x_2 & x_3 & \cdots & x_{n-1} & x_n \\ \downarrow & \downarrow & \downarrow & \cdots & \downarrow & \downarrow \\ x_2 & x_3 & x_4 & \cdots & x_n & x_1 \end{bmatrix}$$

即用 x_2 代换 x_1,用 x_3 代换 x_2,$\cdots$,用 x_n 代换 x_{n-1},x_1 代换 x_n 下保持不变,则称此 n 元函数关于变元 $x_1, x_2, \cdots, x_n$ 是轮换对称的.

图形的对称性或轮换对称性是通过对应函数的对称性或轮换对称性来描述的.本书以三元函数为例说明对称函数及轮换对称函数的性质及其应用.

设 $F(x, y, z)$ 为三元可微对称函数,若 $\dfrac{\partial F}{\partial x} = f(x, y, z)$,则 $\dfrac{\partial F}{\partial y} = f(y, x, z)$,$\dfrac{\partial F}{\partial z} = f(z, y, x)$.

设 $F(x, y, z)$ 为三元可微轮换对称函数,若 $\dfrac{\partial F}{\partial x} = f(x, y, z)$,则 $\dfrac{\partial F}{\partial y} = f(y, z, x)$,$\dfrac{\partial F}{\partial z} = f(z, x, y)$.

例 6.1.1 设 $u = \ln(x^y y^z z^x), x > 0, y > 0, z > 0$,求 $\dfrac{\partial u}{\partial x}, \dfrac{\partial u}{\partial y}, \dfrac{\partial u}{\partial z}, \dfrac{\partial^2 u}{\partial x^2}$, $\dfrac{\partial^2 u}{\partial y^2}, \dfrac{\partial^2 u}{\partial z^2}$.

解: $u(x, y, z)$ 为三元轮换对称函数,$\dfrac{\partial u}{\partial x} = \dfrac{y}{x} + \ln z$,$\dfrac{\partial^2 u}{\partial x^2} = -\dfrac{y}{x^2}$,故由轮换对称性知

$$\frac{\partial u}{\partial y} = \frac{z}{y} + \ln x, \quad \frac{\partial^2 u}{\partial y^2} = -\frac{z}{y^2},$$

$$\frac{\partial u}{\partial z} = \frac{x}{z} + \ln y, \quad \frac{\partial^2 u}{\partial z^2} = -\frac{x}{z^2}.$$

6.2　多元函数的极限与连续性问题解法

6.2.1　多元函数的极限问题解法

定义 6.2.1　设二元函数 $f(P)=f(x,y)$ 的定义域为 D，$P_0(x_0,y_0)$ 是 D 的聚点.如果存常数 A，对于任意给定的正数 ε，总存在正数 δ，使得当点 $P(x,y)\in D\bigcap U(P_0,\delta)$ 时，都有

$$|f(P)-A|=|f(x,y)-A|<\varepsilon$$

成立,那么就称常数 A 为函数 $f(x,y)$ 当 $(x,y)\to(x_0,y_0)$ 时的极限,记作

$$\lim_{(x,y)\to(x_0,y_0)}f(x,y)=A \text{ 或 } f(x,y)\to A[(x,y)\to(x_0,y_0)].$$

也记作

$$\lim_{P\to P_0}f(P)=A \text{ 或 } f(P)\to A(P\to P_0).$$

定义 6.2.2　设 n 元函数 $u=f(P)$ 的定义域为 D，$P_0(x_1^0,x_2^0,\cdots,x_n^0)$ 是 D 的聚点.如果对任意给定的正数 ε，总存在正数 δ，使得当点 $P(x_1,x_2,\cdots,x_n)\in D\bigcap U(P_0,\delta)$ 时，即当

$$0<|P-P_0|=\sqrt{(x_1-x_1^0)^2+(x_2-x_2^0)^2+\cdots+(x_n-x_n^0)^2}<\delta$$

时,总有 $|f(P)-A|<\delta$ 成立,则称常数 A 为函数 $u=f(P)$ 当 $P\to P_0$ 时的极限.记作

$$\lim_{P\to P_0}f(P)=A \text{ 或 } f(P)\to A(P\to P_0).$$

多元函数的极限问题远比一元函数复杂,特别是求多元函数的多重极限问题更要当心.若求二元函数 $f(x,y)$ 在点 (x_0,y_0) 处的极限,则动点 $P(x,y)$ 可沿任意路线或方式趋于点 (x_0,y_0),因而在计算二元函数极限时,不能限制动点 $P(x,y)$ 趋于点 (x_0,y_0) 的方式.动点以任何方式趋于点 (x_0,y_0) 时,函数 $f(x,y)$ 的极限值都存在且相等,才能断定 $f(x,y)$ 在点 (x_0,y_0) 存在极限.

但是通常计算多元函数的极限问题时,多用到某些技巧.请看以下例题.

例 6.2.1　求:(1) $\lim\limits_{\substack{x\to+\infty\\y\to+\infty}}\left(\dfrac{xy}{x^2+y^2}\right)^x$;(2) $\lim\limits_{\substack{x\to0\\y\to0}}\dfrac{x^2y}{x^2+y^2}$.

解：（1）当 $x>0,y>0$ 时，$x^2+y^2\geqslant 2xy>0$.故有 $0<\dfrac{xy}{x^2+y^2}\leqslant\dfrac{1}{2}$，且

$$0\leqslant\left(\frac{xy}{x^2+y^2}\right)^x\leqslant\left(\frac{1}{2}\right)^x.$$

由 $\lim\limits_{x\to+\infty}\left(\dfrac{1}{2}\right)^x=0$，故 $\lim\limits_{\substack{x\to+\infty\\y\to+\infty}}\left(\dfrac{xy}{x^2+y^2}\right)^x=0$.

（2）仿上有 $\left|\dfrac{xy}{x^2+y^2}\right|<\dfrac{1}{2}$，又 $\lim\limits_{(x,y)\to(0,0)}x=0$，故 $\lim\limits_{\substack{x\to0\\y\to0}}\dfrac{x^2y}{x^2+y^2}=$

$\lim\limits_{x\to0}\left(x\cdot\dfrac{xy}{x^2+y^2}\right)=0$.

有些时候我们还可实施坐标变换，特别是通过极坐标变换：$x=r\cos\theta$，$y=r\sin\theta$，这常可以把求 $(x,y)\to(0,0)$ 的二元函数极限问题化为求 $\rho\to0$ 极限问题.

例 6.2.2 求：$(1)\lim\limits_{\substack{x\to0\\y\to0}}\dfrac{xy^2}{x^2+y^2+y^4}$；$(2)\lim\limits_{\substack{x\to0\\y\to0}}(x^2+y^2)^{x^2y^2}$.

解：（1）考虑极坐标变换 $x=r\cos\theta,y=r\sin\theta$，故这时 $(x,y)\to(0,0)$ 等

价于 $r\to0$，又 $\left|\dfrac{xy^2}{x^2+y^2+y^4}\right|=\left|\dfrac{r^3\cos\theta\sin^2\theta}{r^2+r^4\sin^4\theta}\right|=r\left|\dfrac{\cos\theta\sin^2\theta}{1+r^2\sin^4\theta}\right|\leqslant r$，故

$$\lim\limits_{\substack{x\to0\\y\to0}}\frac{xy^2}{x^2+y^2+y^4}=\lim\limits_{r\to0}r\left(\frac{\cos\theta\sin^2\theta}{1+r^4\sin^4\theta}\right)=0.$$

（2）仍用极坐标变换有

$$(x^2+y^2)^{x^2y^2}=\exp\left\{x^2y^2\ln(x^2+y^2)\right\}=\exp\left\{r^4\cos^2\theta\sin^2\theta\ln r^2\right\},$$

由 $\sin^2\theta\cos^2\theta$ 是有界量，又 $r\to0$ 时，$r^4\ln r^2\to0$，则

$$\lim\limits_{\substack{x\to0\\y\to0}}(x^2+y^2)^{x^2y^2}=\lim\limits_{r\to0}\exp\left\{r^4\cos^2\theta\sin^2\theta\ln r^2\right\}=\mathrm{e}^0=1.$$

注：（2）还可由下面方法求解：

$$0<\left|x^2y^2\ln(x^2+y^2)\right|\leqslant\frac{1}{2}(x^2+y^2)\ln(x^2+y^2),$$

令 $x^2+y^2=0$，则 $(x,y)\to(0,0)$ 时，$\rho\to0^+$，又 $\lim\limits_{\rho\to0^+}\rho\ln\rho=0$，亦可求得极限值.

6.2.2　多元函数连续性问题的解法

在多元函数极限的基础上，不难说明多元函数的连续性.

定义 6.2.3 设二元函数 $f(P)=f(x,y)$ 的定义域为 $D,P_0(x_0,y_0)$

为 D 的聚点,且 $P_0 \in D$.如果

$$\lim_{(x,y) \to (x_0,y_0)} f(x,y) = f(x_0,y_0),$$

那么称函数 $f(x,y)$ 在点 $P_0(x_0,y_0)$ 连续.

设函数 $f(x,y)$ 在 D 上有定义,D 内的每一点都是函数定义域的聚点.如果函数 $f(x,y)$ 在 D 上的每一点都连续,那么就称函数 $f(x,y)$ 在 D 上连续,或者称 $f(x,y)$ 是 D 上的连续函数.

以上关于二元函数的连续性概念,可相应地推广到 n 元函数 $u = f(P)$ 上去.

定义 6.2.4　设 n 元函数 $u = f(P)$ 的定义域为 D,$P_0 \in D$ 且 P_0 是 D 的聚点.如果

$$\lim_{P \to P_0} f(P) = f(P_0),$$

则称函数 $u = f(P)$ 在点 P_0 连续.如果函数 $u = f(P)$ 在 D 的每一点都连续,那么就称函数 $u = f(P)$ 在 D 上连续,或者称 $u = f(P)$ 是 D 上的连续函数.

类似于一元函数,容易证明,多元初等函数都是在其各自定义域上的连续函数.

定义 6.2.5　设函数 $f(x,y)$ 的定义域为 D,$P_0(x_0,y_0)$ 是 D 的聚点.如果函数 $f(x,y)$ 在点 $P_0(x_0,y_0)$ 不连续,那么称 $P_0(x_0,y_0)$ 为函数 $f(x,y)$ 的间断点.

同理,若 n 元函数 $u = f(P)$ 的定义域 D 的聚点 P_0 使得该函数在 P_0 不连续,则称 P_0 为该函数的间断点.

根据定义,若 n 元函数 $u = f(P)$ 的定义域 D 的聚点 P_0 是该函数的间断点,则必属于下列三种情形之一:

(1)$u = f(P)$ 在点 P_0 无定义;

(2)$u = f(P)$ 在点 P_0 有定义但极限 $\lim\limits_{P \to P_0} f(P)$ 不存在;

(3)$u = f(P)$ 在点 P_0 有定义且 $\lim\limits_{P \to P_0} f(P)$ 存在,但 $\lim\limits_{P \to P_0} f(P) \neq f(P_0)$.

定理 6.2.1　每一个多元初等函数在其定义域内连续,在定义域内的每个点连续.所谓定义区域是指包含在定义域内的区域或闭区域.

有界闭区域上的多元连续函数也具有与闭区间上一元连续函数类似的性质,可以总结为如下几个重要的定理.

定理 6.2.2 有界性定理　如果多元函数 $u = f(P)$ 在有界闭区域 D 上连续,则该函数在 D 上有界,即存在常数 $M > 0$ 使得对于任意 $P \in D$,都有 $|f(P)| \leqslant M$.

定理 6.2.3 最大值与最小值定理　如果多元函数 $u = f(P)$ 在有界闭

区域 D 上连续,则该函数在 D 上取得它的最大值和最小值,即存在 D 上的点 P_1 和 P_2 使得 $f(P_1)$ 和 $f(P_2)$ 分别为函数在 D 上的最大值和最小值.

定理 6.2.4 介值定理 如果多元函数 $u=f(P)$ 在有界闭区域 D 上连续,则该函数在 D 上必取得介于最大值 M 和最小值 m 之间的任何值,即对于任何 $c\in[m,M]$,存在 $P_0\in D$ 使得 $f(P_0)=c$.

例 6.2.3 设函数 $f(x,y)$ 在 $(0,0)$ 处连续,且极限 $I=\lim\limits_{x\to 0}\dfrac{f(x,y)}{x^2+y^2}$ 存在,试讨论函数 $f(x,y)$ 在 $(0,0)$ 处的可微性.

解: 由函数 $f(x,y)$ 在 $(0,0)$ 处连续及 I 为 $\dfrac{0}{0}$ 型极限知,$f(0,0)=\lim\limits_{\substack{x\to 0\\y\to 0}}f(x,y)=0$,而在 $(0,0)$ 处的偏导数为

$$f'_x(0,0)=\lim_{x\to 0}\frac{f(x,0)-f(0,0)}{x}=\lim_{x\to 0}\frac{f(x,0)}{x^2}\cdot x=0,$$

其中 $\lim\limits_{x\to 0}\dfrac{f(x,0)}{x^2}=\lim\limits_{\substack{x\to 0\\y=0}}\dfrac{f(x,y)}{x^2+y^2}=I$ 存在.同理 $f'_y(0,0)=0$.

下面考虑可微性.当 $x\to 0,y\to 0$ 时,有

$$\frac{\Delta f-[f'_x(0,0)x+f'_y(0,0)y]}{\rho}=\frac{f(x,y)-0}{x^2+y^2}\sqrt{x^2+y^2}\to 0,$$

故 $f(x,y)$ 在 $(0,0)$ 处可微.

注: 判断二元函数 $z=f(x,y)$ 在点 (x_0,y_0) 的可微性,通常是先求出偏导数 $f'_x(x_0,y_0)$,再判断极限,有

$$\lim_{\rho\to 0}\frac{\Delta z-[f'_x(x_0,y_0)\Delta x+f'_y(x_0,y_0)\Delta y]}{\rho},$$

其中 $\rho=\sqrt{(x-x_0)^2+(y-y_0)^2}$,该极限是否为零,从而得到函数在该点可微,或不可微.

例 6.2.4 设函数 $f(x,y)=|x-y|\varphi(x,y)$,$\varphi(x,y)$ 在点 $(0,0)$ 的某邻域 $\cup(0,0)$ 内连续,试讨论函数 $f(x,y)$ 在点 $(0,0)$ 处的偏导存在性及可微性.

解: $\dfrac{f(\Delta x,0)-f(0,0)}{\Delta x}=\dfrac{|\Delta x|\varphi(\Delta x,0)}{\Delta x}\to\begin{cases}\varphi(0,0),\ \Delta x\to 0^+\\[6pt]-\varphi(0,0),\ \Delta x\to 0^-\end{cases},$

同理,

$$\frac{f(0,\Delta y)-f(0,0)}{\Delta y}\to\begin{cases}\varphi(0,0),\ \Delta y\to 0^+\\[6pt]-\varphi(0,0),\ \Delta y\to 0^-\end{cases},$$

因此,当 $\varphi(0,0)\neq 0$ 时,$f(x,y)$ 在 $(0,0)$ 处的偏导数不存在,从而不可微.

当 $\varphi(0,0)=0$ 时，$f_x'(0,0)=f_y'(0,0)=0$.

$$\left|\frac{\Delta f-[f_x'(0,0)\Delta x+f_y'(0,0)\Delta y]}{\sqrt{(\Delta x)^2+(\Delta y)^2}}\right|$$

$$=\frac{|f(\Delta x,\Delta y)-f(0,0)|}{\sqrt{(\Delta x)^2+(\Delta y)^2}}$$

$$\leqslant\frac{|\Delta x|+|\Delta y|}{\sqrt{(\Delta x)^2+(\Delta y)^2}}|\varphi(\Delta x,\Delta y)|\leqslant 2|\varphi(\Delta x,\Delta y)|\rightarrow 0$$

$(x\rightarrow 0,y\rightarrow 0$ 时$)$.

故当 $\varphi(0,0)=0$ 时，$f(x,y)$ 在 $(0,0)$ 处可微.

6.3　多元函数的偏导数问题解法

下面以二元函数 $z=f(x,y)$ 为例给出偏导数的概念.

定义 6.3.1　设二元函数 $z=f(x,y)$ 在点 (x_0,y_0) 的某一邻域内有定义，固定 $y=y_0$，将 $f(x,y_0)$ 看作 x 的一元函数，并在 x_0 求导数，即求极限

$$\lim_{\Delta x\rightarrow 0}\frac{f(x_0+\Delta x,y_0)-f(x_0,y_0)}{\Delta x},$$

如果这个导数存在，则称其为二元函数 $z=f(x,y)$ 在点 (x_0,y_0) 关于变元 x 的偏导数，记为

$$\frac{\partial z}{\partial x}\bigg|_{(x_0,y_0)}\text{ 或 }\frac{\partial f}{\partial x}\bigg|_{\substack{x=x_0\\y=y_0}}\text{ 或 }f_x'(x_0,y_0).$$

同理，如果固定 $x=x_0$，极限

$$\lim_{\Delta y\rightarrow 0}\frac{f(x_0,y_0+\Delta y)-f(x_0,y_0)}{\Delta y}$$

存在，则称此极限为函数 $f(x,y)$ 在 (x_0,y_0) 处关于 y 的偏导数，记为

$$\frac{\partial f(x_0,y_0)}{\partial y}\text{ 或 }\frac{\partial f}{\partial y}\bigg|_{\substack{x=x_0\\y=y_0}}\text{ 或 }f_y'(x_0,y_0).$$

如果 $z=f(x,y)$ 在定义区域 D 内每一点 (x,y) 都具有对 x 或 y 的偏导数，显然此偏导数是变量 x,y 的二元函数，称此二元函数为函数 $f(x,y)$ 在 D 内对 x 或 y 的偏导函数，简称偏导数，记为

$$\frac{\partial f}{x},z_x,f_x(x,y),f_x'(x,y);\frac{\partial f}{y},z_y,f_y(x,y),f_y'(x,y).$$

由偏导数的定义可知，求函数 $f(x,y)$ 的偏导数 $f_x'(x,y)$，就是在函数

$f(x,y)$ 中视 y 为常数,只对 x 求导,即 $f_x(x,y) = \dfrac{\mathrm{d}f(x,y)}{\mathrm{d}x}\Big|_{y\text{不变}}$;同理,

$f_y(x,y) = \dfrac{\mathrm{d}f(x,y)}{\mathrm{d}y}\Big|_{x\text{不变}}$.由此可知,求偏导数实际上是一元函数求导问题.

显然,函数 $f(x,y)$ 在 (x_0,y_0) 处的偏导数 $f_x(x_0,y_0)$ 与 $f_y(x_0,y_0)$ 为

$$f_x(x_0,y_0) = f_x(x,y)\Big|_{(x_0,y_0)} = f_x(x,y_0)\Big|_{x=x_0},$$
$$f_y(x_0,y_0) = f_y(x,y)\Big|_{(x_0,y_0)} = f_y(x,y_0)\Big|_{y=y_0}.$$

偏导数的概念还可推广到二元以上的函数.例如,三元函数 $u=f(x,y,z)$ 在点 (x,y,z) 处对 x 的偏导数定义为

$$f_x(x,y,z) = \lim_{\Delta x \to 0} \frac{f(x_0+\Delta x,y,z) - f(x,y,z)}{\Delta x},$$

其中,(x,y,z) 是函数 $u=f(x,y,z)$ 的定义域的内点.它们的求法仍旧是一元函数的微分法问题.

定理 6.3.1 如果函数 $z=f(x,y)$ 的二阶混合偏导数 $\dfrac{\partial^2 z}{\partial x \partial y}$ 与 $\dfrac{\partial^2 z}{\partial y \partial x}$ 在定义区域 D 内连续,则它们在 D 内必相等,即

$$\frac{\partial^2 z}{\partial x \partial y} = \frac{\partial^2 z}{\partial y \partial x}.$$

6.3.1 复合函数的偏导数计算法

对一些具体函数的偏导数计算,只需根据公式按部就班考虑即可.但是这里提醒大家注意下面三点:

(1)弄清函数的复合关系;

(2)对某个自变量求偏导,注意应经过一切有关的中间变量而归结到相应的自变量;

(3)计算复合函数的高阶偏导数,要注意对一阶偏导数来说仍保持原来的复合关系.

例 6.3.1 已知 $F=f(x-y,y-z,t-z)$,求 $F_x' + F_y' + F_z' + F_t'$.

解:令 $u=x-y,v=y-z,w=t-z$,则 $F_x'=f_u',F_y'=-f_u'+f_v',$
$F_z'=-f_v'-f_w',F_t'=f_w'$,故 $F_x' + F_y' + F_z' + F_t' = 0$.

例 6.3.2 设 $x^2=vw,y^2=wu,z^2=uv$ 及 $f(x,y,z)=F(u,v,w)$.试证 $xf_x' + yf_y' + zf_z' = uF_u' + vF_v' + wF_w'$.

证明:由题设 $x^2=vw,y^2=wu,z^2=uv$,可有

$$u = \frac{yz}{x}, v = \frac{xz}{y}, w = \frac{xy}{z} \qquad (6-3-1)$$

或

$$u = -\frac{yz}{x}, v = -\frac{xz}{y}, w = -\frac{xy}{z}. \qquad (6-3-2)$$

对 f 求偏导且注意式 $(6-3-1)$ 有

$$xf'_x + yf'_y + zf'_z$$
$$= x(F'_u u'_x + F'_v v'_x + F'_w w'_x) + y(F'_u u'_y + F'_v v'_y + F'_w w'_y)$$
$$+ z(F'_u u'_z + F'_v v'_z + F'_w w'_z)$$
$$= \left[x\left(-\frac{yz}{x^2}\right) + y\frac{z}{x} + z\frac{y}{x} \right]F'_u + \left[x\frac{z}{y} + y\left(-\frac{xz}{y^2}\right) + z\frac{x}{y} \right]F'_v$$
$$+ \left[x\frac{y}{z} + y\frac{x}{z} + z\left(-\frac{xy}{z^2}\right) \right]F'_w$$
$$= uF'_u + vF'_v + wF'_w.$$

类似地,对于依据式 $(6-3-2)$ 亦有此结论.

6.3.2　隐函数的偏导数计算法

(1)对所给函数方程两边求导

例 6.3.3　设 $z = z(x,y)$ 由关系式 $x^2 + y^2 + z^2 = xf\left(\frac{y}{x}\right)$ 定义,其中 $f(t)$ 可微,求 z'_x、z'_y.

解:将所给关系式两边对 x 求导,有 $2x + 2z \cdot \frac{\partial z}{\partial x} = f\left(\frac{y}{x}\right) + xf'\left(\frac{y}{x}\right) \cdot$

$\left(-\frac{y}{x^2}\right)$,故 $\frac{\partial z}{\partial x} = \frac{1}{2z}\left[f\left(\frac{y}{x}\right) - \frac{y}{x}f'\left(\frac{y}{x}\right) - 2x \right]$,类似地可求得 $\frac{\partial z}{\partial y} =$

$\frac{1}{2z}\left[f'\left(\frac{y}{x}\right) - 2y \right]$.

(2)先求出函数关系表达式再求导

有些函数可以求出其表达式,这样再求导就方便了.

例 6.3.4　设 $xu - yv = 0, yu + xv = 1$.求 u'_x, u'_y, v'_x, v'_y.

解:由题设有 $u = \frac{y}{x^2 + y^2}, v = \frac{x}{x^2 + y^2}$.故 $\frac{\partial u}{\partial x} = \frac{-2xy}{(x^2 + y^2)^2}, \frac{\partial u}{\partial y} =$

$\frac{x^2 - y^2}{(x^2 + y^2)^2}. \frac{\partial v}{\partial x} = \frac{y^2 - x^2}{(x^2 + y^2)^2}, \frac{\partial v}{\partial y} = \frac{-2xy}{(x^2 + y^2)^2}.$

（3）变换形式，转换成新函数，再两边求导

例 6.3.5 设二元函数 $g(u,v)$ 可微，由 $z=g\left(\dfrac{x}{z},\dfrac{y}{z}\right)$ 确定函数 $z=f(x,y)$，求 z'_x、z'_y.

解： 令 $F(x,y,z)=g\left(\dfrac{x}{z},\dfrac{y}{z}\right)-z$，$u=\dfrac{x}{z}$，$v=\dfrac{y}{z}$，则有 $F'_x=g'_u \cdot u'_x+$

$g'_v \cdot v'_x=\dfrac{g'_u}{z}$，$F'_y=g'_u \cdot u'_y+g'_v \cdot v'_y=\dfrac{g'_v}{z}$，以及 $F'_z=g'_u \cdot u'_z+g'_v \cdot v'_z-z'_z=$

$-\dfrac{xg'_u+yg'_v}{z^2}-1$，从而

$$\frac{\partial z}{\partial x}=\frac{\dfrac{g'_u}{z}}{\dfrac{xg'_u}{z^2}+\dfrac{yg'_v}{z^2}+1},\frac{\partial z}{\partial y}=\frac{\dfrac{g'_v}{z}}{\dfrac{xg'_u}{z^2}+\dfrac{yg'_v}{z^2}+1}.$$

即 $\dfrac{\partial z}{\partial x}=\dfrac{zg'_u}{xg'_u+yg'_v+z^2}$，$\dfrac{\partial z}{\partial y}=\dfrac{zg'_v}{xg'_u+yg'_v+z^2}$.

（4）对关系两边求导后，化为方程组问题

例 6.3.6 已知函数 $u=u(x,y)$ 和 $v=v(x,y)$ 由 $\begin{cases}x=\operatorname{ch}u\cos v\\y=\operatorname{sh}u\sin v\end{cases}$ 确定，求 u'_x，v'_x.

解： 将原方程组两边对 x 求导有 $\begin{cases}\operatorname{sh}u\cos v \cdot u'_x-\operatorname{ch}u\sin v \cdot v'_x=1\\ \operatorname{ch}u\sin v \cdot u'_x+\operatorname{sh}u\cos v \cdot v'_x=0\end{cases}$，故

$u'_x=\dfrac{\partial u}{\partial x}=\dfrac{\operatorname{sh}u\cos v}{\operatorname{sh}^2u\cos^2v+\operatorname{ch}^2u\sin^2v}$，$v'_x=\dfrac{\partial v}{\partial x}=\dfrac{-\operatorname{ch}u\sin v}{\operatorname{sh}^2u\cos^2v+\operatorname{ch}^2u\sin^2v}$.

6.3.3 复合隐函数的求导法

人们较多地遇到的求偏导问题是关于复合隐函数的，即这里既涉及隐函数，又有函数复合，它们的求导方法可将上述两种函数求导方法兼容即可.

例 6.3.7 设 $u=\dfrac{x+y}{y+z}$，其中 z 是由方程 $z\mathrm{e}^z=x\mathrm{e}^x+y\mathrm{e}^y$ 所定义的函数，求 u'_x.

解： $\dfrac{\partial u}{\partial x}=\dfrac{1}{y+z}\left(1+\dfrac{\partial z}{\partial x}\right)+\dfrac{x+z}{(y+z)^2}\left(-\dfrac{\partial z}{\partial x}\right)=\dfrac{1}{y+z}+\dfrac{y-x}{(y+z)^2}\dfrac{\partial z}{\partial x}$，

再将 $ze^z=xe^x+ye^y$ 两边对 x 求导有 $z_x' \cdot e^z+ze^z \cdot z_x'=e^x+xe^x$，故 $z_x'=\dfrac{e^x(x+1)}{e^y(z+1)}$，代入 u_x' 可有 $\dfrac{\partial u}{\partial x}=\dfrac{1}{y+z}+\dfrac{e^x(x+1)(y-x)}{e^y(z+1)(y+z)^2}$.

显然，前面用了复合函数求导法，后面用了隐函数求导法.

例 6.3.8　已知 $F(x,x+y,x+y+z)=0$，其中 F 偏导数连续，求 z_x'.

解：将 z 视为 $z(x,y)$，且将题设等式两边对 x 求导得 $F_1'+F_2'+F_3' \cdot (1+z_x')=0$，这里 F_1',F_2',F_3' 系 F 分别对 $x,x+y,x+y+z$ 求导.故 $z_x'=-\dfrac{F_1'+F_2'+F_3'}{F_3'}$.

例 6.3.9　设 $f(x,y,z)=xy^2z^3$，而满足方程 $F(x,y,z)=x^2+y^2+z^2-3xyz=0$，求 f_x'.

解：视 y 为 x,z 的函数且满足方程，则 $\dfrac{\partial y}{\partial x}=-\dfrac{F_x'}{F_y'}=-\dfrac{2x-3yz}{2y-3xz}$，从而

$$\frac{\partial f}{\partial x}=y^2z^3+2xyz^3\,\frac{\partial y}{\partial x}=\frac{yz^3(2y^2+3xyz-4x^2)}{2y-3xz}.$$

注：同样地可以视 z 为 x,y 的函数，亦可仿上方法求解.

例 6.3.10　设 $ur\cos\theta=1, v=\tan\theta$，且 $F(r,\theta)=G(u,v)$.试证 $rF_r'=-uG_u'$，且 $F_\theta'=uvG_u'+(1+v^2)G_v'$.

证明：由 $F_r'=G_u'u_r'+G_v'v_r'$，而 $u_r'=-\dfrac{1}{r^2\cos\theta}=-\dfrac{u}{r}$，又 $v_r'=0$；故 $rF_r'=rG_u'\left(-\dfrac{u}{r}\right)=-uG_u'$.而 $F_\theta'=G_v'v_\theta'+G_u'u_\theta'$，又 $v_\theta'=\sec^2\theta=1+\tan^2\theta=1+v^2$，$u'=\dfrac{\sin\theta}{r\cos^2\theta}=uv$，故 $F_\theta'=(1+v^2)G_v'+uvG_u'$.

6.3.4　偏导数与坐标变换问题算法

某些含有偏导数的函数式（或方程）实施坐标变换后，常可使其化简.

例 6.3.11　将方程 $x\dfrac{\partial u}{\partial y}-y\dfrac{\partial u}{\partial x}=0$ 化为极坐标形式.

解：令 $r=\sqrt{x^2+y^2}, \varphi=\tan^{-1}\left(\dfrac{y}{x}\right)$，由 $\dfrac{\partial r}{\partial x}=\dfrac{x}{r}, \dfrac{\partial r}{\partial y}=\dfrac{y}{r}; \dfrac{\partial \varphi}{\partial x}=-\dfrac{y}{r^2}$，

$\dfrac{\partial \varphi}{\partial y}=\dfrac{x}{r^2}$，故 $\dfrac{\partial u}{\partial x}=\dfrac{x}{r}\dfrac{\partial u}{\partial r}-\dfrac{y}{r^2}\dfrac{\partial u}{\partial \varphi}, \dfrac{\partial u}{\partial y}=\dfrac{y}{r}\dfrac{\partial u}{\partial r}+\dfrac{x}{r^2}\dfrac{\partial u}{\partial \varphi}$.代入题设方程得 $u_\varphi'=0$.

例 6.3.12　用 $x=r\cos\theta, y=r\sin\theta$ 变换 $w=\left(\dfrac{\partial u}{\partial x}\right)^2+\left(\dfrac{\partial u}{\partial y}\right)^2$，使式中

w 的自变量由 (x,y) 变为 (r,θ).

解：设 $u=u(x,y)$，其中 $x=r\cos\theta, y=r\sin\theta$，则

$$\frac{\partial u}{\partial r}=\frac{\partial u}{\partial x}\frac{\partial x}{\partial r}+\frac{\partial u}{\partial y}\frac{\partial y}{\partial r}=\frac{\partial u}{\partial x}\cos\theta+\frac{\partial u}{\partial y}\sin\theta, \qquad (6-3-3)$$

$$\frac{\partial u}{\partial \theta}=\frac{\partial u}{\partial x}\frac{\partial x}{\partial \theta}+\frac{\partial u}{\partial y}\frac{\partial y}{\partial \theta}=r\frac{\partial u}{\partial x}(-\sin\theta)+r\frac{\partial u}{\partial y}\cos\theta,$$

即

$$\frac{1}{r}\frac{\partial u}{\partial \theta}=-\frac{\partial u}{\partial x}\sin\varphi+\frac{\partial u}{\partial y}\cos\theta, \qquad (6-3-4)$$

$[\text{式}(6-3-3)]^2+[\text{式}(6-3-4)]^2 : w=\left(\frac{\partial u}{\partial x}\right)^2+\left(\frac{\partial u}{\partial y}\right)^2=\left(\frac{\partial u}{\partial r}\right)^2+\frac{1}{r^2}\left(\frac{\partial u}{\partial \theta}\right)^2.$

6.3.5　全导数与全微分问题算法

先来看复合函数全导数的算法，只需按照前面的法则计算即可.

例 6.3.13　设 $w=F(x,y,z)$，又 $z=f(x,y), y=\varphi(x)$，求 $\dfrac{\mathrm{d}w}{\mathrm{d}x}$.

解：
$$\frac{\mathrm{d}w}{\mathrm{d}x}=\frac{\partial F}{\partial x}+\frac{\partial F}{\partial y}\frac{\mathrm{d}y}{\mathrm{d}x}+\frac{\partial F}{\partial z}\frac{\mathrm{d}z}{\mathrm{d}x}$$

$$=\frac{\partial F}{\partial x}+\frac{\partial F}{\partial y}\varphi'(x)+\frac{\partial F}{\partial z}\frac{\partial f}{\partial x}+\frac{\partial F}{\partial z}\frac{\partial f}{\partial y}\varphi'(x).$$

隐函数（包括复合隐函数）求导法则灵活，这往往视题设条件的可行性.

例 6.3.14　设 $f(x,y)=\begin{cases}\dfrac{xy}{\sqrt{x^2+y^2}}, & (x,y)\neq(0,0)\\ 0, & (x,y)=(0,0)\end{cases}$，求 $f(x,y)$ 在

$(0,0)$ 点处沿 $l=i+j$ 的方向导数.

解：在直角坐标系，沿 $l=i+j$ 的方向导数即在极坐标系沿 $\theta=\dfrac{\pi}{4}$ 的方向导数，故

$$\frac{\partial f}{\partial l}\bigg|_{\substack{(0,0)\\ \theta=\frac{\pi}{4}\\ \rho\to 0}}=\lim\frac{f(x,y)-f(0,0)}{\rho}=\lim_{\substack{x\to 0\\ y\to 0}}\frac{xy/\sqrt{x^2+y^2}-0}{\sqrt{x^2+y^2}}$$

$$=\lim_{\theta=\frac{\pi}{4}}\frac{\rho^2\cos\theta\sin\theta}{\rho^2}=\frac{1}{2}.$$

下面的例子还与曲线切线有关.

例 6.3.15　求函数 $u = y\sqrt{x^2+y^2+z^2}$ 在点 $M(1,2,-2)$ 处沿曲线 $x=t, y=2t^2, z=-2t^4$, 在这点切线方向的方向导数.

解：点 $M(1,2,-2)$ 对于曲线方程中参数 $t=1$,

$$\frac{\mathrm{d}x}{\mathrm{d}t}\bigg|_{t=1}=1, \frac{\mathrm{d}y}{\mathrm{d}t}\bigg|_{t=1}=4, \frac{\mathrm{d}z}{\mathrm{d}t}\bigg|_{t=1}=-8,$$

故曲线在点 M 处切线 l 的方向余弦为 $\{\cos\alpha, \cos\beta, \cos\gamma\} = \left\{\dfrac{1}{9}, \dfrac{4}{9}, -\dfrac{8}{9}\right\}$,
并注意到

$$\frac{\partial u}{\partial x}\bigg|_M = -\frac{xy}{(x^2+y^2+z^2)^{\frac{3}{2}}}\bigg|_M = -\frac{2}{27}, \frac{\partial u}{\partial y}\bigg|_M = \frac{x^2+y^2}{(x^2+y^2+z^2)^{\frac{3}{2}}}\bigg|_M = \frac{5}{27},$$

$$\frac{\partial u}{\partial z}\bigg|_M = -\frac{yz}{(x^2+y^2+z^2)^{\frac{3}{2}}}\bigg|_M = \frac{4}{27},$$

综上 $\dfrac{\partial u}{\partial l}\bigg|_M = \dfrac{\partial u}{\partial x}\bigg|_M \cos\alpha + \dfrac{\partial u}{\partial y}\bigg|_M \cos\beta + \dfrac{\partial u}{\partial z}\bigg|_M \cos\gamma = -\dfrac{2}{27}\cdot\dfrac{1}{9} + \dfrac{5}{27}\cdot\dfrac{4}{9} +$

$\dfrac{4}{27}\left(-\dfrac{8}{9}\right) = -\dfrac{14}{243}.$

6.3.6　高阶偏导数问题解法

多元函数的高阶偏导数计算是在计算其一阶偏导数的基础上进行的. 它的算法大抵有下面几种.

6.3.6.1　按偏导数定义求高阶偏导数

这类问题多是讨论某些特殊点处的偏导数时才考虑,这些特殊点多系分段函数的分界点.

例 6.3.16　设 $f(x,y) = \begin{cases} x^2\tan^{-1}\dfrac{x}{y} - y^2\tan^{-1}\dfrac{x}{y}, & xy \neq 0 \\ 0, & xy = 0 \end{cases}$, 求 f''_{xy}.

解：当 $xy \neq 0$ 时, $f'_x = 2x\tan^{-1}\dfrac{y}{x} - y$;

当 $x=y=0$ 时, $f'_x = \lim\limits_{\Delta x\to 0}\dfrac{f(0+\Delta x, 0) - f(0,0)}{\Delta x} = 0$;

当 $x=0, y\neq 0$ 时, $f'_x = \lim\limits_{\Delta x\to 0}\dfrac{f(0+\Delta x, y) - f(0,y)}{\Delta x} = -y$;

当 $x\neq0,y=0$ 时, $f'_x=\lim\limits_{\Delta x\to0}\dfrac{f(0+\Delta x,0)-f(0,0)}{\Delta x}=0$;

综上, $f'_x=\begin{cases}2x\tan^{-1}\dfrac{y}{x}-y, & xy\neq0 \\ -y, & x=0,y\neq0 \\ 0, & x=0,y=0 \text{ 或 } x\neq0,y=0\end{cases}$.

当 $xy\neq0$ 时, $f''_{xy}=(f'_x)'_y=\dfrac{x^2-y^2}{x^2+y^2}$,

当 $x=0,y=0$ 时, $f''_{xy}=\lim\limits_{\Delta y\to0}\dfrac{f_x(0,0+\Delta y)-f_x(0,0)}{\Delta y}=-1$;当 $x=0,y\neq0$ 时,仿上有 $f''_{xy}=-1$;当 $x\neq0,y=0$ 时 $f''_{xy}=1$.

综上, $f''_{xy}=\begin{cases}\dfrac{x^2-y^2}{x^2+y^2}, & xy\neq0 \\ -1, & x=0 \\ 1, & x\neq0,y=0\end{cases}$,类似地可有: $f''_{xy}=\begin{cases}\dfrac{x^2-y^2}{x^2+y^2}, & xy\neq0 \\ 1, & y=0 \\ -1, & y\neq0,x=0\end{cases}$.

6.3.6.2 复合函数高阶偏导数解法

复合函数高阶偏导数求法如前所说,关键是注意复合关系.

例 6.3.17 若 $f''(t)$ 连续, $z=\dfrac{1}{x}f(xy)+yf(x+y)$,求 z''_{xy}.

解:设有 $\dfrac{\partial z}{\partial x}=\dfrac{1}{x}f'(xy)\cdot y-\dfrac{1}{x^2}f(xy)+yf'(x+y)$,且 $\dfrac{\partial^2z}{\partial x\partial y}=$

$\dfrac{\partial}{\partial y}\left(\dfrac{\partial z}{\partial x}\right)=yf''(xy)+f'(x+y)+yf''(x+y)$.

例 6.3.18 (1) $z=xf\left(\dfrac{y}{x}\right)+g\left(\dfrac{y}{x}\right)$;(2) $z=f\left(x,\dfrac{y}{x}\right)$.求 $\dfrac{\partial^2z}{\partial^2 y}$,这里 f,g 二次可微.

解:(1)由 $\dfrac{\partial z}{\partial y}=xf'\left(\dfrac{y}{x}\right)\cdot\dfrac{1}{x}+g'\left(\dfrac{y}{x}\right)\cdot\dfrac{1}{x}=f'\left(\dfrac{y}{x}\right)+\dfrac{1}{x}g'\left(\dfrac{y}{x}\right)$,则

$$\dfrac{\partial^2z}{\partial^2 y}=\dfrac{1}{x}f''\left(\dfrac{y}{x}\right)+\dfrac{1}{x^2}g''\left(\dfrac{y}{x}\right).$$

(2)由题设有 $\dfrac{\partial z}{\partial y}=f'_2\left(x,\dfrac{x}{y}\right)\cdot\left(-\dfrac{x}{y^2}\right)=-\dfrac{x}{y^2}f'_2\left(x,\dfrac{x}{y}\right)$,则

$$\dfrac{\partial^2z}{\partial^2 y}=\dfrac{2x}{y^3}f'_2\left(x,\dfrac{x}{y}\right)+\dfrac{x^2}{y^4}f'_{22}\left(x,\dfrac{x}{y}\right).$$

6.3.6.3　隐函数的高阶偏导数问题解法

隐函数的高阶偏导数问题与复合函数高阶偏导数问题解法一样:关键是先求其一阶偏导数.

例 6.3.19　若 $xyz=x+y+z$. 求 z''_{xx}, z''_{yy}.

解:由题设可有 $z=\dfrac{x+y}{xy-1}$,故 $\dfrac{\partial z}{\partial x}=\dfrac{(xy-1)-(x+y)y}{(xy-1)^2}=-\dfrac{1+y^2}{(xy-1)^2}$,且

$$\frac{\partial^2 z}{\partial x^2}=\frac{-(1+y^2)(-2)y}{(xy-1)^3}=\frac{2y(1+y^2)}{(xy-1)^3}.$$

由 x,y 的轮换对称性,有 $\dfrac{\partial z}{\partial y}=\dfrac{-(1+x^2)}{(xy-1)^2}$,$\dfrac{\partial^2 z}{\partial y^2}=\dfrac{2x(1+x^2)}{(xy-1)^3}$.

这里是先将 z 的表达式求出,再求出偏导,同时解题过程中还用了变元的轮换对称性,这在解多元函数偏导数或其他问题中经常使用.

例 6.3.20　求由 $\dfrac{x^2}{a^2}+\dfrac{y^2}{b^2}+\dfrac{z^2}{c^2}=1$ 确定的隐函数 z 的二阶导数 z''_{xx},z''_{yy} 和 z''_{xy}.

解:令 $F=\dfrac{x^2}{a^2}+\dfrac{y^2}{b^2}+\dfrac{z^2}{c^2}-1=0$,有 $F'_x=\dfrac{2x}{a^2}$,$F'_y=\dfrac{2y}{b^2}$,$F'_z=\dfrac{2z}{c^2}$,故 $\dfrac{\partial z}{\partial x}=$

$-\dfrac{F'_x}{F'_z}=-\dfrac{c^2 x}{a^2 z}$,则 $\dfrac{\partial^2 z}{\partial x^2}=-\dfrac{c^2}{a^2}\left(z-x\dfrac{\partial z}{\partial x}\right)/z^2=-\dfrac{c^2(a^2 z^2+c^2 x^2)}{a^4 z^3}$.

由对称性,可有 $\dfrac{\partial^2 z}{\partial y^2}=-\dfrac{c^2(b^2 z^2+c^2 y^2)}{b^4 z^3}$.

类似地有 $\dfrac{\partial^2 z}{\partial x \partial y}=-\dfrac{c^2}{a^2}\left(-x\dfrac{\partial z}{\partial y}\right)/z^2=-\dfrac{c^4 xy}{a^2 b^2 c^3}$.

例 6.3.21　设 $F(x,y,x-z,y^2-w)=0$,其中 F 有二阶连续偏导数,且 $F'_4\neq 0$. 求 w''_{yy}.

解:由题设方程两边对 y 求导有 $F'_2+F'_4(2y-w'_y)=0$,故

$$w'_y=2y+\frac{F'_2}{F'_4}\text{且 }\frac{\partial^2 w}{\partial y^2}=2+\left(F'_4\frac{\partial F'_2}{\partial y}-F'_2\frac{\partial F'_4}{\partial y}\right)/F'_4,\quad(6-3-5)$$

而

$$\frac{\partial F'_2}{\partial y}=F''_{22}+F''_{24}\left(2y-\frac{\partial w}{\partial y}\right)=F''_{22}-F''_{24}\frac{F'_2}{F'_4},$$

且

$$\frac{\partial F'_4}{\partial y}=F''_{42}+F''_{44}\left(2y-\frac{\partial w}{\partial y}\right)=F''_{42}-F''_{44}\frac{F'_2}{F'_4},$$

将以上两式代入式$(6-3-5)$,可有 $\dfrac{\partial^2 w}{\partial y^2}=2+\dfrac{1}{(F'_4)^3}\big[(F'_4)^2 F''_{22}-2F''_{24}F'_2 F'_4+$

$(F'_2)^2 F''_{44}\big]$.

6.3.6.4　高阶偏导数的坐标变换问题

高阶偏导数的坐标变换问题与多元函数的积分以及偏微分方程的求解问题等均有联系.前面我们已经看到,调和函数经过某些变换后仍为调和函数;某些非调和函数经过某种变换后亦可变为调和函数.

例 6.3.22　已知 $x^2\dfrac{\partial^2 y}{\partial x^2}+y^2\dfrac{\partial^2 u}{\partial y^2}+x\dfrac{\partial u}{\partial x}+y\dfrac{\partial u}{\partial y}=0$,试求变换 $x=e^s$,$y=e^t$ 后的方程.

解: 由 $x=e^s$,$y=e^t$,有 $s=\ln x$,$t=\ln y$.则

$$\frac{\partial u}{\partial x}=\frac{\partial u}{\partial s}\frac{\partial s}{\partial x}+\frac{\partial u}{\partial t}\frac{\partial t}{\partial x}=\frac{1}{x}\frac{\partial u}{\partial s},\frac{\partial u}{\partial y}=\frac{1}{y}\frac{\partial u}{\partial t}.$$

且

$$\frac{\partial^2 u}{\partial x^2}=\frac{\partial}{\partial x}\left(\frac{1}{x}\frac{\partial u}{\partial s}\right)=-\frac{1}{x^2}\frac{\partial u}{\partial s}+\frac{1}{x^2}\frac{\partial^2 u}{\partial s^2}.$$

同理 $\dfrac{\partial^2 u}{\partial v^2}=-\dfrac{1}{y^2}\dfrac{\partial u}{\partial t}+\dfrac{1}{y^2}\dfrac{\partial^2 u}{\partial t^2}$,代入原方程,化简得 $\dfrac{\partial^2 u}{\partial s^2}+\dfrac{\partial^2 u}{\partial^2 t}=0$.

6.3.6.5　高阶全导数和全微分问题

例 6.3.23　设 $y=y(x)$ 是由方程 $F(x,y)=0$ 决定的隐函数,求 $\dfrac{d^2 y}{dx^2}$.

解: 由隐函数全导数公式及 $F(x,y)=0$,有 $\dfrac{dy}{dx}=-\dfrac{F'_x}{F'_y}$,且

$$\frac{d^2 y}{dx^2}=-\frac{(F''_{xx}+F''_{xy}y'_x)F'_y-F'_x(F''_{yx}+F''_{yy}y'_x)}{(F'_y)^2}$$

$$=-\frac{1}{(F'_y)^2}\left[F''_{xx}F'_y-F''_{xy}F'_x+(F''_{xy}F'_y-F''_{yy}F'_x)y'_x\right]$$

$$=-\frac{1}{(F'_y)^3}\left[F''_{xx}(F'_y)^2-2F''_{xy}F'_xF'_y+F''_{yy}(F'_x)^2\right].$$

例 6.3.24　设 $z=f(x,y)$ 为由方程 $x=e^{u+v}$,$y=e^{u-v}$,$z=uv$ 所定义的函数,求当 $u=0$,$v=0$ 时,$d^2 z$.

解: 由题设有 $u=\dfrac{1}{2}(\ln x+\ln y)$,$v=\dfrac{1}{2}(\ln x-\ln y)$.

故 $z=uv=\dfrac{1}{4}\ln x y\ln\dfrac{x}{y}$,则 $\dfrac{\partial z}{\partial x}=\dfrac{\ln x}{2x}$,$\dfrac{\partial z}{\partial y}=-\dfrac{\ln y}{2y}$,且有

$$\frac{\partial^2 z}{\partial x^2}=\frac{1-\ln x}{2x^2},\frac{\partial^2 z}{\partial y^2}=\frac{\ln y-1}{2y^2},\frac{\partial z}{\partial x \partial y}=\frac{\partial z}{\partial y \partial x}=0,$$

故当 $u=0,v=0$ 即 $x=1,y=1$ 时，$\mathrm{d}^2 z=\frac{1}{2}(\mathrm{d}x^2-\mathrm{d}y^2)$.

6.4　多元函数的极值、最值问题解法

在实际问题中,我们会遇到大量求多元函数的最大值、最小值的问题.与一元函数的情形类似,多元函数的最大值、最小值与极大值、极小值有着密切的联系.

6.4.1　多元函数的极值问题解法

定义 6.4.1　设函数 $z=f(x,y)$ 在点 (x_0,y_0) 的某邻域内有定义,对于该邻域内任何异于 (x_0,y_0) 的点 (x,y) 恒有不等式,如果
$$f(x,y)<f(x_0,y_0),$$
则称函数 $f(x,y)$ 在点 (x_0,y_0) 取得极大值,如图 6-1 所示.

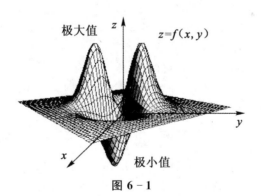

图 6-1

定理 6.4.1 极值存在的必要条件　设函数 $z=f(x,y)$ 在点 (x_0,y_0) 的两个偏导数存在,若 (x_0,y_0) 是 $f(x,y)$ 的极值点,则
$$f_x(x_0,y_0)=0,f_y(x_0,y_0)=0.$$
定理 6.4.2 极值存在的充分条件　设函数 $z=f(x,y)$ 在点 (x_0,y_0) 的某邻域内有一阶到二阶的连续偏导数,且 $f_x(x_0,y_0)=0,f_y(x_0,y_0)=0$.令
$$f_{xx}(x_0,y_0)=A,f_{xy}(x_0,y_0)=B,f_{yy}(x_0,y_0)=C.$$

（1）当 $AC-B^2>0$ 时，函数 $f(x,y)$ 在 (x_0,y_0) 处有极值，且当 $A>0$ 时有极小值 $f(x_0,y_0)$；当 $A<0$ 时有极大值 $f(x_0,y_0)$；

（2）当 $AC-B^2<0$ 时，函数 $f(x,y)$ 在 (x_0,y_0) 处没有极值；

（3）当 $AC-B^2=0$ 时，无法判定.

例 6.4.1 求函数 $f(x,y)=(y+\dfrac{1}{3}x^3)\mathrm{e}^{x+y}$.

解：令 $\begin{cases} f_x=(x^2+y+\dfrac{1}{3}x^3)\mathrm{e}^{x+y}=0 \\ f_y=(1+y+\dfrac{1}{3}x^3)\mathrm{e}^{x+y}=0 \end{cases}$，得 $x=-1,y=-\dfrac{2}{3}$，或 $x=1$，

$y=-\dfrac{4}{3}$.

在点 $x=-1,y=-\dfrac{2}{3}$ 处，$A=f_{xx}=-\mathrm{e}^{-\frac{3}{5}},B=f_{xy}=\mathrm{e}^{-\frac{3}{5}},C=f_{yy}=\mathrm{e}^{-\frac{3}{5}}$，

$\Delta=B^2-AC>0$，故 $\left(-1,-\dfrac{2}{3}\right)$ 不是 $f(x,y)$ 的极值点.

在点 $x=1,y=-\dfrac{4}{3}$ 处，$A=f_{xx}=3\mathrm{e}^{-\frac{1}{3}}>0,B=f_{xy}=\mathrm{e}^{-\frac{1}{3}},C=f_{yy}=\mathrm{e}^{-\frac{1}{3}}$，

$\Delta=B^2-AC=-2\mathrm{e}^{-\frac{2}{3}}<0$，故 $f(x,y)$ 在点 $\left(1,-\dfrac{4}{3}\right)$ 取得极小值 $f\left(1,-\dfrac{4}{3}\right)=$
$-\mathrm{e}^{-\frac{1}{3}}$.

例 6.4.2 求由方程 $2x^2+y^2+z^2+2xy-2x-2y-4z+4=0$ 所确定的函数 $z=z(x,y)$ 的极值.

解：方程两边分别对 x、y 求偏导，得

$$\begin{cases} 4x+2zz_x+2y-2-4z_x=0 \\ 2y+2zz_y+2x-2-4z_y=0 \end{cases} \begin{cases} z_x=\dfrac{2x+y-1}{2-z}=0 \\ z_y=\dfrac{x+y-1}{2-z}=0 \end{cases},$$

得驻点 $x=0,y=1$.代入原方程解得 $z_1=z_1(0,1)=1,z_2=z_2(0,1)=3$.又

$$z_{xx}=\dfrac{2(2-z)+(2x+y-1)z_x}{(2-z)^2},z_{xy}=\dfrac{2(2-z)+(2x+y-1)z_y}{(2-z)^2},$$

$$z_{yy}=\dfrac{(2-z)+(x+y-1)z_y}{(2-z)^2}$$

在点 $M_1(0,1,1)$ 处：

$$\Delta_1=B_1^2-A_1C_1=(z_{xy}^2-z_{xx}z_{yy})_{M_1}$$

$$=\left(\dfrac{1}{2-z_1}\right)^2-\dfrac{2}{2-z_1}\dfrac{1}{2-z_1}=-1<0.$$

又 $A_1 = z_{xx} \big|_{M_1} = \dfrac{2}{2-z_1} = 2 > 0$，故隐函数 $z_1(x,y)$ 取得极小值 $z_1(0,1)=1$.

在点 $M_2(0,1,3)$ 处：

$$\Delta_2 = (z_{xy}^2 - z_{xx}z_{yy})_{M_2} = \left(\dfrac{1}{2-z_2}\right)^2 - \dfrac{2}{2-z_2}\dfrac{1}{2-z_2} = -1 < 0.$$

又 $A_2 = z_{xx}\big|_{M_2} = \dfrac{2}{2-z_2} = -2 < 0$，故隐函数 $z_2(x,y)$ 取得极大值 $z_2(0,1)=3$.

例 6.4.3　求抛物线 $y=x^2$ 与直线 $x-y-2=0$ 之间的最短距离.

解：设 $M(x,y)$ 为抛物线上任一点，则目标函数为点 M 到直线的距离：$d = \dfrac{|x-y-2|}{\sqrt{2}}$，约束条件为 $y=x^2$.做拉格朗日函数

$$L(x,y,\lambda) = (x-y-2)^2 + \lambda(y-x^2),$$

解方程组

$$\begin{cases} L_x = 2(x-y-2) - 2\lambda x = 0 \\ L_y = -2(x-y-2) + \lambda = 0 \\ L_\lambda = y - x^2 = 0 \end{cases},$$

得唯一驻点 $x_0 = \dfrac{1}{2}$，$y_0 = \dfrac{1}{4}$.由问题知，抛物线与直线的最短距离 $d_{\min}$ 存在，故 $d_{\min} = d(x_0,y_0) = \dfrac{1}{\sqrt{2}}|x_0 - y_0 - 2| = \dfrac{7}{8}\sqrt{2}$.

例 6.4.4　抛物面 $z = x^2 + y^2$ 被平面 $x+y+z=1$ 截成一椭圆，求原点到这椭圆的最长与最短距离.

解：设 $M(x,y,z)$ 为椭圆上任一点，则原点到椭圆上这点的距离 $d = \sqrt{x^2+y^2+z^2}$，问题可转化为求函数 $g(x,y,z) = x^2+y^2+z^2$ 在条件 $x^2+y^2-z=0$，$x+y+z-1=0$ 之下的最大值、最小值.

用拉格朗日乘数法，令

$$F(x,y,z,\lambda,\mu) = x^2+y^2+z^2 + \lambda(x^2+y^2-z) + \mu(x+y+z-1),$$

由方程组 $\begin{cases} F_x = 2x + 2\lambda x + \mu = 0 \\ F_y = 2y + 2\lambda y + \mu = 0 \\ F_z = 2z - \lambda + \mu = 0 \\ F_\lambda = x^2 + y^2 - z = 0 \\ F_\mu = x + y + z - 1 = 0 \end{cases}$　的前两式，得 $x=y$，代入后两式得 $\begin{cases} z = 2x^2 \\ z = 1 - 2x \end{cases}$，

解得可能最值点：$x = y = \dfrac{-1 \pm \sqrt{3}}{2}$，$z = 2 \mp \sqrt{3}$. 即

$$M_1\left(\dfrac{-1+\sqrt{3}}{2}, \dfrac{-1+\sqrt{3}}{2}, 2-\sqrt{3}\right), M_2\left(\dfrac{-1-\sqrt{3}}{2}, \dfrac{-1-\sqrt{3}}{2}, 2+\sqrt{3}\right).$$

可求得 $g(M_1)=9-5\sqrt{3}$，$g(M_2)=9+5\sqrt{3}$．

由题意，原点到椭圆的最长距离与最短距离存在，且必在 M_1，M_2 处取得，因此，最长距离和最短距离分别为

$$d_{\max}=\sqrt{g(M_2)}=\sqrt{9+5\sqrt{3}}\ ,d_{\min}=\sqrt{g(M_1)}=\sqrt{9-5\sqrt{3}}\ .$$

6.4.2 多元函数的最值问题解法

与一元函数类似，我们可以利用函数的极值来求函数的最大值和最小值．如果函数 $f(x,y)$ 在有界闭区域 D 上连续，则 $f(x,y)$ 在 D 上必定取得最大值和最小值，且函数的最大值点和最小值点必在函数的极值点或边界点上，因此只需求出 $f(x,y)$ 在各驻点和不可导点的函数值以及在边界上的最大值和最小值，然后进行比较即可，可见二元函数的最值问题要比一元函数要复杂得多．

假设函数 $f(x,y)$ 在有界闭区域 D 上连续，偏导数存在且驻点只有有限个，则求二元函数的最值有以下步骤：

(1)求出 $f(x,y)$ 在 D 内的所有驻点处的函数值；

(2)求出 $f(x,y)$ 在 D 边界上的最值；

(3)将以上求得的函数值进行比较，最大的为最大值，最小的为最小值．

在实际问题中，如果根据问题的性质可以判断出函数 $f(x,y)$ 的最值一定在 D 的内部取得，而函数 $f(x,y)$ 在 D 内只有一个驻点，则可以肯定该驻点处的函数值就是函数 $f(x,y)$ 在 D 上的最值．

例 6.4.5 求函数 $z=x^2-y^2$ 在区域 $D=\left\{(x,y)\,|\,x^2+4y^2\leqslant4\right\}$ 上的最大值与最小值．

解： 在 D 内，由 $\begin{cases}z_x=2x=0\\z_y=-2y=0\end{cases}$，得驻点 $(0,0)$．在 D 边界上求最值，可转化为"求 $z=x^2-y^2$ 在约束条件 $x^2+4y^2-4=0$ 下的极值"．做函数 $L(x,y,\lambda)=x^2-y^2+\lambda(x^2+4y^2-4)$，由方程组

$$\begin{cases}L_x=2x+2\lambda x=0\\L_y=-2y+8\lambda y=0\\L_\lambda=x^2+4y^2-4=0\end{cases}\ ,$$

解得 $\lambda_1=-1$，$x_1=\pm2$，$y_1=0$ 和 $\lambda_2=\dfrac{1}{4}$，

$x_2=0$，$y_2=\pm1$．比较 $z(0,0)=0$，$z(\pm2,0)=4$，$z(0,\pm1)=-1$ 的值，可得最大值 $z_{\max}=4$，最小值 $z_{\min}=-1$．

例 6.4.6　设有一小山,取它的底面所在的平面为 xOy 坐标面,其底部所占的区域为 $D=\{(x,y)\mid x^2+y^2-xy\leqslant75\}$,小山的高度函数为 $h(x,y)=75-x^2-y^2+xy$.

(1)$M_0(x_0,y_0)$设为区域 D 上一点,问 $h(x,y)$ 在该点沿平面上什么方向的方向导数最大? 若记此方向导数的最大值为 $g(x_0,y_0)$,试写出 $g(x_0,y_0)$ 的表达式.

(2)现欲利用此小山开展攀岩活动,为此需要在山脚下寻找一上山坡度最大的点作为攀登的起点,也就是说,要在 D 的边界线 $x^2+y^2-xy=75$ 上找出使(1)中 $g(x,y)$ 达到最大值的点,试确定攀登起点的位置.

解:(1)因为函数在一点处其梯度方向的方向导数最大,且方向导数的最大值为函数在该点处的梯度的模.而 $\operatorname{grad}h(x_0,y_0)=(y_0-2x_0,x_0-2y_0)$,故
$$g(x_0,y_0)=\mid\operatorname{grad}h(x_0,y_0)\mid$$
$$=\sqrt{(y_0-2x_0)^2+(x_0-2y_0)^2}=\sqrt{5x_0^2+5y_0^2-8x_0y_0}.$$

(2)做拉格朗日函数
$$L(x,y,\lambda)=5x^2+5y^2-8xy+\lambda(x^2+y^2-xy-75),$$
由方程组
$$\begin{cases}L_x=10x-8y+\lambda(2x-y)=0 & ① \\ L_y=10y-8x+\lambda(2y-x)=0\ , & ② \\ L_\lambda=x^2+y^2-xy-75=0 & ③\end{cases}$$
由①+②,得$(x+y)(2+\lambda)=0$,从而 $x=-y$ 或 $\lambda=-2$.

若 $x=-y$,则由③得 $x=\pm5,y=\mp5$.

若 $\lambda=-2$,则由①得 $x=y$,再由③得 $x=\pm5\sqrt{3},y=\pm5\sqrt{3}$.

这样得到 4 个可能极值点:
$$M_1(5,-5),M_2(-5,5),M_3(5\sqrt{3},5\sqrt{3}),M_4(-5\sqrt{3},-5\sqrt{3}).$$
$$f(M_1)=f(M_2)=450,f(M_3)=f(M_4)=150.$$
由实际上最大值的存在性,点 M_1,M_2 即为最大值点,故 $M_1(5,-5)$,$M_2(-5,5)$都可作为攀岩的起点.

第7章 多元函数的积分思想与解题方法

多元函数积分的数学概念的本质与定积分类似,都是对所求量的无限细分而求和的极限,区别在于积分域的差异:定积分与曲线积分、二重积分与曲面积分、三重积分,积分域分别是区间与曲线弧,平面区域与曲面域、立体域.

需要重视的是第二类曲线(曲面)积分同第一类的实质区别,被积函数是向量函数的分量形式,被积表达式是向量函数与积分域微元向量的数量积,积分域是定向的.因此对于第二类积分,无法比较大小,无积分中值定理可言,积分对称性还要考虑积分域的方向,等等.

各种多重积分的计算通常要经过划域或投影、定限,最终归结为定积分的计算.其中二重积分的计算是基本的.三重积分可看作一个二重积分与定积分的连接,即所谓"先二后一"或"先一后二".曲面积分则可通过积分曲面在坐标平面上的投影转化为二重积分.在采用格林、高斯或斯托克斯公式处理线、面积分时,也常常最终转化为二重积分.可见熟练掌握二重积分的计算是基本功.

对于二重积分的直角坐标和极坐标的两种计算方法,三重积分的直角坐标、柱面坐标和球面坐标的三种计算方法,不同坐标系下积分表示的互换,何时何情运用哪一种方法较为简便,有必要熟练掌握.

多元积分计算过程中涉及的知识点不少,包括因划域需要的几何基本知识,积分的代数性质、分析性质和几何性质,各类积分的基本计算方法和步骤等.相应试题是一种知识和分析能力及计算能力的综合性的考核.

7.1 多元函数积分的思想方法

二重积分与三重积分的理论是多元函数积分学的重要内容.多重积分与定积分一样,都是某种特殊形式和的极限,基本思想是"分割,近似,求和,取极限",定积分的被积函数是一元函数,积分区域是一个确定的区间,而二、三重积分的被积函数是二、三元函数,积分区域是一个平面有界闭区域和一个空间有界闭区域,因此多重积分是一元函数定积分的推广与发展.

　　化归法在多重积分计算中有广泛的应用,主要体现在:把多重积分化为累次积分;改变累次积分的次序;把多重积分放在不同的坐标系中来讨论,通常是把直角坐标系转化为其他坐标系,如平面的极坐标系,空间的柱面坐标系、球面坐标系等;对多重积分作变量替换;利用对称性简化多重积分的计算.这些化归过程都体现了化未知为已知、化陌生为熟悉、化复杂为简单的原则.

7.2　多元函数积分的计算

7.2.1　二重积分的计算

7.2.1.1　直角坐标系下二重积分的计算

　　在直角坐标系 xOy 中,用两组平行于坐标轴的直线划分区域 D,直线与边界围成了封闭区域,其他封闭区域为矩形.设矩形闭区域 $\Delta\sigma_i$ 的边长为 Δx_i 和 Δy_i,如图 7 - 1 所示,则

$$\Delta\sigma_i = \Delta x_i \Delta y_i,$$

把面积微元 $\mathrm{d}\sigma$ 写成 $\mathrm{d}x\mathrm{d}y$,由此

$$\iint\limits_{D} f(x,y)\mathrm{d}\sigma = \iint\limits_{D} f(x,y)\mathrm{d}x\mathrm{d}y.$$

　　下面给出二重积分的计算方法,根据二重积分的定义,对闭区域 D 的划分是任意的.为方便起见,不妨设被积函数 $f(x,y) \geqslant 0$,现就闭区域 D 的不同形状分情况讨论.

　　(1)这里称形如

$$D = \{(x,y) \mid \varphi_1(x) \leqslant y \leqslant \varphi_2(x), x \in [a,b]\}$$

的区域为 X 型域,其中 $y = \varphi_1(x)$ 和 $y = \varphi_2(x)$ 均为 $[a,b]$ 上的连续函数,如图 7 - 2 所示.X 型域的特点是:任何平行于 y 轴且穿过闭区域 D 内部的直线与 D 的边界相交不多于两点.

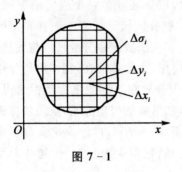

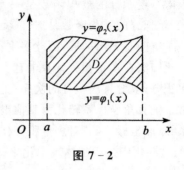

图 7 − 1   图 7 − 2

在此求以 $z = f(x,y)$ 为顶,以 D 为底的曲顶柱体的体积.在区间 $[a,b]$ 内任取 x,过 x 作垂直于 x 轴的平面与柱体相交,截出的面积设为 $S(x)$,如图 7 − 3 所示.

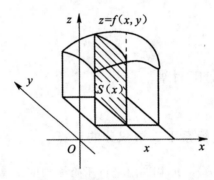

图 7 − 3

由定积分可知

$$S(x) = \int_{\varphi_1(x)}^{\varphi_2(x)} f(x,y)\mathrm{d}y,$$

所求曲顶柱体的体积为

$$V = \int_a^b S(x)\mathrm{d}x = \int_a^b \left[\int_{\varphi_1(x)}^{\varphi_2(x)} f(x,y)\mathrm{d}y \right] \mathrm{d}x,$$

上式右端也可写成

$$\int_a^b \mathrm{d}x \int_{\varphi_1(x)}^{\varphi_2(x)} f(x,y)\mathrm{d}y,$$

这一结果也是所求二重积分 $\iint\limits_D f(x,y)\mathrm{d}x\mathrm{d}y$ 的值,便可得到 X 型域上二重积分的计算公式

$$\iint\limits_D f(x,y)\mathrm{d}x\mathrm{d}y = \int_a^b \mathrm{d}x \int_{\varphi_1(x)}^{\varphi_2(x)} f(x,y)\mathrm{d}y.$$

从上面的公式可以看出,计算二重积分需要计算两次定积分:先把 x 视为常数,将函数 $f(x,y)$ 看作以 y 为变量的一元函数,并在 $[\varphi_1(x),\varphi_2(x)]$ 上对 y 求定积分,第一次积分的结果与 x 有关;第二次积分时,x 是积分变量,积分限是常数,计算结果是一个定值.以上过程称为先对 y 后对 x 的累次积分或二次积分.

(2)这里称形如

$$D=\{(x,y)\,|\,\psi_1(x)\leqslant x\leqslant\psi_2(x),y\in[c,d]\}$$

的区域为 Y 型域,其中 $\psi_1(x)$ 与 $\psi_2(x)$ 均在 $[c,d]$ 上连续,如图 7-4 所示.Y 型域的特点是:任何平行于 x 轴且穿过闭区域 D 内部的直线与 D 的边界相交不多于两点.

当 D 为 Y 型域时,有

$$\iint\limits_{D}f(x,y)\mathrm{d}x\mathrm{d}y=\int_{c}^{d}\mathrm{d}y\int_{\psi_1(x)}^{\psi_2(x)}f(x,y)\mathrm{d}x.$$

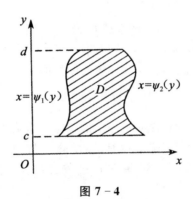

图 7-4

(3)对于那些既不是 X 型域也不是 Y 型域的有界闭区域,可分解成若干个 X 型域和 Y 型域的并集,如图 7-5 所示.

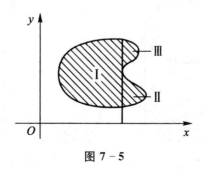

图 7-5

(4)如果闭区域 D 既为 X 型域又为 Y 型域,且 $f(x,y)$ 在 D 上连续,如图 7-6 所示,则有

$$\int_a^b \mathrm{d}x \int_{\varphi_1(x)}^{\varphi_2(x)} f(x,y)\mathrm{d}y = \int_c^d \mathrm{d}y \int_{\psi_1(x)}^{\psi_2(x)} f(x,y)\mathrm{d}x,$$

即累次积分可交换积分顺序.

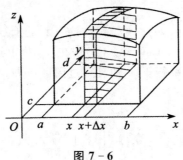

图 7-6

对于以 xOy 平面上的有界闭区域 D 为底,其侧面以 D 的边界线为准线,而母线平行于 z 轴的柱面,其顶是连续曲面 $z=f(x,y) \geqslant 0$,如图 7-7 所示.由二重积分的几何意义可知,曲顶柱体的体积值为

$$V = \iint_D f(x,y)\mathrm{d}\sigma.$$

对于空间区域 Ω,其在 xOy 平面上的投影区域为 D.如果已知母线平行于 z 轴,而准线为 D 的边界线的柱面,将 Ω 分成上、下两个曲面 $z=f(x,y)$ 和 $z=g(x,y)$,如图 7-8 所示,则空间区域 Ω 的体积值为

$$V = \iint_D [f(x,y) - g(x,y)]\mathrm{d}\sigma.$$

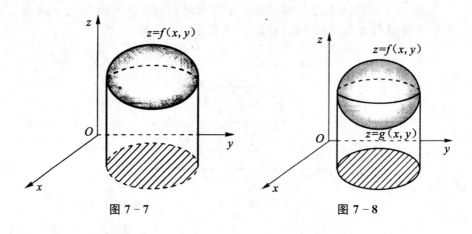

图 7-7　　　　　　　　　　　　　图 7-8

例 7.2.1　计算 $\iint\limits_{D} xy\,\mathrm{d}\sigma$,其中 D 是由抛物线 $y^2 = x$ 与直线 $y = x - 2$ 所围成的区域.

解: 面积分区域图形,如图 7-9 所示.首先求出曲线的交点.

$$\begin{cases} y^2 = x \\ y = x - 2 \end{cases},$$

解出交点 $(1, -1)$,$(4, 2)$.积分顺序为先 x 后 y,

$$\iint\limits_{D} xy\,\mathrm{d}\sigma = \int_{-1}^{2}\mathrm{d}y\int_{y^2}^{y+2} xy\,\mathrm{d}x = \int_{-1}^{2} y \cdot \frac{x^2}{2}\Big|_{y^2}^{y+2}\,\mathrm{d}y = \int_{-1}^{2} y\left[\frac{(y+2)^2}{2} - \frac{y^4}{2}\right]\mathrm{d}y$$

$$= \frac{1}{2}\int_{-1}^{2} y(y^2 + 4y + 4 - y^4)\,\mathrm{d}y = \frac{1}{2}\left[\frac{y^4}{4} + \frac{4}{3}y^3 + 2y^2 - \frac{y^6}{6}\right]_{-1}^{2}$$

$$= \frac{45}{8}.$$

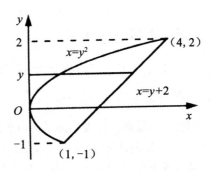

图 7-9

例 7.2.2　求由锥面 $z = 4 - \sqrt{x^2 + y^2}$ 与旋转抛物面 $2z = x^2 + y^2$ 所围立体的体积.

解: 如图 7-10 所示,选用极坐标系进行计算,则有

$$V = \iint\limits_{D}\left[(4 - \sqrt{x^2 + y^2}) - \frac{1}{2}(x^2 + y^2)\right]\mathrm{d}x\,\mathrm{d}y = \iint\limits_{D}\left(4 - r - \frac{r^2}{2}\right)r\,\mathrm{d}r\,\mathrm{d}y,$$

求立体在 xOy 面上的投影区域 D.由题可知

$$\begin{cases} z = 4 - \sqrt{x^2 + y^2} \\ 2z = x^2 + y^2 \end{cases},$$

消去 x,y 得

$$z^2 - 10z + 16 = (z - 2)(z - 8) = 0,$$

因此 $z = 2$,$z = 8$ 舍去.所以 D 由 $x^2 + y^2 = 4$ 即 $r = 2$ 围成,所以

$$V = \int_0^{2\pi} \mathrm{d}\theta \int_0^2 \left(4 - r - \frac{r^2}{2}\right) \mathrm{d}r$$

$$= 2\pi \left(2r^2 - \frac{r^3}{3} - \frac{r^4}{8}\right) \Big|_0^2 = \frac{20}{3}\pi.$$

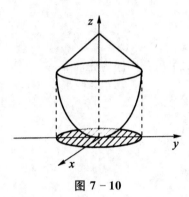

图 7 - 10

7.2.1.2 极坐标系下二重积分的计算

有些二重积分在直角坐标系下计算特别复杂,尤其是对于积分区域为圆域或圆域的一部分,被积函数为 $f(x^2 + y^2)$ 或 $f\left(\dfrac{y}{x}\right)$ 等形式时,采用极坐标系计算往往会显得更简便.下面就来讨论极坐标系下面积元素的表示方法.

设函数 $z = f(x,y)$ 在有界闭区域 D 上连续,在直角坐标系中,一般以平行于 x 轴和 y 轴直线来分割区域 D,然后积分并求其极限,而在极坐标系中,则用半径 r 为常数的同心圆和倾角 θ 为常数的过极点的射线来分割 D,如图 7 - 11 所示,得出若干个小块,每块面积记为 $\Delta\sigma_i$.

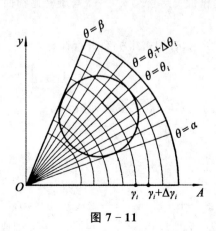

图 7 - 11

因为扇形的面积为

$$S = \frac{1}{2} r^2 \theta,$$

则每一小块的面积等于以 $r + \Delta r$ 为半径的大扇形的面积与以 r 为半径的小扇形的面积之差,则

$$\Delta \sigma_i = \frac{1}{2} (r_i + \Delta r_i)^2 \Delta \theta_i - \frac{1}{2} r_i^2 \Delta \theta_i = r_i \Delta r_i \Delta \theta + \frac{1}{2} (\Delta r_i)^2 \Delta \theta_i,$$

其中 $\Delta r_i, \Delta \theta_i$ 分别表示变量 r 与 θ 的增量. 当 $\Delta r_i, \Delta \theta_i$ 充分小时,有

$$\Delta \sigma_i \approx r_i \Delta r_i \Delta \theta_i,$$

因此极坐标系下面积元素

$$d\sigma = r \, dr \, d\theta.$$

如果将被积函数 $f(x, y)$ 中的 x 和 y 用平面直角坐标 (x, y) 与极坐标 (r, θ) 的变换公式 $x = r\cos\theta, y = r\sin\theta$ 代换,则可得极坐标系下二重积分的计算公式为

$$\iint\limits_D f(x, y) \, dx \, dy = \iint\limits_D f(r\cos\theta, r\sin\theta) r \, dr \, d\theta.$$

极坐标系下的二重积分也可转化为二次积分来计算,下面分三种情况讨论.

(1)积分区域 D 把原点 O 包含在内部的有界闭区域,D 的边界曲线为 $r = r(\theta), 0 \leqslant \theta \leqslant 2\pi$,如图 7－12 所示,这时

$$D = \{(r, \theta) \mid 0 \leqslant r \leqslant r(\theta), 0 \leqslant \theta \leqslant 2\pi\},$$

则二重积分可化为

$$\iint\limits_D f(r\cos\theta, r\sin\theta) r \, dr \, d\theta = \int_0^{2\pi} d\theta \int_0^{r(\theta)} f(r\cos\theta, r\sin\theta) r \, dr;$$

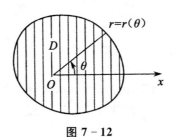

图 7－12

(2)积分区域 D 是由曲线 $r = r(\theta), \alpha \leqslant \theta \leqslant \beta$ 和两条射线 $\theta = \alpha, \theta = \beta$ 所围成的区域,如图 7－13 所示,这时

$$D = \{(r, \theta) \mid 0 \leqslant r \leqslant r(\theta), \alpha \leqslant \theta \leqslant \beta\},$$

则二重积分可化为

$$\iint\limits_{D} f(r\cos\theta,r\sin\theta)r\mathrm{d}r\mathrm{d}\theta = \int_{\alpha}^{\beta}\mathrm{d}\theta\int_{0}^{r(\theta)} f(r\cos\theta,r\sin\theta)r\mathrm{d}r;$$

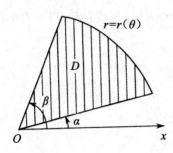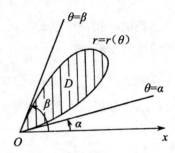

图 7-13

（3）积分区域 D 是由两条曲线 $r=r_1(\theta)$，$r=r_2(\theta)$[$r_1(\theta)\leqslant r_2(\theta)$，$\alpha\leqslant\theta\leqslant\beta$]和两条射线 $\theta=\alpha$，$\theta=\beta$ 所围成的区域，如图 7-14 所示，这时

$$D=\{(r,\theta)\,|\,r_1(\theta)\leqslant r\leqslant r_2(\theta),\alpha\leqslant\theta\leqslant\beta\},$$

则二重积分可化为

$$\iint\limits_{D} f(r\cos\theta,r\sin\theta)r\mathrm{d}r\mathrm{d}\theta = \int_{\alpha}^{\beta}\mathrm{d}\theta\int_{r_1(\theta)}^{r_2(\theta)} f(r\cos\theta,r\sin\theta)r\mathrm{d}r.$$

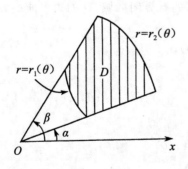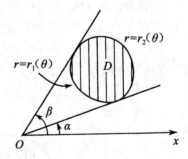

图 7-14

对于一般的区域 D，可以用分割的方法使得在每个小区域上可以用上述公式计算，然后再依据二重积分对积分区域的可加性将各个计算的结果求和。

例 7.2.3 计算 $\iint\limits_{D} x^2\mathrm{d}x\mathrm{d}y$，其中 D 是两圆 $x^2+y^2=1$ 和 $x^2+y^2=4$ 之间的环形区域。

解：画出积分区域 D，如图 7-15 所示，选用极坐标系，$D:1\leqslant r\leqslant 2$，$0\leqslant\theta\leqslant 2\pi$，所以

$$\iint_D x^2 \,\mathrm{d}x\,\mathrm{d}y = \int_0^{2\pi}\mathrm{d}\theta\int_1^2 r^2\cos^2\theta\,r\,\mathrm{d}r = \int_0^{2\pi}\cos^2\theta\,\mathrm{d}\theta\int_1^2 r^3\,\mathrm{d}r$$

$$= \int_0^{2\pi}\frac{1+\cos 2\theta}{2}\,\mathrm{d}\theta\int_1^2 r^3\,\mathrm{d}r = \frac{15}{4}\pi.$$

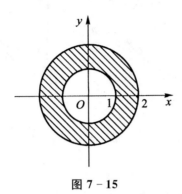

图 7 - 15

例 7.2.4　求球体 $x^2+y^2+z^2\leqslant R^2$ 被圆柱面 $x^2+y^2=Rx(R>0)$ 所截得的(含在圆柱面内的部分)立体的体积[图 7 - 16(a)].

解:设柱面与 xOy 面所交所围的区域在第一象限的部分为 D,由于对称性,有

$$V=4\iint_D \sqrt{R^2-x^2-y^2}\,\mathrm{d}\sigma,$$

化为极坐标系下的积分为

$$V=4\iint_D \sqrt{R^2-\rho^2}\,\rho\,\mathrm{d}\rho\,\mathrm{d}\theta,$$

其中 D 的图形如图 7 - 16(b)所示.

$$D:\begin{cases}0\leqslant\theta\leqslant\dfrac{\pi}{2}\\[2mm]0\leqslant\rho\leqslant R\cos\theta\end{cases},$$

于是

$$V=4\int_0^{\frac{\pi}{2}}\mathrm{d}\theta\int_0^{R\cos\theta}\sqrt{R^2-\rho^2}\,\rho\,\mathrm{d}\rho=4\int_0^{\frac{\pi}{2}}\left[-\frac{1}{3}(R^2-\rho^2)^{\frac{3}{2}}\right]_0^{R\cos\theta}\mathrm{d}\theta$$

$$=\frac{4}{3}R^3\int_0^{\frac{\pi}{2}}(1-\sin^3\theta)\,\mathrm{d}\theta=\frac{2}{3}R^3\left(\pi-\frac{4}{3}\right).$$

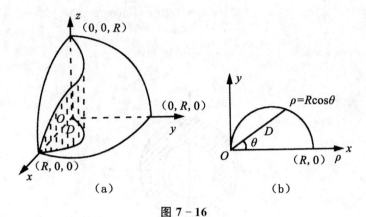

图 7 - 16

7.2.2 三重积分的计算

7.2.2.1 三重积分在直角坐标系中的计算

（1）先一后二法（投影法或穿针法）

定义 7.2.1 设空间立体 Ω 在 xOy 平面上的投影区域为 D_{xy}，曲面 $z = \varphi_1(x,y), z = \varphi_2(x,y) [\varphi_1(x,y) \leqslant \varphi_2(x,y)]$ 为定义在 D_{xy} 上的两个光滑曲面，如果 Ω 可表示成

$$\Omega = \{(x,y,z) \mid \varphi_1(x,y) \leqslant z \leqslant \varphi_2(x,y), (x,y) \in D_{xy}\},$$

则称 Ω 为 Z 型空间区域.

同理可得到 X 型空间区域和 Y 型空间区域.

定理 7.2.1 设函数 $f(x,y,z)$ 在 Z 型空间区域

$$\Omega = \{(x,y,z) \mid \varphi_1(x,y) \leqslant z \leqslant \varphi_2(x,y), (x,y) \in D_{xy}\}$$

上可积，如果对每个固定点 $(x,y) \in D_{xy}$，定积分 $F(x,y) = \int_{\varphi_1(x,y)}^{\varphi_2(x,y)} f(x,y,z) \mathrm{d}z$ 存在，则二重积分 $\iint\limits_{D_{xy}} F(x,y) \mathrm{d}x \mathrm{d}y = \iint\limits_{D_{xy}} \left[\int_{\varphi_1(x,y)}^{\varphi_2(x,y)} f(x,y,z) \mathrm{d}z \right] \mathrm{d}x \mathrm{d}y$ 也存在，且

$$\iiint\limits_{\Omega} f(x,y,z) \mathrm{d}x \mathrm{d}y \mathrm{d}z = \iint\limits_{D_{xy}} \left[\int_{\varphi_1(x,y)}^{\varphi_2(x,y)} f(x,y,z) \mathrm{d}z \right] \mathrm{d}x \mathrm{d}y$$

$$= \iint\limits_{D_{xy}} \mathrm{d}x \mathrm{d}y \int_{\varphi_1(x,y)}^{\varphi_2(x,y)} f(x,y,z) \mathrm{d}z.$$

进一步,如果射影区域 D_{xy} 是平面 X 型空间区域,即
$$D_{xy} = \{(x,y) \mid \phi_1(x) \leqslant y \leqslant \phi_2(x), a \leqslant x \leqslant b\},$$
则三重积分可化为
$$\iiint\limits_{\Omega} f(x,y,z)\mathrm{d}x\mathrm{d}y\mathrm{d}z = \int_a^b \mathrm{d}x \int_{\phi_1(x)}^{\phi_2(x)} \mathrm{d}y \int_{\varphi_1(x,y)}^{\varphi_2(x,y)} f(x,y,z)\mathrm{d}z.$$
上式右端称为先对 z、再对 y、最后对 x 的累次积分.

当空间立体是 X 型空间区域和 Y 型空间区域时,也有类似的累次积分公式.

(2)先二后一法(截面法).

定理 7.2.2　设函数 $f(x,y,z)$ 在空间立体 Ω 上可积,Ω 可表示成
$$\Omega = \{(x,y,z) \mid (x,y) \in D(z), a \leqslant z \leqslant b\},$$
其中 $D(z)$ 为平面 $z=z$ 与 Ω 相交的截面,如果对每个固定的 $z \in [a,b]$,二重积分 $\iint\limits_{D(z)} f(x,y,z)\mathrm{d}x\mathrm{d}y$ 存在,则积分 $\int_a^b \mathrm{d}z \iint\limits_{D(z)} f(x,y,z)\mathrm{d}x\mathrm{d}y$ 也存在,且
$$\iiint\limits_{\Omega} f(x,y,z)\mathrm{d}x\mathrm{d}y\mathrm{d}z = \int_a^b \mathrm{d}z \iint\limits_{D(z)} f(x,y,z)\mathrm{d}x\mathrm{d}y.$$

例 7.2.5　计算三重积分 $\iiint\limits_{\Omega} z^2 \mathrm{d}x\mathrm{d}y\mathrm{d}z$,其中 Ω 为椭球体 $\dfrac{x^2}{a^2} + \dfrac{y^2}{b^2} + \dfrac{z^2}{c^2} \leqslant 1$.

解:画出 Ω 的图形及 D_z 的图形(图 7-17),Ω 可表示为

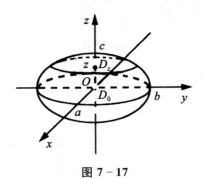

图 7-17

$$\Omega = \left\{(x,y,z) \mid -c \leqslant z \leqslant c, \frac{x^2}{a^2} + \frac{y^2}{b^2} \leqslant 1 - \frac{z^2}{c^2}\right\},$$
于是有
$$\iiint\limits_{\Omega} z^2 \mathrm{d}x\mathrm{d}y\mathrm{d}z = \int_{-c}^{c} \mathrm{d}z \iint\limits_{D_z} z^2 \mathrm{d}x\mathrm{d}y = \int_{-c}^{c} z^2 \mathrm{d}z \iint\limits_{D_z} \mathrm{d}x\mathrm{d}y$$

$$= \int_{-c}^{c} z^2 \pi ab \left(1 - \frac{z^2}{c^2}\right) dz = \frac{2\pi ab}{c^2} \int_0^c z^2 (c^2 - z^2) dz$$

$$= \frac{2\pi ab}{c^2} \left[\frac{c^2 z^3}{3} - \frac{z^5}{5}\right]_0^c = \frac{4\pi abc^3}{15}.$$

7.2.2.2　三重积分在柱面坐标系中的计算

三维空间的柱面坐标系就是平面极坐标系加上 z 轴,如图 7-18 所示,所以直角坐标与柱面坐标系之间的关系是

$$\begin{cases} x = r\cos\theta \\ y = r\sin\theta \\ z = z \end{cases} (0 \leqslant r < +\infty, 0 \leqslant \theta \leqslant 2\pi, -\infty < z < +\infty),$$

且 $x^2 + y^2 = r^2$.

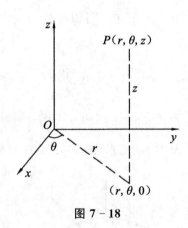

图 7-18

在柱面坐标系中,$r = r_0$ 是一个以 z 轴为中心轴、半径为 r_0 的圆柱面;$\theta = \theta_0$ 是一个过 z 轴、极角为 θ_0 的半平面;$z = z_0$ 是一个与 xOy 平面平行,高度为 z_0 的水平面.

在平面极坐标系中计算二重积分时,必须用极坐标表示面积微元,即 $d\sigma = r dr d\theta$. 为了在柱面坐标系下计算三重积分 $\iiint\limits_{\Omega} f(x, y, z) dv$,需要用柱面坐标表示体积微元 dv,如图 7-19 所示,体积元素 ΔV 由半径为 r 和 $r + dr$ 的圆柱面,极角为 θ 和 $\theta + d\theta$ 的半平面,以及高度为 z 和 $z + dz$ 的水平面所围成.通过以直带曲和以平行代相交把 ΔV 近似看作一长方体,该长方体的三条边分别为 $dz, dr, r d\theta$,则有

$$\Delta V \approx r d\theta dz dr,$$

略去高阶无穷小后,可得体积微元

$$dV = r\,\mathrm{d}\theta\,\mathrm{d}z\,\mathrm{d}r.$$

于是把直角坐标系中的三重积分变换到柱面坐标系中时,只要把被积函数 $f(x,y,z)$ 中 x,y,z 分别换成 $r\cos\theta,r\sin\theta,z$;把体积微元 $\mathrm{d}v$ 换成柱面坐标系中的体积微元 $r\,\mathrm{d}\theta\,\mathrm{d}z\,\mathrm{d}r$;最后把积分区域 Ω 换成 r,θ,z 的相应变化范围 Ω',即

$$\iiint\limits_{\Omega} f(x,y,z)\,\mathrm{d}x\,\mathrm{d}y\,\mathrm{d}z = \iiint\limits_{\Omega'} f(r\cos\theta,r\sin\theta,z)\,r\,\mathrm{d}\theta\,\mathrm{d}z\,\mathrm{d}r.$$

该式称为三重积分的柱面坐标变换公式.柱面坐标系中的三重积分也可以转化为三次积分来计算,下面通过例子来说明.

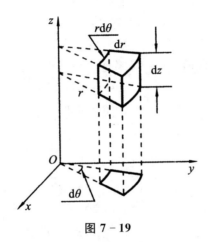

图 7-19

例 7.2.6　求由圆柱面 $x^2+y^2=a^2,x^2+y^2=b^2(a>b>0)$ 和平面 $z=0,z=h>0$ 所围成的均匀圆柱体 Ω 对位于原点、质量为 m 的质点的引力.

解:设圆柱体 Ω 的密度为 ρ,它对质点的引力为

$$F = F_x i + F_y j + F_z k,$$

根据 Ω 的均匀性和圆柱体的对称性可得 $F_x = F_y = 0$,又

$$F_z = G\iiint\limits_{\Omega} \frac{(z-z_0)\rho(x,y,z)}{[(x-x_0)^2+(y-y_0)^2+(z-z_0)^2]^{\frac{3}{2}}}\,\mathrm{d}v$$

$$= G\iiint\limits_{\Omega} \frac{z}{(x^2+y^2+z^2)^{\frac{3}{2}}}m\rho\,\mathrm{d}x\,\mathrm{d}y\,\mathrm{d}z = Gm\rho\int_0^{2\pi}\mathrm{d}\theta\int_a^b\mathrm{d}r\int_0^h \frac{rz}{(r^2+z^2)^{\frac{3}{2}}}\,\mathrm{d}z$$

$$= 2\pi Gm\rho\int_a^b\mathrm{d}r\int_0^h \frac{rz}{(r^2+z^2)^{\frac{3}{2}}}\,\mathrm{d}z = 2\pi Gm\rho\int_b^a\left(1-\frac{r}{\sqrt{r^2+h^2}}\right)\mathrm{d}r$$

$$= 2\pi Gm\rho\left(a-b-\sqrt{a^2+h^2}+\sqrt{b^2+h^2}\right),$$

所以

$$F = 2\pi Gm\rho(a - b - \sqrt{a^2 + h^2} + \sqrt{b^2 + h^2})k \ (G \text{ 为引力常数}).$$

7.2.2.3 三重积分在球面坐标系中的计算

设 $M(x, y, z)$ 是空间内一点,点 M 到原点 O 的距离为 r,向量 $\overrightarrow{OM}$ 与 z 轴正向的夹角为 φ,点 M 在 xOy 面上的投影为 P,从 z 轴正向看,自 x 轴按逆时针方向转到向量 $\overrightarrow{OP}$ 的角度为 θ,则称 r, φ, θ 为 M 的球面坐标,称这样的坐标系为球面坐标系,如图 7-20 所示.规定柱面坐标 r, φ, θ 的变化范围是

$$\begin{cases} 0 \leqslant r < +\infty \\ 0 \leqslant \varphi \leqslant \pi \\ 0 \leqslant \theta \leqslant 2\pi \end{cases},$$

点 M 的直角坐标与球面坐标的关系是

$$\begin{cases} x = r\sin\varphi\cos\theta \\ y = r\sin\varphi\sin\theta \\ z = r\cos\varphi \end{cases}.$$

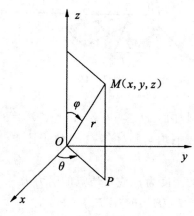

图 7-20

在球面坐标系中,$r = r_0$(r_0 为常数),即以原点 O 为中心,以 r_0 为半径的球面;$\varphi = \varphi_0$(φ_0 为常数),即顶点在原点,以 z 轴为轴,顶角为 $2\varphi_0$ 的锥面;$\theta = \theta_0$(θ_0 为常数),即通过 z 轴、极角为 θ_0 的半平面.

要把三重积分 $\iiint\limits_{\Omega} f(x, y, z)\mathrm{d}x\mathrm{d}y\mathrm{d}z$ 中的变量变换为球面坐标,用三组球面坐标面把积分区域 Ω 分成若干小闭区域,现在考虑由 r, φ, θ 各取微小增量 $\mathrm{d}r, \mathrm{d}\varphi, \mathrm{d}\theta$ 所成的六面体的体积,如图 7-21 所示,略去高阶无穷小,该

六面体可看作长方体,边长分别是 $r\mathrm{d}\varphi,r\sin\varphi\mathrm{d}\theta,\mathrm{d}r$,所以球面坐标系中的体积元素是

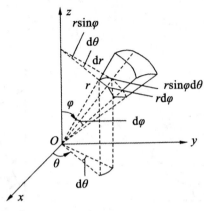

图 7 – 21

$$\mathrm{d}V=r^2\sin\varphi\mathrm{d}r\mathrm{d}\varphi\mathrm{d}\theta,$$

所以三重积分 $\iiint\limits_{\Omega}f(x,y,z)\mathrm{d}x\mathrm{d}y\mathrm{d}z$ 可化为球面坐标系中的三重积分

$$\iiint\limits_{\Omega}f(x,y,z)\mathrm{d}x\mathrm{d}y\mathrm{d}z=\iiint\limits_{\Omega}f(r\sin\varphi\cos\theta,r\sin\varphi\sin\theta,r\cos\varphi)r^2\sin\varphi\mathrm{d}r\mathrm{d}\varphi\mathrm{d}\theta$$

或

$$\iiint\limits_{\Omega}f(x,y,z)\mathrm{d}x\mathrm{d}y\mathrm{d}z=\iiint\limits_{\Omega}F(r,\varphi,\theta)r^2\sin\varphi\mathrm{d}r\mathrm{d}\varphi\mathrm{d}\theta,$$

其中 $F(r,\varphi,\theta)=f(r\sin\varphi\cos\theta,r\sin\varphi\sin\theta,r\cos\varphi)$.

　　球面坐标系中的三重积分也可以转化为三次积分来计算,先对 r 进行积分,再对 φ 进行积分,最后对 θ 进行积分.而确定积分限的顺序是先确定 θ 的积分限,然后确定 φ 的积分限,最后确定 r 的积分限.

　　如果积分区域 Ω 包围原点在内,边界面的曲面方程为 $r=r(\varphi,\theta)$,则

$$\iiint\limits_{\Omega}f(x,y,z)\mathrm{d}x\mathrm{d}y\mathrm{d}z=\int_0^{2\pi}\mathrm{d}\theta\int_0^{\pi}\mathrm{d}\varphi\int_0^{r(\varphi,\theta)}F(r,\varphi,\theta)r^2\sin\varphi\mathrm{d}r.$$

如果 Ω 是球体 $x^2+y^2+z^2\leqslant R^2$,则

$$\iiint\limits_{\Omega}f(x,y,z)\mathrm{d}x\mathrm{d}y\mathrm{d}z=\int_0^{2\pi}\mathrm{d}\theta\int_0^{\pi}\mathrm{d}\varphi\int_0^{r(\varphi,\theta)}F(r,\varphi,\theta)r^2\sin\varphi\mathrm{d}r.$$

　　一般地,如果原点在 Ω 的外部,θ 的积分限的确定与柱面坐标相同,将 Ω 投影到 xOy 面上,确定 $\alpha\leqslant\theta\leqslant\beta$,即用两个半平面 $\theta=\alpha$ 和 $\theta=\beta$ 紧紧夹住 Ω.然后在两个半平面间任作半平面(角为 θ 的半平面),交 Ω 于截面 S,从而

确定 $\varphi_1(\theta),\varphi_2(\theta),\varphi_1(\theta) \leqslant \varphi \leqslant \varphi_2(\theta)$.最后在 θ,φ 所讨论的范围内,由原点出发作射线交 Ω 边界面不超过两点,分别在 $r=r_1(\varphi,\theta)$ 和 $r=r_2(\varphi,\theta)$ 上,$r_1(\varphi,\theta) \leqslant r \leqslant r_2(\varphi,\theta)$,如图 7-22 所示,这时有

$$\iiint\limits_{\Omega} f(x,y,z)\mathrm{d}x\,\mathrm{d}y\,\mathrm{d}z = \int_\alpha^\beta \mathrm{d}\theta \int_{\varphi_1(\theta)}^{\varphi_2(\theta)} \mathrm{d}\varphi \int_{r_1(\varphi,\theta)}^{r_2(\varphi,\theta)} F(r,\varphi,\theta)r^2 \sin\varphi \,\mathrm{d}r.$$

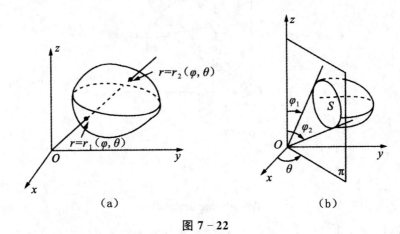

图 7-22

如果原点在 Ω 的边界面上,情况比较复杂.φ 的积分限的确定要视截面 S 的边界线(通过原点)的具体情况而定.

例 7.2.7 计算 $\iiint\limits_{\Omega} z^2\,\mathrm{d}V$,其中 Ω 是球体 $x^2+y^2+z^2 \leqslant R^2$ 所占区域.

解: 由题意可得

$$\iiint\limits_{\Omega} z^2\,\mathrm{d}V = \iiint\limits_{\Omega} r^2\cos^2\varphi r^2 \sin\varphi \,\mathrm{d}r\,\mathrm{d}\varphi\,\mathrm{d}\theta$$

$$= \int_0^{2\pi} \mathrm{d}\theta \int_0^\pi \mathrm{d}\varphi \int_0^R r^4 \sin\varphi \cos^2\varphi \,\mathrm{d}r$$

$$= \int_0^{2\pi} \mathrm{d}\theta \int_0^\pi \sin\varphi \cos^2\varphi \,\mathrm{d}\varphi \int_0^R r^4\,\mathrm{d}r = \frac{4\pi}{15}R^5.$$

例 7.2.8 求密度为 1 的均匀球体对于过球心的一条轴的转动惯量.

解: 取球心为原点,z 轴与 l 轴重合,如图 7-23 所示.设球的半径为 a,则球体所占的空间区域是

$$\Omega = \{(x,y,z) \mid x^2+y^2+z^2 \leqslant a^2\},$$

根据公式可知,球体对 z 轴的转动惯量是

$$I_z = \iiint\limits_{\Omega} (x^2 + y^2)\,\mathrm{d}v = \iiint\limits_{\Omega} r^2 \sin^2 \varphi\, r^2 \sin\varphi\, \mathrm{d}r\,\mathrm{d}\theta\,\mathrm{d}\varphi$$

$$= \int_0^{2\pi} \mathrm{d}\theta \int_0^{\pi} \sin^3 \varphi\, \mathrm{d}\varphi \int_0^a r^4\,\mathrm{d}r = \frac{2}{5}\pi a^5 \frac{4}{3} = \frac{8}{15}\pi a^5.$$

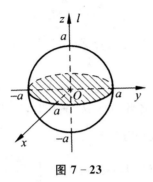

图 7 - 23

7.2.3　曲线积分的计算

7.2.3.1　第一类曲线积分的计算

假设 f 是曲线 L 上的连续函数,而曲线 L 有参数方程

$$x = x(t), y = y(t), z = z(t)\ (\alpha \leqslant t \leqslant \beta).$$

其中三个函数 $x = x(t), y = y(t), z = z(t)$ 在区间$[\alpha, \beta]$有连续导数.分割区间$[\alpha, \beta]$:

$$\alpha = t_0 < t_1 < \cdots < t_n = \beta,$$

这时曲线 L 就被分成若干小弧段 $\Delta L_1, \Delta L_2, \cdots, \Delta L_n$,其中每一小段曲线的长度为

$$\Delta l_i = \int_{t_{i-1}}^{t_i} \sqrt{[x'(t)]^2 + [y'(t)]^2 + [z'(t)]^2}\,\mathrm{d}t.$$

又根据积分中值定理,得

$$\Delta l_i = \int_{t_{i-1}}^{t_i} \sqrt{[x'(t)]^2 + [y'(t)]^2 + [z'(t)]^2}\,\mathrm{d}t.$$
$$= \sqrt{[x'(\tau_i)]^2 + [y'(\tau_i)]^2 + [z'(\tau_i)]^2}\,\Delta t_i. \qquad (7-2-1)$$

其中,$\tau_i \in [t_{i-1}, t_i]$.又在 ΔL_i 上取点 P_i,构造积分和

$$\sum_i f(P_i)\Delta l_i = \sum_i f(P_i)\sqrt{[x'(\tau_i)]^2 + [y'(\tau_i)]^2 + [z'(\tau_i)]^2}\,\Delta t_i.$$

$$(7-2-2)$$

由于 f 在 L 上连续,由曲线积分存在的充分条件可知,$\int_L f \mathrm{d}l$ 存在,因此,这里的 P_i 可以在 ΔL_i 上任取,于是可以令 $P_i = (x(\tau_i), y(\tau_i), z(\tau_i))$. 由此,积分和式 $(7-2-2)$ 就转化为下面的形式

$$\sum_i f(P_i)\Delta l_i = \sum_i f[x(\tau_i), y(\tau_i), z(\tau_i)] \cdot$$

$$\sqrt{[x'(\tau_i)]^2 + [y'(\tau_i)]^2 + [z'(\tau_i)]^2} \Delta t_i.$$

$$(7-2-3)$$

由于 $x(t), y(t), z(t)$ 在区间 $[\alpha, \beta]$ 连续,所以当 $\max\Delta t_i \to 0$ 时,有 $\max\Delta l_i \to 0$. 又由于曲线积分存在,因此当 $\max\Delta t_i \to 0$ 时,等式 $(7-2-3)$ 左端的和式 $\sum_i f(P_i)\Delta l_i$ 趋向于曲线积分 $\int_L f \mathrm{d}l$.

另一方面,由于函数 $f[x(t), y(t), z(t)]\sqrt{[x'(t)]^2 + [y'(t)]^2 + [z'(t)]^2}$ 连续,因此当 $\max\Delta t_i \to 0$ 时,等式 $(7-2-3)$ 右端的和式趋向于积分

$$\int_\alpha^\beta f[x(t), y(t), z(t)]\sqrt{[x'(t)]^2 + [y'(t)]^2 + [z'(t)]^2}\, \mathrm{d}t.$$

于是,在等式 $(7-2-3)$ 两端取极限,就得到

$$\int_L f \mathrm{d}l = \int_\alpha^\beta f[x(t), y(t), z(t)]\sqrt{[x'(t)]^2 + [y'(t)]^2 + [z'(t)]^2}\, \mathrm{d}t,$$

$$(7-2-4)$$

这就是曲线积分的计算公式.

例 7.2.9 计算 $\int_L x \mathrm{d}s$,其中 L 为

(1) $y = x^2$ 上由原点 O 到 $B(1,1)$ 的一段弧;

(2) 折线 OAB,A 为 $(1,0)$,B 为 $(1,1)$,如图 $7-24$ 所示.

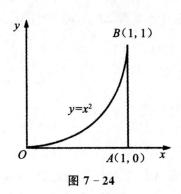

图 $7-24$

解:(1)$\mathrm{d}s = \sqrt{1+4x^2}\,\mathrm{d}x$,

$$\int_L x\,\mathrm{d}s = \int_0^1 x\sqrt{1+4x^2} = \frac{1}{12}(5\sqrt{5}-1).$$

(2)在 AB 上,$x=1$,$\mathrm{d}s=\mathrm{d}y$,在 OA 上 $y=0$,$\mathrm{d}s=\mathrm{d}x$,那么有

$$\int_L x\,\mathrm{d}s = \int_{OA} x\,\mathrm{d}s + \int_{OA} x\,\mathrm{d}s = \int_0^1 x\,\mathrm{d}x + \int_0^1 \mathrm{d}y = \frac{3}{2}.$$

如果空间曲线 L 的参数方程为

$$x=x(t),y=y(t),z=z(t).$$

其中

$$\alpha \leqslant t \leqslant \beta,$$

从而有

$$\int_L f(x,y,z)\mathrm{d}s = \int_\alpha^\beta f[x(t),y(t),z(t)]\sqrt{[x'(t)]^2+[y'(t)]^2+[z'(t)]^2}\,\mathrm{d}t.$$

例 7.2.10　计算曲线积分$\int_L (x^2+y^2+z^2)\mathrm{d}l$,其中 L 是螺旋线 $x=R\cos t$,$y=R\sin t$,$z=kt$ 在 $0 \leqslant t \leqslant 2\pi$ 的弧段.

解:L 的弧长元素是

$$\mathrm{d}l = \sqrt{(-R\sin t)^2+(R\cos t)^2+k^2}\,\mathrm{d}t = \sqrt{R^2+k^2}\,\mathrm{d}t,$$

因此

$$\int_L (x^2+y^2+z^2)\mathrm{d}l = \int_0^{2\pi} (R^2+k^2 t^2)\sqrt{R^2+k^2}\,\mathrm{d}t$$

$$= 2\pi \left(R^2 + \frac{4}{3}\pi^2 k^2\right)\sqrt{R^2+k^2}.$$

7.2.3.2　第二类曲线积分的计算

(1)直接计算法(参数形式)

若曲线为 $L(\overset{\frown}{AB}):x=\varphi(t),y=\psi(t)$,$\overset{\frown}{AB}$的起点为 A,对应的终点为 B,起点 A 与终点 B 对应的参数分别为 $\alpha,\beta(\beta$ 不一定比 α 大,但在对弧长的线积分中,下限 $\alpha <$ 上限 $\beta)$,则

$$\int_L P\mathrm{d}x + Q\mathrm{d}y = \int_\alpha^\beta \{P[\varphi(t),\psi(t)]\varphi'(t) + Q[\varphi(t),\psi(t)]\psi'(t)\}\mathrm{d}t.$$

特殊地,$y=\varphi(t)$,则视 x 为参数 $\begin{cases} x=x \\ y=\varphi(t) \end{cases}$;$x=\psi(t)$,则视 y 为参数 $\begin{cases} y=y \\ x=\psi(t) \end{cases}$.

（2）利用格林公式求解

特别注意用格林公式时的条件：

①曲线的封闭性，若不是封闭的，则用"加边法"构成封闭曲线；

②曲线的正向，公式中左边 L 的方向为正向；

③连续性，$\dfrac{\partial P}{\partial y}$，$\dfrac{\partial Q}{\partial x}$ 在 L 及 L 围成的区域 D 上是连续的.

以上三点，要逐一检查，缺一不可.

特别提醒使用格林公式：

①当第二类曲线积分的被积函数复杂时，可以考虑用格林公式；

②当积分曲线比较复杂时，也应考虑使用.

（3）加边法

当曲线 L 不封闭时，要采用格林公式，要添加曲线（直线）L_1，使 $L+L_1$ 为闭曲线（注意 L_1 的方向），再使用格林公式，即

$$\int_L P\,\mathrm{d}x + Q\,\mathrm{d}y = \oint_{L+L_1} P\,\mathrm{d}x + Q\,\mathrm{d}y - \int_{L_1} P\,\mathrm{d}x + Q\,\mathrm{d}y$$

$$= \iint_D \left(\frac{\partial Q}{\partial x} - \frac{\partial P}{\partial y}\right)\mathrm{d}x\,\mathrm{d}y - \int_{L_1} P\,\mathrm{d}x + Q\,\mathrm{d}y.$$

关于 L_1 上的积分计算，采用直接计算法.

（4）用积分与路径无关条件求解

若有 $\dfrac{\partial Q}{\partial x} \equiv \dfrac{\partial P}{\partial y}$（积分与路径无关条件），则

$$\int_L P\,\mathrm{d}x + Q\,\mathrm{d}y = \int_{A(x_0,y_0)}^{B(x_1,y_1)} P\,\mathrm{d}x + Q\,\mathrm{d}y,$$

如图 7-25 所示.

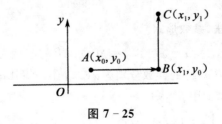

图 7-25

$$\int_{x_0}^{x_1} P(x,y_0)\,\mathrm{d}x + \int_{y_0}^{y_1} P(x_1,y)\,\mathrm{d}y.$$

特别地，$\oint_L P\,\mathrm{d}x + Q\,\mathrm{d}y = 0.$

（5）挖洞法

若在 D 内存在 P 或 Q 无定义或其偏导数不连续（或不存在）的点，则需要"挖洞"去掉该点.

如图 7－26 所示区域，而第二类曲线积分为 $\displaystyle\int_L \dfrac{x\,\mathrm{d}y - y\,\mathrm{d}x}{x^2 + y^2}$，$L$ 为不过原点的任一连续曲线，但原点在 L 所围成的区域 D 内，则选取 L_1，与 L 同方向，则

$$\int_L P\,\mathrm{d}x + Q\,\mathrm{d}y = \int_{L_1} P\,\mathrm{d}x + Q\,\mathrm{d}y,$$

其中 L_1 为 $x^2 + y^2 = \varepsilon^2$，方向如图 7－26 所示，且 ε 充分小.

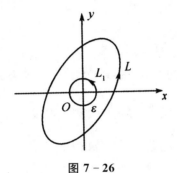

图 7－26

特别地，若 L 的表达式简单，则可用直接计算法.

例 7.2.11　计算曲线积分 $I = \displaystyle\oint_L x^2 y^3\,\mathrm{d}x + z\,\mathrm{d}y + y\,\mathrm{d}z$，其中 L 是抛物面 $z = 4 - x^2 - y^2$ 与平面 $z = 3$ 的交线，从 z 轴的正向往负向看，方向为逆时针.

解：L 的方程为

$$\begin{cases} z = 3 \\ z = 4 - x^2 - y^2 \end{cases},$$

求解方程可得

$$\begin{cases} z = 3 \\ x^2 + y^2 = 1 \end{cases}.$$

令 L 的参数方程为

$$\begin{cases} x = \cos t \\ y = \sin t \quad (0 \leqslant t \leqslant 2\pi), \\ z = 3 \end{cases}$$

从而可得

$$I = \int_0^{2\pi} \left[\cos^2 t \sin^3 t (-\sin t) + 3\cos t + 0\right] \mathrm{d}t$$

$$= -\int_0^{2\pi} \sin^4 t (1 - \sin^2 t) \mathrm{d}t + 3\int_0^{2\pi} \cos t \, \mathrm{d}t$$

$$= -4\int_0^{\frac{\pi}{2}} (\sin^4 t - \sin^6 t) \mathrm{d}t + 0$$

$$= -4\left(\frac{1 \times 3}{2 \times 4} \times \frac{\pi}{2} - \frac{1 \times 3 \times 5}{2 \times 4 \times 6} \times \frac{\pi}{2}\right)$$

$$= -\frac{\pi}{8}.$$

例 7.2.12 求 $\oint_L y^2 \mathrm{d}x - x^2 \mathrm{d}y$，其中 L 是半径为 1，中心在点 $(1,1)$ 的圆周，且沿逆时针方向，如图 7-27 所示。$\oint_L$ 表示曲线积分的路径为闭曲线，此时可取闭曲线上任一点为起点，它同时又为终点.

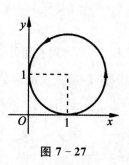

图 7-27

解：L 的参数方程为

$$x - 1 = \cos t, y - 1 = \sin t,$$

即

$$x = 1 + \cos t, y = 1 + \sin t (0 \leqslant t \leqslant 2\pi),$$

因此

$$\oint_L y^2 \mathrm{d}x - x^2 \mathrm{d}y = -\int_0^{2\pi} (2 + \sin t + \cos t + \sin^3 t + \cos^3 t) \mathrm{d}t = -4\pi.$$

7.2.4　曲面积分的计算

7.2.4.1　第一类曲面积分的计算

(1)化成二重积分计算

根据曲面的图形,合理选择投影面.如将 $\sum$ 投影在 xOy 面上,得投影区域 D_{xy}.从 $\sum$ 中解出单值函数 $z=z(x,y)$,将被积函数 $f(x,y,z)$ 中的 z 用 $z(x,y)$ 替换,用 $\sqrt{1+z_x^2+z_y^2}\,\mathrm{d}x\mathrm{d}y$ 替换 $\mathrm{d}S$,即

$$\iint\limits_{\sum} f(x,y,z)\mathrm{d}S = \iint\limits_{D_{xy}} f[x,y,z(x,y)]\sqrt{1+z_x^2+z_y^2}\,\mathrm{d}x\mathrm{d}y.$$

若不是单值函数,则必须将曲面分块,使每 j 块与平行于坐标轴的直线只交于一点.

(2)应用曲面的对称性及被积函数的奇偶性简化运算.

(3)利用轮换对称性计算.

若曲面 $\sum$ 关于 x,y,z 具有轮换对称性,则

$$\iint\limits_{\sum} f(x,y,z)\mathrm{d}S = \iint\limits_{\sum} f(y,z,x)\mathrm{d}S = \iint\limits_{\sum} f(z,x,y)\mathrm{d}S$$

$$= \frac{1}{3}\iint\limits_{\sum} [f(x,y,z)+f(y,z,x)+f(z,x,y)]\mathrm{d}S.$$

(4) 将曲面 $\sum$ 的表达式直接代入.

(5)化成对坐标的曲面积分计算.

例 7.2.13　求抛物面壳 $z=\dfrac{1}{2}(x^2+y^2)$ 其中 $0 \leqslant z \leqslant 1$ 的质量,该壳的面密度为 $\rho(x,y,z)=z$.

解:由题意知

$$M = \iint\limits_{S}\rho(x,y,z)\mathrm{d}S = \iint\limits_{S} z\mathrm{d}S = \iint\limits_{D_{xy}} z\sqrt{1+z_x'^2+z_y'^2}\,\mathrm{d}\sigma$$

$$= \iint\limits_{D_{xy}} \frac{1}{2}(x^2+y^2)\sqrt{1+x^2+y^2}\,\mathrm{d}\sigma,$$

其中 D_{xy} 为圆域: $x^2+y^2 \leqslant 2$.利用极坐标,可得

$$M = \frac{1}{2}\iint\limits_{D} r^2 \sqrt{1+r^2}\, \mathrm{d}r\,\mathrm{d}\theta = \frac{1}{2}\int_0^{2\pi}\mathrm{d}\theta\int_0^{\sqrt{2}} r^3 \sqrt{1+r^2}\, \mathrm{d}r$$

$$= \frac{\pi}{2}\int_0^2 t\sqrt{1+t}\,\mathrm{d}t = \frac{2(1+6\sqrt{3})}{15}\pi.$$

例 7.2.14 设 S 是锥面 $z^2 = k^2(x^2+y^2)(z\geqslant 0)$ 被柱面 $x^2+y^2 = 2ax(a>0)$ 所截的曲面,如图 7-28 所示,计算曲面积分

$$\iint\limits_S (y^2z^2 + z^2x^2 + x^2y^2)\mathrm{d}S.$$

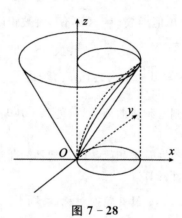

图 7-28

解: 所给曲面 S 的面积元素为
$$\mathrm{d}S = \sqrt{1+z_x'^2 + z_y'^2}\,\mathrm{d}x\,\mathrm{d}y = \sqrt{1+k^2}\,\mathrm{d}x\,\mathrm{d}y,$$
并且 S 在平面 xOy 上的投影区域 D 是圆
$$x^2 + y^2 \leqslant 2ax,$$
所以
$$\iint\limits_S (y^2z^2 + z^2x^2 + x^2y^2)\mathrm{d}S = \sqrt{1+k^2}\iint\limits_D [k^2(x^2+y^2)^2 + x^2y^2]\mathrm{d}x\,\mathrm{d}y$$
$$= 2\sqrt{1+k^2}\int_0^{\frac{\pi}{2}}\mathrm{d}\varphi\int_0^{2a\cos\varphi} r^5(k^2+\cos^2\varphi\sin^2\varphi)\mathrm{d}r$$
$$= \frac{\pi}{24}a^6(80k^2+7)\sqrt{1+k^2}.$$

7.2.4.2 第二类曲面积分的性质与计算

第二类曲面积分的计算一定注意曲面的方向(侧),具体计算方法如下:
(1)高斯公式
① 若 P,Q,R 在闭曲面 $\sum$ 所围空间区域 Ω 中有连续的一阶偏导数,则

$$\oiint\limits_{\Sigma} P\,\mathrm{d}y\,\mathrm{d}z + Q\,\mathrm{d}x\,\mathrm{d}z + R\,\mathrm{d}x\,\mathrm{d}y = \iiint\limits_{\Omega} \left(\frac{\partial P}{\partial x} + \frac{\partial Q}{\partial y} + \frac{\partial R}{\partial z}\right)\mathrm{d}v,$$

其中 $\sum$ 取外侧.

② 若 P,Q,R 较复杂, $\sum$ 非闭,则要加面,即添加辅助曲面 $\sum_1$,则

$$\iint\limits_{\Sigma} = \iint\limits_{\Sigma} + \iint\limits_{\Sigma_1} - \iint\limits_{\Sigma_1} = \iint\limits_{\Sigma+\Sigma_1} - \iint\limits_{\Sigma_1} = \iiint\limits_{\Sigma+\Sigma_1} \left(\frac{\partial P}{\partial x} + \frac{\partial Q}{\partial y} + \frac{\partial R}{\partial z}\right)\mathrm{d}v - \iint\limits_{\Sigma_1}.$$

需要指出的是 $\sum_1$ 的方向, $\sum_1$ 与 $\sum$ 一起取外侧.

（2）分面投影法

这种投影法是将有向曲面 $\sum$ 分别投影到 xOy 面, yOz 面, xOz 面上分别得 D_{xy}, D_{yz}, D_{xz},则

$$\iint\limits_{\Sigma} R(x,y,z)\,\mathrm{d}x\,\mathrm{d}y \xlongequal{z=z(x,y)} \pm \iint\limits_{D_{xy}} R[x,y,z(x,y)]\,\mathrm{d}x\,\mathrm{d}y,$$

$$\iint\limits_{\Sigma} R(x,y,z)\,\mathrm{d}x\,\mathrm{d}y \xlongequal{x=x(y,z)} \pm \iint\limits_{D_{xy}} R[x(y,z),y,z]\,\mathrm{d}y\,\mathrm{d}z,$$

$$\iint\limits_{\Sigma} R(x,y,z)\,\mathrm{d}x\,\mathrm{d}y \xlongequal{y=y(x,z)} \pm \iint\limits_{D_{xy}} R[x,y(x,z),z]\,\mathrm{d}x\,\mathrm{d}z.$$

曲面 $\sum$ 取上、前、右侧时,右边式子取"+";

曲面 $\sum$ 取下、后、左侧时,右边式子取"−".

特别地,当曲面与坐标面垂直时,投影区域变成线,则面积为零,可以简化积分计算.

（3）合一投影法

这种投影法是将定向曲面 $\sum$ 只投影到某个坐标面上.

设有向曲面 $\sum$ 在 xOy 面的投影区域为 D_{xy},则

$$\iint\limits_{\Sigma} P\,\mathrm{d}y\,\mathrm{d}z + Q\,\mathrm{d}x\,\mathrm{d}z + R\,\mathrm{d}x\,\mathrm{d}y = \pm \iint\limits_{\Sigma} (-Pz_x - Qz_y + R)\,\mathrm{d}x\,\mathrm{d}y,$$

式中,当 $\sum$ 取上侧时,等式右端取"+"号;当 $\sum$ 取下侧时,等式右端"−"号.

若将 $\sum$ 投影到 yOz 或 xOz 面,可得类似公式

（4）利用两类曲面积分的联系计算

$$\iint\limits_{\Sigma} P\,\mathrm{d}y\,\mathrm{d}z + Q\,\mathrm{d}x\,\mathrm{d}z + R\,\mathrm{d}x\,\mathrm{d}y = \pm \iint\limits_{\Sigma} (P\cos\alpha + Q\cos\beta + R\cos\gamma)\,\mathrm{d}S.$$

当曲面 $\sum$ 为平面时,由于 $\sum$ 上任意一点的法向量的方向余弦为常数,此时用此式较为方便.

例 7.2.15 计算曲面积分

$$\iint\limits_{S} x^2 \mathrm{d}y\mathrm{d}z + y^2 \mathrm{d}z\mathrm{d}x + z^2 \mathrm{d}x\mathrm{d}y,$$

其中 S 为长方体 $\Omega = \{(x,y,z) \mid 0 \leqslant x \leqslant a, 0 \leqslant y \leqslant b, 0 \leqslant z \leqslant c\}$.

解:将有向曲面 S 分成以下六部分:

$$S_1: z = c\,(0 \leqslant x \leqslant a, 0 \leqslant y \leqslant b) \text{的上侧};$$
$$S_2: z = 0\,(0 \leqslant x \leqslant a, 0 \leqslant y \leqslant b) \text{的下侧};$$
$$S_3: x = a\,(0 \leqslant y \leqslant b, 0 \leqslant z \leqslant c) \text{的前侧};$$
$$S_4: x = 0\,(0 \leqslant y \leqslant b, 0 \leqslant z \leqslant c) \text{的后侧};$$
$$S_5: y = b\,(0 \leqslant x \leqslant a, 0 \leqslant z \leqslant c) \text{的右侧};$$
$$S_6: y = 0\,(0 \leqslant x \leqslant a, 0 \leqslant z \leqslant c) \text{的左侧}.$$

因为 S_1、S_2、S_5、S_6 四片曲面在 yOz 面上的投影为零,所以有

$$\iint\limits_{S} x^2 \mathrm{d}y\mathrm{d}z = \iint\limits_{S_3} x^2 \mathrm{d}y\mathrm{d}z + \iint\limits_{S_4} x^2 \mathrm{d}y\mathrm{d}z.$$

易知

$$\iint\limits_{S} x^2 \mathrm{d}y\mathrm{d}z = \iint\limits_{D_{yz}} a^2 \mathrm{d}y\mathrm{d}z - \iint\limits_{D_{yz}} 0^2 \mathrm{d}y\mathrm{d}z = a^2 bc.$$

从而类似地,可得

$$\iint\limits_{S} y^2 \mathrm{d}z\mathrm{d}x = b^2 ac,$$

$$\iint\limits_{S} z^2 \mathrm{d}x\mathrm{d}y = c^2 ab,$$

所以所求曲面积分为 $(a+b+c)abc$.

例 7.2.16 计算 $I = \iint\limits_{S} y\mathrm{d}z\mathrm{d}x + z\mathrm{d}x\mathrm{d}y$,其中 S 为圆柱面 $x^2 + y^2 = 1$ 的前半个柱面介于平面 $z = 0$ 及 $z = 3$ 之间的部分,取后侧.

解:如图 7-29 所示,将积分曲线 S 投影到 zOx 面上,可得

$$D_{zx} = \{(z,x) \mid 0 \leqslant x \leqslant 1, 0 \leqslant z \leqslant 3\},$$

曲线 S 按 zOx 面分成左、右两部分 S_1 及 S_2,其中 $S_1: y = -\sqrt{1-x^2}$,取左侧,则有

$$\iint\limits_{S} y\mathrm{d}z\mathrm{d}x = \iint\limits_{S_1} y\mathrm{d}z\mathrm{d}x + \iint\limits_{S_2} y\mathrm{d}z\mathrm{d}x$$

$$= \iint\limits_{D_{zx}} (-\sqrt{1-x^2})\mathrm{d}z\mathrm{d}x - \iint\limits_{D_{zx}} \sqrt{1-x^2}\,\mathrm{d}z\mathrm{d}x$$

$$=-2\iint\limits_{D_{zx}}\sqrt{1-x^2}\,\mathrm{d}z\,\mathrm{d}x=-2\int_0^1\mathrm{d}x\int_0^3\sqrt{1-x^2}\,\mathrm{d}z$$

$$=-6\int_0^1\sqrt{1-x^2}\,\mathrm{d}x=(-6)\cdot\frac{\pi}{4}=-\frac{3}{2}\pi.$$

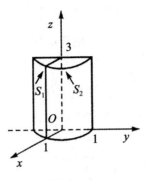

图 7 - 29

容易发现,到曲面 S 上任意点处的法向量与 z 轴正向的夹角 $\gamma=\dfrac{\pi}{2}$,因此 $\mathrm{d}x\,\mathrm{d}y=\cos\gamma\,\mathrm{d}S=0$,从而 $\iint\limits_{S}z\,\mathrm{d}x\,\mathrm{d}y=0$,由此可得

$$I=\iint\limits_{S}y\,\mathrm{d}z\,\mathrm{d}x+z\,\mathrm{d}x\,\mathrm{d}y=\iint\limits_{S}z\,\mathrm{d}x\,\mathrm{d}y+0=-\frac{3}{2}\pi.$$

7.3　多元函数积分的应用 和与其有关的问题解法

7.3.1　格林公式及其应用

定理 7.3.1　设闭区域 D 由分段光滑的曲线 L 围成,函数 $P(x,y)$ 及 $Q(x,y)$ 在闭区域 D 上具有一阶连续偏导数,则格林公式成立,即

$$\iint\limits_{D}\left(\frac{\partial Q}{\partial x}-\frac{\partial P}{\partial y}\right)\mathrm{d}x\,\mathrm{d}y=\oint_{L}P\,\mathrm{d}x+Q\,\mathrm{d}y, \qquad (7-3-1)$$

其中 L 为 D 的取正向的边界曲线.

定理 7.3.2 在区域 D 内,曲线积分

$$\int_L P\,\mathrm{d}x + Q\,\mathrm{d}y$$

与路径无关的充要条件为:在 D 内任意一条闭曲线 C,有

$$\oint_C P\,\mathrm{d}x + Q\,\mathrm{d}y = 0.$$

定理 7.3.3 设区域 D 为一个单连通域,函数 $P(x,y)$,$Q(x,y)$ 在区域 D 内具有一阶连续偏导数,那么曲线积分

$$\int_L P\,\mathrm{d}x + Q\,\mathrm{d}y$$

在 D 内与路径无关或者沿 D 内任意闭曲线的曲线积分为零的充要条件为

$$\frac{\partial P}{\partial y} = \frac{\partial Q}{\partial x}$$

在 D 内恒成立.

下面来说明格林公式的一个简单应用.在公式(7-3-1)中取

$$P = -y, Q = x,$$

可得

$$2\iint_D \mathrm{d}x\,\mathrm{d}y = \oint_L x\,\mathrm{d}y - y\,\mathrm{d}x,$$

上式左端为闭区域 D 的面积 A 的两倍,则有

$$A = \frac{1}{2} \oint_L x\,\mathrm{d}y - y\,\mathrm{d}x.$$

例 7.3.1 计算椭圆 $L: \dfrac{x^2}{a^2} + \dfrac{y^2}{b^2} = 1$ 所围的面积 A.

解: 椭圆的参数方程为

$$\begin{cases} x = a\cos t \\ y = b\sin t \end{cases} \quad (0 \leqslant t \leqslant 2\pi).$$

参数 t 由 0 变到 2π 时,L 的方向为逆时针方向,得

$$A = \frac{1}{2} \oint_L -y\,\mathrm{d}x + x\,\mathrm{d}y$$

$$= \frac{1}{2} \int_0^{2\pi} \left[(-b\sin t)(-a\sin t) + (a\cos t)(b\cos t) \right] \mathrm{d}t$$

$$= \frac{ab}{2} \int_0^{2\pi} (\sin^2 t + \cos^2 t)\,\mathrm{d}t = \pi ab.$$

例 7.3.2　计算曲线积分

$$I = \oint_L \frac{-y\,\mathrm{d}x + x\,\mathrm{d}y}{x^2 + y^2},$$

其中 L 是椭圆：

$$\frac{x^2}{a^2} + \frac{y^2}{b^2} = 1,$$

取逆时针方向.

解： 此题可利用椭圆的参数方程直接计算，但是相对麻烦. 这里试用格林公式来计算，则 P,Q 在原点不连续，不满足格林公式的条件. 这时可以采取下面的办法来处理：在椭圆 L 所围的区域内，作一个以原点为中心、以充分小的正数 ε 为半径的小圆周

$$L_\varepsilon : x^2 + y^2 = \varepsilon^2,$$

使 L_ε 完全含于 L 所围区域的内部. L_ε 取顺时针方向. 用 D 表示 L 与 L_ε 间的区域，则 P,Q 在 D 上连续可微，可以用格林公式，于是有

$$\int_L \frac{-y\,\mathrm{d}x + x\,\mathrm{d}y}{x^2 + y^2} + \int_{L_\varepsilon} \frac{-y\,\mathrm{d}x + x\,\mathrm{d}y}{x^2 + y^2}$$

$$= \iint_D \left[\frac{\partial}{\partial x}\left(\frac{x}{x^2 + y^2} \right) - \frac{\partial}{\partial y}\left(\frac{-y}{x^2 + y^2} \right) \right] \mathrm{d}x\,\mathrm{d}y$$

$$= \iint_D \left[\frac{y^2 - x^2}{(x^2 + y^2)^2} - \frac{y^2 - x^2}{(x^2 + y^2)^2} \right] \mathrm{d}x\,\mathrm{d}y$$

$$= 0.$$

因此

$$I = \oint_L \frac{-y\,\mathrm{d}x + x\,\mathrm{d}y}{x^2 + y^2} = -\oint_{L_\varepsilon} \frac{-y\,\mathrm{d}x + x\,\mathrm{d}y}{x^2 + y^2} = \oint_{L_\varepsilon^-} \frac{-y\,\mathrm{d}x + x\,\mathrm{d}y}{x^2 + y^2}.$$

曲线 L_ε^- 为逆时针方向，其积分值等于 2π. 所以，最后得

$$I = \oint_L \frac{-y\,\mathrm{d}x + x\,\mathrm{d}y}{x^2 + y^2} = 2\pi.$$

由此例可见，可以利用格林公式将一个曲线积分化为另一个简单的曲线积分. 在上例中，只要闭路所围区域包含原点，方向为逆时针方向，则积分值总是等于 2π；若闭路所围区域不包含原点，则积分值必为零.

7.3.2　高斯公式及其应用

定理 7.3.4 高斯公式　设空间闭区域 V 是由光滑或分片光滑的闭曲线 S 所围成的单连通域，函数 $P(x,y,z)$、$Q(x,y,z)$、$R(x,y,z)$ 在 V 上有

一阶连续偏导数,则

$$\oiint\limits_{S} P\,\mathrm{d}y\,\mathrm{d}z + Q\,\mathrm{d}z\,\mathrm{d}x + R\,\mathrm{d}x\,\mathrm{d}y = \iiint\limits_{V} \left(\frac{\partial P}{\partial x} + \frac{\partial Q}{\partial y} + \frac{\partial R}{\partial z} \right) \mathrm{d}V,$$

其中 S 取外侧.

例 7.3.3 计算曲面积分

$$I = \oiint\limits_{S} 2x^3\,\mathrm{d}y\,\mathrm{d}z + 2y^3\,\mathrm{d}z\,\mathrm{d}x + 3(z^2-1)\,\mathrm{d}x\,\mathrm{d}y,$$

其中 S 是曲面 $z = 1 - x^2 - y^2 \, (z \geqslant 0)$ 的上侧,如图 7-30 所示.

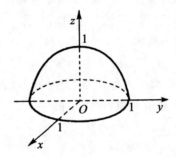

图 7-30

解: 引进辅助曲面 $S_1 : 0, (x,y) \in D_{xy}$,取下侧,即

$$D_{xy} = \{ (x,y) \mid x^2 + y^2 \leqslant 1 \},$$

则有

$$I = \oiint\limits_{S+S_1} 2x^3\,\mathrm{d}y\,\mathrm{d}z + 2y^3\,\mathrm{d}z\,\mathrm{d}x + 3(z^2-1)\,\mathrm{d}x\,\mathrm{d}y$$

$$- \oiint\limits_{S_1} 2x^3\,\mathrm{d}y\,\mathrm{d}z + 2y^3\,\mathrm{d}z\,\mathrm{d}x + 3(z^2-1)\,\mathrm{d}x\,\mathrm{d}y,$$

于是,根据高斯公式,可得

$$\oiint\limits_{S+S_1} 2x^3\,\mathrm{d}y\,\mathrm{d}z + 2y^3\,\mathrm{d}z\,\mathrm{d}x + 3(z^2-1)\,\mathrm{d}x\,\mathrm{d}y$$

$$= \iiint\limits_{V} 6(x^2 + y^2 + z)\,\mathrm{d}x\,\mathrm{d}y\,\mathrm{d}z$$

$$= 6 \int_0^{2\pi} \mathrm{d}\theta \int_0^1 \mathrm{d}r \int_0^{1-r^2} (z + r^2) r\,\mathrm{d}z$$

$$= 12\pi \int_0^1 \left[\frac{1}{2} r(1-r^2)^2 + r^3(1-r^2) \right] \mathrm{d}r$$

$$= 2\pi.$$

又由于

$$\oiint\limits_{S_1} 2x^3\mathrm{d}y\mathrm{d}z + 2y^3\mathrm{d}z\mathrm{d}x + 3(z^2-1)\mathrm{d}x\mathrm{d}y = -\iint\limits_{x^2+y^2\leqslant 1}(-3)\mathrm{d}x\mathrm{d}y = 3\pi,$$

因此

$$I = 2\pi - 3\pi = -\pi.$$

7.3.3 斯托克斯公式及其应用

定理 7.3.5 斯托克斯公式 设 S 是以曲线 L 为边界的分片光滑曲面, 如果函数

$$P(x,y,z),Q(x,y,z),R(x,y,z)$$

在包含曲面 S 在内的某个空间区域上具有连续的一阶偏微商,则有

$$\oint_L P\mathrm{d}x + Q\mathrm{d}y + R\mathrm{d}z = \iint_S \left(\frac{\partial R}{\partial y} - \frac{\partial Q}{\partial z}\right)\mathrm{d}y\mathrm{d}z + \left(\frac{\partial P}{\partial z} - \frac{\partial R}{\partial x}\right)\mathrm{d}z\mathrm{d}x$$
$$+ \left(\frac{\partial Q}{\partial x} - \frac{\partial P}{\partial y}\right)\mathrm{d}x\mathrm{d}y,$$

其中,L 的取向与 S 的取向相协调.

例 7.3.4 根据斯托克斯公式计算曲线积分

$$I = \oint_\Gamma (y^2-z^2)\mathrm{d}x + (z^2-x^2)\mathrm{d}y + (x^2-y^2)\mathrm{d}z,$$

其中 Γ 为用平面 $x+y+z = \dfrac{3}{2}$ 截立方体 $0\leqslant x\leqslant 1, 0\leqslant y\leqslant 1, 0\leqslant z\leqslant 1$ 的表面所得的截痕,如果从 Ox 轴的正向看去,取其逆时针方向,如图 7-31 所示.

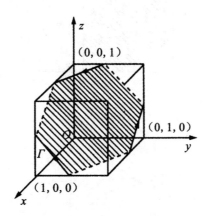

图 7-31

解: 取 S 为平面 $x+y+z=\dfrac{3}{2}$ 的上侧被 Γ 所围成部分，S 的单位法向量为

$$\boldsymbol{n}=\frac{1}{\sqrt{3}}\{1,1,1\},$$

则有

$$\cos\alpha=\cos\beta=\cos\gamma=\frac{1}{\sqrt{3}}.$$

根据斯托克斯公式，则有

$$I=\iint\limits_{S}\begin{vmatrix} \dfrac{1}{\sqrt{3}} & \dfrac{1}{\sqrt{3}} & \dfrac{1}{\sqrt{3}} \\[2mm] \dfrac{\partial}{\partial x} & \dfrac{\partial}{\partial y} & \dfrac{\partial}{\partial z} \\[2mm] y^2-z^2 & z^2-x^2 & x^2-y^2 \end{vmatrix}\mathrm{d}S=-\frac{4}{\sqrt{3}}\iint\limits_{S}(x,y,z)\mathrm{d}S.$$

由于在 S 上

$$x+y+z=\frac{3}{2},$$

所以

$$I=-\frac{4}{\sqrt{3}}\times\frac{3}{2}\iint\limits_{S}\mathrm{d}S=-2\sqrt{3}\iint\limits_{D_{xy}}\sqrt{3}\,\mathrm{d}x\,\mathrm{d}y=-6\sigma_{xy}.$$

其中 D_{xy} 为 S 在 xOy 平面上的投影区域，σ_{xy} 为 D_{xy} 的面积，如图 $7-32$ 所示。

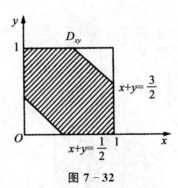

图 $7-32$

因为

$$\sigma_{xy}=1-2\times\frac{1}{8}=\frac{3}{4},$$

所以

$$I=-\frac{9}{2}.$$

7.4　数形结合与对称性方法

在计算多元积分时,巧用对称性往往可以起到事半功倍的效果,而对称性正是数形结合方法的一种完美体现.前面已经有一些多元积分例子,在计算过程中应用对称性简化计算.

在高等数学中,常见的积分对称性有:"偶倍奇零";轮换对称性;关于直线 $y=x$ 对称.

关于"偶倍奇零"原则,适用于第一类曲线积分,见表 7 - 1.

表 7 - 1

积分域图形关于 $x=0$ 对称	f 关于变量 x 为偶(奇)函数	积分为"偶倍奇零"
$[-a,a]$:对称于轴	$f(-x)=\pm f(x)$	$I_1 = \int_{-a}^{a} f(x)\,\mathrm{d}x = \begin{cases} 2\int_0^a f\,\mathrm{d}x \\ 0 \end{cases}$
D:对称于 y 轴	$f(-x,y)=\pm f(x,y)$	$I_2 = \iint_D f(x,y)\,\mathrm{d}\sigma = \begin{cases} 2\iint_{D_1} f\,\mathrm{d}\sigma \\ 0 \end{cases}$
L:对称于 y 轴	$f(-x,y)=\pm f(x,y)$	$I_3 = \int_L f(x,y)\,\mathrm{d}s = \begin{cases} 2\int_{L_1} f\,\mathrm{d}s \\ 0 \end{cases}$
Ω:对称于 yOz 面	$f(-x,y,z)=\pm f(x,y,z)$	$I_4 = \iiint_\Omega f(x,y,z)\,\mathrm{d}v = \begin{cases} 2\iiint_{\Omega_1} f\,\mathrm{d}v \\ 0 \end{cases}$
Γ:对称于 yOz 面	$f(-x,y,z)=\pm f(x,y,z)$	$I_5 = \int_\Gamma f(x,y,z)\,\mathrm{d}s = \begin{cases} 2\int_{\Gamma_1} f\,\mathrm{d}s \\ 0 \end{cases}$

续表

积分域图形关于 $x=0$ 对称	f 关于变量 x 为偶（奇）函数	积分为"偶倍奇零"
Σ:对称于 yOz 面	$f(-x,y,z)=\pm f(x,y,z)$	$I_6=\iint\limits_{\Sigma}f(x,y,z)\,\mathrm{d}S=\begin{cases}2\iint\limits_{\Sigma_1}f\mathrm{d}S\\0\end{cases}$

注:①对于二维的积分 I_2、I_3,还有积分域及被积函数关于 y 性质的类似描述.

②对于三维的积分 I_4、I_5、I_6,还有积分域及被积函数分别关于 y 与 z 性质的类似描述.

所有对称性分别取决于关于点、直线或平面为对称的两个对称点的坐标的关系特征.

(1) xOy 平面上曲线 $L:L(x,y)=0$ 的对称性(表 7-2).

表 7-2

对称于	$L(x,y)=0$ 的特征	L 的采用部分
原点 O	$L(x,y)=L(-x,-y)=0$	$L_2:L$ 的 $x\geqslant0$ 部分 $L_1:L_2$ 的 $y\geqslant0$ 部分
x 轴	$L(x,y)=L(x,-y)=0$	
y 轴	$L(x,y)=L(-x,y)=0$	
直线 $y=x$	$L(x,y)=L(y,x)=0$	$L_2:L$ 的 $x\geqslant y$ 部分 $L_1:L_2$ 的 $y\geqslant0$ 部分
$y=-x$	$L(x,y)=L(-y,-x)=0$	
平面有界闭区域 D 的对称性$\Leftrightarrow$ 边界曲线 ∂D 的对称性		$D_2:D$ 的相应对称区域之半

(2) $O-xyz$ 空间上曲面 $S:S(x,y,z)=0$ 的对称性(表 7-3).

表 7-3

对称于	$S(x,y,z)=0$ 的特征	S 的采用部分
原点 O	$S(x,y,z)=S(-x,-y,-z)=0$	$S_2:S$ 的 $x\geqslant0$ 部分 $S_1:S_2$ 的 $y\geqslant0$ 部分
x 轴	$S(x,y,z)=S(x,-y,-z)=0$	
y 轴	$S(x,y,z)=S(-x,y,-z)=0$	
z 轴	$S(x,y,z)=S(-x,-y,z)=0$	

续表

对称于	$S(x,y,z)=0$ 的特征	S 的采用部分
直线 $y=x$	$S(x,y,z)=S(y,x,z)=0$	$S_2:S$ 的 $x \geqslant y$ 部分
$y=-x$	$S(x,y,z)=S(-y,-x,z)=0$	$S_2:S$ 的 $x \geqslant -y$ 部分
yOz 平面	$S(x,y,z)=S(-x,y,z)=0$	$S_2:S$ 的 $x \geqslant 0$ 部分
zOx 平面	$S(x,y,z)=S(x,-y,z)=0$	$S_2:S$ 的 $y \geqslant 0$ 部分
xOy 平面	$S(x,y,z)=S(x,y,-z)=0$	$S_2:S$ 的 $z \geqslant 0$ 部分
空间有界闭区域 Ω 的对称性 $\Leftrightarrow$ 边界曲线 $\partial\Omega$ 的对称性		$\Omega_2:\Omega$ 的相应对称区域之半
空间曲线 $\Gamma:\begin{cases}F(x,y,z)=0\\G(x,y,z)=0\end{cases}$ 的对称性 $\Leftrightarrow$ 曲线 F 与 G 相交部分的同类对称性		$\Gamma_2:\Gamma$ 的相应对称曲线之半

(3)$O-xyz$ 空间上函数 $f(x,y,z)$ 的奇偶性.

函数的奇偶性约定:设函数 $f(x,y,z)$ 在所论区域 D 中,分别关于原点 O、x 轴、y 轴或 z 轴,直线 $y=x$ 或 $y=-x$,坐标平面 yOz,zOx 或 xOy 为对称,而 $P(x,y,z)$ 和 $P'(x',y',z')$ 是 D 中的任两个对称点.

若 $f(P)=f(P')$,则称 $f(x,y,z)$ 在相应对称性意义下为偶性;

若 $f(P)=-f(P')$,则称 $f(x,y,z)$ 在相应对称性意义下为奇性.

对于函数 $f(x,y)$,$f(x)$ 的奇偶性也做类似的约定.

(4)多元积分的对称性.

先约定一些记号.

①设 D 统一表示为定积分的积分区间,或(平面/空间)第一类曲线积分的积分路线,或二、三重积分的积分区域,或第一类曲面积分的积分曲面.

②当 D 具有上述对称性之一时,在 xOy 平面情形,记 D_2 如表 7-2 中的 L_2 或 D_2;在 $O-xyz$ 空间,记 D_2 为表 7-3 中的 S_2 或 Ω_2 或 Γ_2,L_+ 表示正向平面曲线,Γ_+ 表示正向空间曲线,S_+ 表示正侧曲面.

③$f(P)$ $(P \in D \subset R^k, k=1,2,3)$ 是 D 上的一、二或三元函数. $\int_D f(P)\mathrm{d}\omega$ 表示函数 $f(P)$ 在 D 上的上述相应的定积分,(平面 / 空间)第一类曲线积分,二 / 三重积分.

关于积分的对称性见表 7-4 所列的结论.

表 7-4

D 的对称性	$f(P)$ 在 D 上奇偶性	积分表示
具有各种对称性之一	奇性	$\displaystyle\int_D f(P)\,\mathrm{d}w = 0$
	偶性	$\displaystyle\int_D f(P)\,\mathrm{d}w = 2\int_{D_2} f(P)\,\mathrm{d}w$
对称于原点 O,x 轴或 y 轴	奇性	第二类曲线积分 $\displaystyle\int_{\substack{L_+ \\ \Gamma_+}} f(P)\,\mathrm{d}x\,(/\mathrm{d}y) = 2\int_{\substack{L_{2+} \\ \Gamma_{2+}}} f(P)\,\mathrm{d}x\,(/\mathrm{d}y)$
	偶性	$\displaystyle\int_{\substack{L_+ \\ \Gamma_+}} f(P)\,\mathrm{d}x\,(/\mathrm{d}y) = 0$
对称于原点 O,x 轴,y 轴或 yOz 平面	奇性	第二类曲线积分 $\displaystyle\int_{S_+} f(P)\,\mathrm{d}y\mathrm{d}z = 2\int_{S_{2+}} f(P)\,\mathrm{d}y\mathrm{d}z$
	偶性	$\displaystyle\int_{S_+} f(P)\,\mathrm{d}y\mathrm{d}z = 0$
对于 $\displaystyle\int_{S_+} f(P)\,\mathrm{d}x\mathrm{d}y$ 和 $\displaystyle\int_{S_+} f(P)\,\mathrm{d}z\mathrm{d}x$,结论类似		
对称轴 $y = \pm x$	无奇偶性要求	$\displaystyle\iint_D f(x,y)\mathrm{d}x\mathrm{d}y = \iint_D f(\pm y,\pm x)\mathrm{d}x\mathrm{d}y$ $\displaystyle = \frac{1}{2}\iint_D [f(x,y)+f(\pm y,\pm x)]\mathrm{d}x\mathrm{d}y$
	奇性	$= 0$
	偶性	$\displaystyle = \iint_{D_2} f(x,y)\mathrm{d}x\mathrm{d}y$
三重积分情形的结论类似		

续表

D 的对称性	$f(P)$ 在 D 上奇偶性	积分表示
轮换替代，D 总不变	对于三重积分，第一类曲线积分 $$\int_D f(x,y,z)\mathrm{d}w = \int_D f(y,z,x)\mathrm{d}w = \int_D f(z,x,y)\mathrm{d}w$$ $$= \frac{1}{3}\int_D \left[f(x,y,z) + f(y,z,x) + f(z,x,y)\right]\mathrm{d}w$$	

例 7.4.1 设圆域 $D: x^2 + y^2 \leqslant 2y$，计算二重积分 $I = \iint_D (ax^2 + by^2)\mathrm{d}\sigma$.

解法 1：积分区域 D 关于 y 轴对称，其第一象限部分用极坐标表示为 $D_1: 0 \leqslant r \leqslant 2\sin\theta, 0 \leqslant \theta \leqslant \dfrac{\pi}{2}$. 被积函数关于 x 为偶函数，因此

$$I = 2\iint_{D_1} (ax^2 + by^2)\mathrm{d}\sigma = 2\int_0^{\frac{\pi}{2}} (a\cos^2\theta + b\sin^2\theta)\mathrm{d}\theta \int_0^{2\sin\theta} r^3 \mathrm{d}r$$

$$= 8\int_0^{\frac{\pi}{2}} (a\cos^2\theta + b\sin^2\theta)\sin^4\theta \mathrm{d}\theta$$

$$= 8\int_0^{\frac{\pi}{2}} \left[a\cos^4\theta + (b-a)\sin^6\theta\right]\mathrm{d}\theta$$

$$= 8\left[a \cdot \frac{3}{4} \cdot \frac{1}{2} \cdot \frac{\pi}{2} + (b-a) \cdot \frac{5}{6} \cdot \frac{3}{4} \cdot \frac{1}{2} \cdot \frac{\pi}{2}\right] = \frac{1}{4}(a+5b)\pi.$$

解法 2：做坐标平移 $u = x, v = y - 1$，则 D 在 uv 平面上为 $D_0: u^2 + v^2 \leqslant 1$，且有 $\mathrm{d}u\mathrm{d}v = \mathrm{d}x\mathrm{d}y$. 于是

$$I = 2\iint_{D_0} \left[au^2 + b(v+1)^2\right]\mathrm{d}u\mathrm{d}v = 2\iint_{D_0} (au^2 + bv^2 + 2bv + b)\mathrm{d}u\mathrm{d}v.$$

由区域 D_0 的对称性，函数 $2bv$ 的奇性及轮换对称性，分别可得

$$\iint_{D_0} 2bv\mathrm{d}u\mathrm{d}v = 0, \quad \iint_{D_0} u^2\mathrm{d}u\mathrm{d}v = \iint_{D_0} v^2\mathrm{d}u\mathrm{d}v = \frac{1}{2}\iint_{D_0} (u^2+v^2)\mathrm{d}u\mathrm{d}v,$$

所以

$$I = \frac{a+b}{2}\iint_{D_0} (u^2+v^2)\mathrm{d}u\mathrm{d}v + b\iint_{D_0} \mathrm{d}u\mathrm{d}v$$

$$= \frac{a+b}{2}\int_0^{2\pi}\mathrm{d}\theta \int_0^1 r^3\mathrm{d}r + b\pi = \frac{a+b}{2}\frac{\pi}{2} + b\pi$$

$$= \frac{1}{4}(a+5b)\pi.$$

例 7.4.2 求 $I = \iiint\limits_{\Omega} |z - x^2 - y^2|\, \mathrm{d}v$ 的值.其中 $\Omega = 0 \leqslant z \leqslant 1, x^2 + y^2 \leqslant 1$.

解: 为消去被积函数中的绝对值,应把 Ω 分成 Ω_1 及 Ω_2,如图 $7 - 33$ 所示.则有

$$I = \iiint\limits_{\Omega_1} |z - x^2 - y^2|\, \mathrm{d}v + \iiint\limits_{\Omega_2} |z - x^2 - y^2|\, \mathrm{d}v$$

$$= \int_0^{2\pi} \mathrm{d}\theta \int_0^1 \rho\, \mathrm{d}\rho \int_{\rho^2}^1 (z - \rho^2)\, \mathrm{d}z + \int_0^{2\pi} \mathrm{d}\theta \int_0^1 \rho\, \mathrm{d}\rho \int_1^{\rho^2} (\rho^2 - z)\, \mathrm{d}z$$

$$= \frac{\pi}{3}.$$

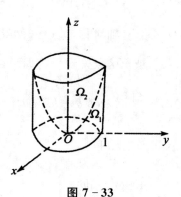

图 $7 - 33$

例 7.4.3 求 $\int_L (x^2 + y)\, \mathrm{d}s$,其中 L 是球面 $x^2 + y^2 + z^2 = R^2$ 与平面 $x + y + z = 0$ 的交线,且 $R > 0$.

解: 根据轮换对称性,有

$$\int_L x^2\, \mathrm{d}s = \int_L y^2\, \mathrm{d}s = \int_L z^2\, \mathrm{d}s = \frac{1}{3} \int_L (x^2 + y^2 + z^2)\, \mathrm{d}s$$

$$= \frac{1}{3} \int_L R^2\, \mathrm{d}s = \frac{1}{3} R^2 \int_L \mathrm{d}s = \frac{2}{3} \pi R^3.$$

$$\int_L y\, \mathrm{d}s = \int_L x\, \mathrm{d}s = \int_L z\, \mathrm{d}s = \frac{1}{3} \int_L (x + y + z)\, \mathrm{d}s = \frac{1}{3} \int_L 0\, \mathrm{d}s = 0.$$

所以

$$\int_L (x^2 + y)\, \mathrm{d}s = \frac{2}{3} \pi R^3.$$

例 7.4.4　设曲面 $\sum : z = \sqrt{x^2 + y^2}, z \leqslant 1$,计算曲面积分

$$I = \iint\limits_{\Sigma} (3x^2 - 2xy + y^2 - 3z)\mathrm{d}S.$$

解:由对称性,$\iint\limits_{\Sigma} 2xy\mathrm{d}S = 0$,$\iint\limits_{\Sigma} x^2 \mathrm{d}S = \iint\limits_{\Sigma} y^2 \mathrm{d}S = \iint\limits_{\Sigma} \dfrac{x^2 + y^2}{2}\mathrm{d}S.$

在 xOy 平面上的投影为 $D : x^2 + y^2 \leqslant 1$.因为 $z = \sqrt{x^2 + y^2}$,有 $\mathrm{d}S = \sqrt{1 + z_x^2 + z_y^2} = \sqrt{2}\,\mathrm{d}x\,\mathrm{d}y$.所以

$$
\begin{aligned}
I &= \iint\limits_{\Sigma} 2(x^2 + y^2)\mathrm{d}S - \iint\limits_{\Sigma} 3\sqrt{x^2 + y^2}\,\mathrm{d}S \\
&= \iint\limits_{x^2 + y^2 \leqslant 1} \left[2(x^2 + y^2) - 3\sqrt{x^2 + y^2} \right]\sqrt{2}\,\mathrm{d}x\,\mathrm{d}y \\
&= \sqrt{2}\int_0^{2\pi} \mathrm{d}\theta \int_0^1 (2r^3 - 3r^2)\mathrm{d}r \\
&= -\sqrt{2}\,\pi.
\end{aligned}
$$

第8章 级数思想与解题方法

与微分、积分一样,无穷级数(以下简称级数)是一个重要的数学工具,它们都以极限为理论基础.微积分的研究对象是函数,而无穷级数是研究函数的有力工具,它所研究的是无穷多个数或无穷多个函数的和,因此有着广泛的应用.

8.1 级数的思想方法

级数无论在数学理论本身的研究中还是在工程技术的应用中都是非常重要的,它既可以作为一个函数或函数表达式,又可以求得一些近似公式.具体地说,可以利用级数来表示初等函数和一些重要初等函数,而且利用级数可以求出函数、积分和微分方程的数值解.18 世纪以来,级数一直被认为是微积分的一个不可缺少的部分,极限理论是级数理论的基础,从形式上看,级数是无穷项相加,即

$$\sum_{n=1}^{\infty} = u_1 + u_2 + \cdots + u_n + \cdots$$

对于无穷项相加的"和",如果试图逐项地加下去,那将是永无尽止的.

极限理论使我们搞清楚级数"和"的意义.令 $s_n = \sum_{k=1}^{n} u_k (n = 1, 2, \cdots)$,对 $\sum_{n=1}^{\infty} u_n$ 的研究就转化为对极限 $\lim_{n \to \infty} s_n$ 的研究,由此可以看到无穷项相加可能得到一个有限数(若 $\lim_{n \to \infty} s_n$ 存在的话);反之,一个有限量可以用无限形式来表示,这也反映了人们认识上的一个飞跃 —— 有限与无限辩证的统一.

把函数展为级数,一方面固然是把确定的东西变为某种不确定的东西;可另一方面同时却也把某些不易掌握的对象变为我们所熟知的东西了.直到现在,把一个复杂的运动分解为一系列基本的简谱运动的叠加,这种十分自然的思想仍是近代物理学中分析处理问题时的一个很基本的思想.

18 世纪,级数的敛散性问题还没有引起人们足够的重视,往往不加分析地利用级数,因而也就得到一些荒谬的结果,如对级数:

$$1-1+1-1+1-\cdots$$

的"和"一直争论不休,有认为是 0,也有认为是 $\dfrac{1}{2}$.这主要是因为当时对级数敛散性的认识尚不清楚之故,因而也就促使人们对级数理论的深入探讨.自 Fourier 和 Canchy 先后给出级数敛散性的明确定义之后,解释了人们在这方面的困惑,因此,级数敛散性问题是研究级数理论的一个最基本而且重要的课题.

幂级数是函数项级数中一类非常重要的级数形式,这是因为幂级数在其收敛域内有许多好性质:和函数可以用多项式函数(部分和)来近似;和函数在收敛域内是连续的,且可逐项微分、积分,因此,确定幂级数的收敛域是十分重要的问题.

已知正、余弦函数是周期函数,那么其他周期函数或者定义于有限区间上的函数能否利用正、余弦函数来研究? 事实上,Dirichlet 证明了非常广泛的一类函数 $f(x)$ 可以展开为三角级数(傅里叶级数):

$$f(x)=\frac{a_0}{2}+\sum_{n=1}^{\infty}(a_n\cos nx+b_n\sin nx). \qquad (8-1-1)$$

若式(8-1-1)是成立的,式中 a_n、b_n 要如何确定的? 什么条件下式(8-1-1)成立? 后一个问题比较复杂,至今还没有完全解决.这里重点是如何将周期函数 $f(x)$ 或者定义于有限区间上的函数 $f(x)$ 展开为傅里叶级数.

8.2　函数项级数判敛方法

8.2.1　正项级数敛散性的判断

利用级数敛散与发散的定义来判断级数的敛散性,既严谨准确而且能求出其和 s.但是对比较复杂的级数来说,其部分和 s_n 难以求出,而在判断敛散性和求和两者之中,前者更为重要.因此需要寻求判别级数敛散性的更直接、更简便的方法.

8.2.1.1 比较判别法

如果级数 $\sum\limits_{n=1}^{\infty} u_n$ 的每一项 $u_n \geqslant 0$,则称 $\sum\limits_{n=1}^{\infty} u_n$ 为正项级数.

定理 8.2.1 正项级数 $\sum\limits_{n=1}^{\infty} u_n$ 收敛的充分必要条件是它的部分和数列 $\{s_n\}$ 有界.

这是单调递增有上界数列收敛的极限准则和收敛数列必有界两个结果的直接推论.

根据定理 8.2.1,比较两个正项级数的一般项的大小,可得关于正项级数敛散性判别的基本方法——比较判别法.

定理 8.2.2 比较判别法 设正项级数 $\sum\limits_{n=1}^{\infty} u_n$ 和 $\sum\limits_{n=1}^{\infty} v_n$ 满足

$$u_n \leqslant v_n (n=1,2,3,\cdots), \qquad (8-2-1)$$

则(1) 若 $\sum\limits_{n=1}^{\infty} v_n$ 收敛,$\sum\limits_{n=1}^{\infty} u_n$ 也收敛;(2) 若 $\sum\limits_{n=1}^{\infty} u_n$ 发散,$\sum\limits_{n=1}^{\infty} v_n$ 也发散.

证:因为改变级数的有限项并不影响原有级数的敛散性,因此不妨设不等式(8-2-1)对 $\forall n \in \mathbf{N}$ 成立.记 $\sum\limits_{n=1}^{\infty} u_n$、$\sum\limits_{n=1}^{\infty} v_n$ 的部分和分别为 s'_n 和 s''_n,则有

$$s'_n \leqslant s''_n. \qquad (8-2-2)$$

于是,由 $\{s''_n\}$ 有界,得到 $\{s'_n\}$ 有界,由 $\{s'_n\}$ 无界得出 $\{s''_n\}$ 也无界,所以结论成立.

例 8.2.1 讨论级数 $\sum\limits_{n=1}^{\infty} \dfrac{1}{n^2}$ 的敛散性.

解:当 $n \geqslant 2$ 时,有

$$\frac{1}{n^2} < \frac{1}{(n-1)n},$$

而由定理 8.2.1 知级数 $\sum\limits_{n=2}^{\infty} \dfrac{1}{(n-1)n}$ 收敛.于是,由定理 8.2.2 可知级数 $\sum\limits_{n=1}^{\infty} \dfrac{1}{n^2}$ 收敛.

例 8.2.2 判定下列级数的敛散性:

(1) $\sum\limits_{n=1}^{\infty} \dfrac{1}{n^2+n}$;   (2) $\sum\limits_{n=1}^{\infty} \ln\left(1+\dfrac{1}{n}\right)$.

解:(1)由于

$$\frac{1}{n^2+n}<\frac{1}{n^2},$$

又由例 8.2.1 知 $\sum\limits_{n=1}^{\infty}\dfrac{1}{n^2}$ 是收敛的,所以根据比较判别法,得出级数 $\sum\limits_{n=1}^{\infty}\dfrac{1}{n^2+n}$ 收敛.

(2)因为

$$\lim_{n\to\infty}\frac{\ln\left(1+\dfrac{1}{n}\right)}{\dfrac{1}{n}}=\lim_{n\to\infty}\ln\left(1+\frac{1}{n}\right)^{n}=1,$$

而 $\sum\limits_{n=1}^{\infty}\dfrac{1}{n}$ 发散,由比较判别法,得到级数 $\sum\limits_{n=1}^{\infty}\ln\left(1+\dfrac{1}{n}\right)$ 也发散.

例 8.2.3 证明级数 $\sum\limits_{n=1}^{\infty}\dfrac{1}{\sqrt{n(n+1)}}$ 是发散的.

证:因为 $\dfrac{1}{\sqrt{n(n+1)}}>\dfrac{1}{n+1}$,而级数 $\sum\limits_{n=1}^{\infty}\dfrac{1}{n+1}$ 发散,所以由比较判别法,可知此级数是发散的.

实际使用上,比较判别法的下述极限形式往往更为方便.

定理 8.2.3 设 $\sum\limits_{n=1}^{\infty}u_n$ 与 $\sum\limits_{n=1}^{\infty}v_n$ 均为正项级数,且 $\lim\limits_{n\to\infty}\dfrac{u_n}{v_n}=l.$

(1)当 $0<l<+\infty$ 时,这两个级数有相同的敛散性;

(2)当 $l=0$ 时,若 $\sum\limits_{n=1}^{\infty}v_n$ 收敛,则 $\sum\limits_{n=1}^{\infty}u_n$ 收敛;

(3)当 $l=+\infty$ 时,若 $\sum\limits_{n=1}^{\infty}v_n$ 发散,则 $\sum\limits_{n=1}^{\infty}u_n$ 发散.

例 8.2.4 判别级数 $\sum\limits_{n=1}^{\infty}\sin\dfrac{1}{n}$ 的敛散性.

解:因为 $\lim\limits_{n\to\infty}\dfrac{\sin\dfrac{1}{n}}{\dfrac{1}{n}}=1$,而 $\sum\limits_{n=1}^{\infty}\dfrac{1}{n}$ 是发散的,由定理 8.2.3,知 $\sum\limits_{n=1}^{\infty}\sin\dfrac{1}{n}$ 发散.

推论 8.2.1 设 $\sum\limits_{n=1}^{\infty}u_n$ 是正项级数,且 $\lim\limits_{n\to\infty}n^{p}u_n=l(0\leqslant l\leqslant+\infty)$,则

(1)当 $p>1$,且 $0\leqslant l<+\infty$ 时,级数 $\sum\limits_{n=1}^{\infty}u_n$ 收敛;

(2)当 $p\leqslant1$,且 $0<l\leqslant+\infty$ 时,级数 $\sum\limits_{n=1}^{\infty}u_n$ 发散.

8.2.1.2　比值判别法

用比较判别法需要找出一个敛散性已知的级数和待判断的级数进行比较,这一点往往比较困难.下面介绍一个使用比较方便的判别法——比值判别法.

若 $\sum\limits_{n=1}^{\infty} u_n$ 是正项级数,且 $\lim\limits_{n\to\infty}\dfrac{u_{n+1}}{u_n}=\rho$,则

(1)当 $\rho<1$ 时,级数收敛;

(2)当 $\rho>1$ 时,级数发散;

(3)当 $\rho=1$ 时,级数可能收敛,也可能发散,本判别法失效.

比值判别法不需要寻找另外一个级数,只需要通过自身就能判别其敛散性,但此方法有失效的时候.

例 8.2.5　判别级数 $1+a+\dfrac{a^2}{2!}+\dfrac{a^3}{3!}+\cdots+\dfrac{a^n}{n!}+\cdots$ 的敛散性.

解:因为

$$\lim_{n\to\infty}\frac{u_{n+1}}{u_n}=\lim_{n\to\infty}\frac{a^{n+1}}{(n+1)!}\cdot\frac{n!}{a^n}=\lim_{n\to\infty}\frac{a}{n+1}=0<1,$$

所以此级数收敛.

例 8.2.6　判定级数 $\sum\limits_{n=1}^{\infty}\dfrac{n}{2^n}$ 的敛散性.

解:因为

$$\lim_{n\to\infty}\frac{u_{n+1}}{u_n}=\lim_{n\to\infty}\frac{\dfrac{n+1}{2^{n+1}}}{\dfrac{n}{2^n}}=\lim_{n\to\infty}\frac{n+1}{2n}=\frac{1}{2}<1$$

由比值判别法,知级数 $\sum\limits_{n=1}^{\infty}\dfrac{n}{2^n}$ 收敛.

例 8.2.7　判定级数 $\sum\limits_{n=1}^{\infty}\dfrac{1}{n(2n+1)}$ 的敛散性.

解:因为

$$\lim_{n\to\infty}\frac{u_{n+1}}{u_n}=\lim_{n\to\infty}\frac{\dfrac{1}{(n+1)(2n+3)}}{\dfrac{1}{n(2n+1)}}=1,$$

由比值判别法无法确定该级数的敛散性.

实际上判断这个级数的敛散性可以用比较判别法.

因为

$$\lim_{n\to\infty}\frac{\dfrac{1}{n(2n+1)}}{\dfrac{1}{n^2}}=\lim_{n\to\infty}\frac{n^2}{n(2n+1)}=\frac{1}{2},$$

级数 $\sum\limits_{n=1}^{\infty}\dfrac{1}{n(2n+1)}$ 与 $\sum\limits_{n=1}^{\infty}\dfrac{1}{n^2}$ 具有相同的敛散性.而级数 $\sum\limits_{n=1}^{\infty}\dfrac{1}{n^2}$ 是收敛的,所

以级数 $\sum\limits_{n=1}^{\infty}\dfrac{1}{n(2n+1)}$ 收敛.

8.2.1.3 根植判别法

若 $\sum\limits_{n=1}^{\infty}u_n$ 是正项级数,且 $\lim\limits_{n\to\infty}\sqrt[n]{u_n}=\rho$,则

(1) 当 $\rho<1$ 时,级数收敛;

(2) 当 $\rho>1$ 时,级数发散;

(3) 当 $\rho=1$ 时,级数可能收敛,也可能发散,本判别法失效.

例 8.2.8 判别级数 $\sum\limits_{n=0}^{\infty}\dfrac{1}{n!}$ 的敛散性.

解:记 $u_n=\dfrac{1}{n!}$,则

$$\lim_{n\to\infty}\frac{u_{n+1}}{u_n}=\lim_{n\to\infty}\frac{\dfrac{1}{(n+1)!}}{\dfrac{1}{n!}}=\lim_{n\to\infty}\frac{1}{n+1}=0<1,$$

所以此级数收敛.

例 8.2.9 判定下列级数的敛散性:

(1) $\sum\left(\dfrac{2n}{3x+1}\right)^n$;　　　(2) $\sum\dfrac{3^n}{n^3}$.

解:(1)因为

$$\lim_{n\to\infty}\sqrt[n]{\left(\frac{2n}{3x+1}\right)^n}=\lim_{n\to\infty}\frac{2n}{3x+1}=\frac{2}{3}<1,$$

于是级数收敛.

(2)因为

$$\lim_{n\to\infty}\sqrt[n]{\frac{3^n}{n^3}}=\lim_{n\to\infty}\frac{3}{\sqrt[n]{n^3}}=3>1,$$

于是级数发散.

8.2.2　交错级数敛散性的判断

对交错级数的敛散性判别我们有以下判别法.

定理 8.2.4　莱布尼茨(Leibniz)收敛法　对于交错级数 $\sum\limits_{n=1}^{\infty}(-1)^{n-1}u_n$，$u_n>0(n=1,2,\cdots)$，若满足

(1) $u_n \geqslant u_{n+1}(n=1,2,\cdots)$；

(2) $\lim\limits_{n\to\infty}u_n=0$.

则交错级数 $\sum\limits_{n=1}^{\infty}(-1)^{n-1}u_n$ 收敛，且和 $s \leqslant u_1$，余项 r_n 的绝对值 $|r_n| \leqslant u_{n+1}$.

证：设题设级数的部分和为 s_n，由

$$0 \leqslant s_{2n}=(u_1-u_2)+(u_3-u_4)+\cdots+(u_{2n-1}-u_{2n}),$$

易见数列 $\{s_{2n}\}$ 单调增加；又由条件(1)，有

$$s_{2n}=u_1-(u_2-u_3)-\cdots-(u_{2n-2}-u_{2n-1})-u_{2n} \leqslant u_1,$$

即数列 $\{s_{2n}\}$ 是有界的，故 $\{s_{2n}\}$ 的极限存在. 设 $\lim\limits_{n\to\infty}s_{2n}=s$，由条件(2)，有

$$\lim\limits_{n\to\infty}s_{2n+1}=\lim\limits_{n\to\infty}(s_{2n}+u_{2n+1})=s,$$

所以 $\lim\limits_{n\to\infty}s_n=s$，从而题设级数收敛于和 s，且 $s \leqslant u_1$.

交错级数 $\sum\limits_{n=1}^{\infty}(-1)^{n-1}u_n$ 的余项的绝对值

$$|r_n|=|(-1)^n u_{n+1}+(-1)^{n+1}u_{n+2}+\cdots|$$
$$=u_{n+1}-u_{n+2}+u_{n+3}-u_{n+4}+\cdots \leqslant u_{n+1}.$$

一般情况下，判断交错级数敛散性的主要方法如下：

(1)先判别级数是否绝对收敛，如果是，则该级数收敛. 这种方法有时比直接用莱布尼茨判别法来得简便，由于绝对值级数为正项级数，可使用正项级数敛散性的各种判别法则判别之.

(2)直接利用莱布尼茨收敛法判别. 当交错级数不绝对收敛时，不能由此判别该交错级数发散，必须再用莱布尼茨收敛法判别该交错级数是否条件收敛.

(3)当交错级数 $\sum\limits_{n=1}^{\infty}(-1)^{n-1}u_n$ 或 $\sum\limits_{n=1}^{\infty}(-1)^{n}u_n$ 不满足 $\lim\limits_{n\to\infty}u_n=0$ 时，该级数发散.

(4)使用下列方法判别：

①比值判别法. 当 $\lim\limits_{n\to\infty}\dfrac{|u_{n+1}|}{|u_n|}=\rho>1$ 时，级数 $\sum\limits_{n=1}^{\infty}u_n$ 发散.

②根值判别法. 当 $\lim\limits_{n \to \infty} \sqrt[n]{|u_n|} = \rho > 1$ 时, 级数 $\sum\limits_{n=1}^{\infty} u_n$ 发散.

例 8.2.10　对实数 p 讨论级数 $\sum\limits_{n=1}^{\infty} (-1)^{n-1} \dfrac{1}{n^p}$ 的敛散性并对 $p=1$ 的情形估计 $|r_{19}|$.

解: 这是一个交错级数.

当 $p \leqslant 0$ 时, $\dfrac{1}{n^p} \geqslant 1$, 故 $\left\{(-1)^{n-1} \dfrac{1}{n^p}\right\}$ 不收敛于 0, 因此这时该级数发散.

当 $p > 0$ 时, $\lim\limits_{n \to \infty} \dfrac{1}{n^p} = 0$, 且当 n 增加时 $\dfrac{1}{n^p}$ 单调减小, 即满足莱布尼茨收敛法的条件, 所以这时该交错级数收敛.

那么 $p=1$ 级数是收敛的, 即级数 $\sum\limits_{n=1}^{\infty} (-1)^{n-1} \dfrac{1}{n}$ 收敛, 且据定理 8.2.4 有

$$|r_{19}| \leqslant \frac{1}{19+1} = 0.05.$$

例 8.2.11　判别级数 $\sum\limits_{n=1}^{\infty} \sin(\pi\sqrt{n^2+a^2})$ 的敛散性.

解: 因为

$$b_n = \sin(\pi\sqrt{n^2+a^2}) = \sin(n\pi + \pi\sqrt{n^2+a^2} - n\pi)$$

$$= (-1)^n \sin\pi(\sqrt{n^2+a^2} - n)$$

$$= (-1)^n \sin\left(\frac{a^2\pi}{\sqrt{n^2+a^2}+n}\right),$$

所以级数 $\sum\limits_{n=1}^{\infty} \sin(\pi\sqrt{n^2+a^2}) = \sum\limits_{n=1}^{\infty} (-1)^n \sin\left(\dfrac{a^2\pi}{\sqrt{n^2+a^2}+n}\right)$ 是一交错级数. 由

$$\lim_{n \to \infty} \left[\frac{\sin\left(\dfrac{a^2\pi}{\sqrt{n^2+a^2}+n}\right)}{\dfrac{a^2\pi}{2n}}\right] = \lim_{n \to \infty} \frac{2n}{\left[\sqrt{1+\left(\dfrac{a}{n}\right)^2}+1\right]n} = 1$$

可知, $\sin\left(\dfrac{a^2\pi}{\sqrt{n^2+a^2}+n}\right) \sim \dfrac{a^2\pi}{2n} (n \to \infty)$, 而级数 $\sum\limits_{n=1}^{\infty} \dfrac{a^2\pi}{2n}$ 是发散的, 所以级数 $\sum\limits_{n=1}^{\infty} \sin\left(\dfrac{a^2\pi}{\sqrt{n^2+a^2}+n}\right)$ 也是发散的. 因而, 原级数不绝对收敛.

又因为当 n 充分大时, $0 < \dfrac{a^2\pi}{\sqrt{n^2+a^2}+n} < \dfrac{\pi}{2}$, 因而 $\sin\left(\dfrac{a^2\pi}{\sqrt{n^2+a^2}+n}\right) > 0$,

且单调减少；又因为 $\lim\limits_{n\to\infty}\sin\left(\dfrac{a^2\pi}{\sqrt{n^2+a^2+n}}\right)=0$. 于是，由莱布尼茨收敛法可知，原级数收敛.

例 8.2.12 判别级数 $\sum\limits_{n=1}^{\infty}(-1)^n\dfrac{n^{n+1}}{(n+1)!}$ 的敛散性.

解：这是一个交错级数，令 $\sum\limits_{n=1}^{\infty}a_n=\sum\limits_{n=1}^{\infty}(-1)^n\dfrac{n^{n+1}}{(n+1)!}=\sum\limits_{n=1}^{\infty}(-1)^n u_n$，

考查是否绝对收敛.对于正项级数（绝对值级数）$\sum\limits_{n=1}^{\infty}|a_n|=\sum\limits_{n=1}^{\infty}\dfrac{n^{n+1}}{(n+1)!}$，

可采用比值判别法判别.因为

$$\lim_{n\to\infty}\frac{|a_{n+1}|}{|a_n|}=\lim_{n\to\infty}\frac{(n+1)^{n+2}}{[1+(n+1)]!}\cdot\frac{(n+1)!}{n^{n+1}}=\lim_{n\to\infty}\left[\left(\frac{n+1}{n}\right)^n\frac{(n+1)^2}{n(n+2)}\right]=\mathrm{e}>1,$$

故由比值判别法知，原级数发散.事实上，由 $\lim\limits_{n\to\infty}\dfrac{|a_{n+1}|}{|a_n|}>1$ 可知，当 n 足够大时，有 $|a_{n+1}|>|a_n|$，故 $\lim\limits_{n\to\infty}|a_n|\neq 0$，即 $\lim\limits_{n\to\infty}a_n\neq 0$，因而原级数发散.

注意：一般来说，若级数 $\sum\limits_{n=1}^{\infty}|a_n|$ 发散，则级数 $\sum\limits_{n=1}^{\infty}a_n$ 未必发散，但如用比值判别法或根值判别法判别出绝对值级数 $\sum\limits_{n=1}^{\infty}|a_n|$ 发散，则级数 $\sum\limits_{n=1}^{\infty}a_n$ 必发散.

8.2.3 任意项级数敛散性的判断

对一般任意项级数 $\sum\limits_{n=1}^{\infty}u_n$，其各项的绝对值组成的正项级数 $\sum\limits_{n=1}^{\infty}|u_n|=|u_1|+|u_2|+\cdots+|u_n|+\cdots$ 称为原级数的绝对值级数.由于绝对值级数是正项级数，可以利用正项级数敛散性的判别方法判断其敛散性.故而，如果我们能够找到一般任意项级数 $\sum\limits_{n=1}^{\infty}u_n$ 和它对应的绝对值级数 $\sum\limits_{n=1}^{\infty}|u_n|$ 之间在收敛性方面的关系，那么任意项级数 $\sum\limits_{n=1}^{\infty}u_n$ 的收敛性就容易判断了.

定理 8.2.5 如果级数 $\sum\limits_{n=1}^{\infty}u_n$ 对应的绝对值级数 $\sum\limits_{n=1}^{\infty}|u_n|$ 收敛，则级数 $\sum\limits_{n=1}^{\infty}u_n$ 收敛.

利用定理 8.2.5，可以将许多任意项级数的收敛性的判别问题转换为

正项级数的收敛性判别问题.为了进一步研究任意项级数的收敛性,高等数学给出了绝对收敛与条件收敛的定义.

定义 8.2.1　如果级数 $\displaystyle\sum_{n=1}^{\infty}|u_n|$ 收敛,则称级数 $\displaystyle\sum_{n=1}^{\infty}u_n$ 绝对收敛;如果级数 $\displaystyle\sum_{n=1}^{\infty}u_n$ 收敛,而级数 $\displaystyle\sum_{n=1}^{\infty}|u_n|$ 发散,则称级数 $\displaystyle\sum_{n=1}^{\infty}u_n$ 条件收敛.

绝对收敛级数具有如下条件收敛级数所没有的重要性质:

(1) 绝对收敛级数具有可交换性.绝对收敛级数在任意重排后,仍然绝对收敛且与原级数有相同的和.

(2) 绝对收敛级数的柯西乘积也绝对收敛.设级数 $\displaystyle\sum_{n=1}^{\infty}u_n$ 和 $\displaystyle\sum_{n=1}^{\infty}v_n$ 都绝对收敛,其和分别为 s 和 σ,则它们的柯西乘积

$$u_1v_1+(u_1v_2+u_2v_1)+\cdots+(u_1v_n+u_2v_{n-1}+\cdots+u_nv_1)+\cdots$$

也是绝对收敛的,且其和为 $s\cdot\sigma$.

例 8.2.13　判别下列级数的敛散性:

$$(1)\ \sum_{n=1}^{\infty}\frac{n!\ 2^n\sin\dfrac{n\pi}{5}}{n^n};\quad (2)\ \sum_{n=2}^{\infty}\frac{(-1)^n}{\sqrt{n+(-1)^n}};\quad (3)\ \sum_{n=2}^{\infty}\frac{(-1)^n}{n-\ln n}.$$

解:(1)由于 $|u_n|=\left|\dfrac{n!\ 2^n\sin\dfrac{n\pi}{5}}{n^n}\right|\leqslant\dfrac{n!\ 2^n}{n^n}=v_n$,且

$$\lim_{n\to\infty}\frac{v_{n+1}}{v_n}=\lim_{n\to\infty}\frac{(n+1)!\ 2^{n+1}}{(n+1)^{n+1}}\cdot\frac{n^n}{n!\ 2^n}=2\cdot\lim_{n\to\infty}\frac{1}{\left(1+\dfrac{1}{n}\right)^n}=\frac{2}{\mathrm{e}}<1.$$

由正项级数的比较判别法知,级数 $\displaystyle\sum_{n=1}^{\infty}v_n$ 收敛,再由正项级数的比较判别法知,级数 $\displaystyle\sum_{n=1}^{\infty}|u_n|$ 收敛,从而原级数绝对收敛.

(2)这里采用两种方法进行判断.

方法一:此级数为交错级数,但不满足 $u_n\geqslant u_{n+1}$,不能用莱布尼茨收敛法判别.下面用收敛定义判别之.

设 S_{2n} 为级数 $\displaystyle\sum_{n=1}^{\infty}u_n$ 的部分和,先证 S_{2n} 单调减少且有下界.因为 $S_{2n}=\left(\dfrac{1}{\sqrt{3}}-\dfrac{1}{\sqrt{2}}\right)+\left(\dfrac{1}{\sqrt{5}}-\dfrac{1}{\sqrt{4}}\right)+\cdots+\left(\dfrac{1}{\sqrt{2n+1}}-\dfrac{1}{\sqrt{2n}}\right)$,其括号内各项均小于零,因而 S_{2n} 单调减少.又因为

$$S_{2n} = \left(\frac{1}{\sqrt{3}} - \frac{1}{\sqrt{2}}\right) + \left(\frac{1}{\sqrt{5}} - \frac{1}{\sqrt{4}}\right) + \left(\frac{1}{\sqrt{7}} - \frac{1}{\sqrt{6}}\right) + \cdots + \left(\frac{1}{\sqrt{2n+1}} - \frac{1}{\sqrt{2n}}\right)$$

$$> \left(\frac{1}{\sqrt{4}} - \frac{1}{\sqrt{2}}\right) + \left(\frac{1}{\sqrt{6}} - \frac{1}{\sqrt{4}}\right) + \left(\frac{1}{\sqrt{8}} - \frac{1}{\sqrt{6}}\right) + \cdots + \left(\frac{1}{\sqrt{2n+2}} - \frac{1}{\sqrt{2n}}\right)$$

$$= -\frac{1}{\sqrt{2}} + \frac{1}{\sqrt{2n+2}} > -\frac{1}{\sqrt{2}}$$

有下界,故 $\lim\limits_{n\to\infty} S_{2n}$ 存在.不妨设其极限值为 s,则 $\lim\limits_{n\to\infty} S_{2n} = s$.又因为 $\lim\limits_{n\to\infty} u_n = \lim\limits_{n\to\infty} \dfrac{1}{\sqrt{n+(-1)^n}} = 0$,因此

$$\lim_{n\to\infty} S_{2n+1} = \lim_{n\to\infty}(S_{2n} + u_{2n+1}) = \lim_{n\to\infty} S_{2n} + \lim_{n\to\infty} u_{2n+1} = \lim_{n\to\infty} S_{2n} + 0 = s.$$

进而可得,$\lim\limits_{n\to\infty} S_n = s$,故原级数收敛.

方法二:利用收敛级数的基本性质判别之.为此先将一般项 $u_n = \dfrac{(-1)^n}{\sqrt{n+(-1)^n}}$ 展为带佩亚诺余项的泰勒公式.由 $(1+x)^a = 1 + ax + o(x)$ 得到

$$u_n = \frac{(-1)^n}{\sqrt{n+(-1)^n}} = \frac{(-1)^n}{\sqrt{n}}\left[1 + \frac{(-1)^n}{n}\right]^{-\frac{1}{2}} = \frac{(-1)^n}{\sqrt{n}}\left\{1 - \frac{1}{2}\frac{(-1)^n}{n} + o\left[\frac{(-1)^n}{n}\right]\right\},$$

故而有 $\sum\limits_{n=2}^{\infty} u_n = \sum\limits_{n=2}^{\infty} \dfrac{(-1)^n}{\sqrt{n}} - \dfrac{1}{2}\sum\limits_{n=2}^{\infty} \dfrac{1}{n^{\frac{3}{2}}} + \sum\limits_{n=2}^{\infty} \dfrac{(-1)^n}{\sqrt{n}} o\left[\dfrac{(-1)^n}{n}\right]$.该式右边第一个级数条件收敛,后两个级数绝对收敛,因而它们都收敛.由级数的基本性质知,原级数收敛,且为条件收敛.

(3) 因为 $0 < n - \ln n < n$,所以 $\sum\limits_{n=2}^{\infty} \left|\dfrac{(-1)^n}{n - \ln n}\right| = \sum\limits_{n=2}^{\infty} \dfrac{1}{n - \ln n} > \sum\limits_{n=2}^{\infty} \dfrac{1}{n}$.从而 $\sum\limits_{n=2}^{\infty} \left|\dfrac{(-1)^n}{n - \ln n}\right|$ 发散.由 $\ln\left(1 + \dfrac{1}{n}\right) < 1$,得 $1 > \ln(1+n) - \ln n$,从而 $1 - \ln(1+n) > -\ln n$,所以 $(n+1) - \ln(1+n) > n - \ln n$,即 $\dfrac{1}{(n+1) - \ln(1+n)} < \dfrac{1}{n - \ln n} \Rightarrow |u_{n+1}| < |u_n|$,又因为 $\lim\limits_{n\to\infty} \dfrac{1}{n - \ln n} = \lim\limits_{x\to+\infty} \dfrac{1}{x - \ln x} = \lim\limits_{x\to+\infty} \dfrac{\dfrac{1}{x}}{1 - \dfrac{\ln x}{x}} = \dfrac{0}{1 - 0} = 0$,所以 $\sum\limits_{n=2}^{\infty} \dfrac{(-1)^n}{n - \ln n}$ 条件收敛.

注意:任意项级数敛散性的判别一般可从以下几个方面考虑:

(1)对于已给的任意项级数 $\sum\limits_{n=1}^{\infty} u_n$，首先考查 $\lim\limits_{n\to\infty} u_n$ 是否为零，如果 $\lim\limits_{n\to\infty} u_n \neq 0$，则 $\sum\limits_{n=1}^{\infty} u_n$ 发散；如果 $\lim\limits_{n\to\infty} u_n = 0$ 或不易求出，则转向(2).

(2)考虑 $\sum\limits_{n=1}^{\infty} |u_n|$，利用正项级数的判别法则判别其敛散性. 如果 $\sum\limits_{n=1}^{\infty} |u_n|$ 收敛，则 $\sum\limits_{n=1}^{\infty} u_n$ 绝对收敛，从而原级数收敛；如果 $\sum\limits_{n=1}^{\infty} |u_n|$ 不收敛，不能据此判别原级数一定发散，则应转向(3).

(3)考虑 $\sum\limits_{n=1}^{\infty} u_n$ 是否为交错级数，若为交错级数，利用莱布尼茨收敛法判别之. 若满足收敛条件，则原级数收敛，且为条件收敛；若不满足莱布尼茨收敛法的条件，或者 $\sum\limits_{n=1}^{\infty} u_n$ 不是交错级数，则应转向(4).

(4)使用比值判别法或根值判别法判别其是否发散，或利用级数敛散性定义及级数的基本性质，或用泰勒公式等其他方法判定级数本身是否收敛.

8.3 幂级数收敛范围(区间)的求法

幂级数是研究函数和近似计算的有力工具.本节将研究幂级数的性质以及幂级数的求和方法.

8.3.1 函数项级数

前面我们讨论了以"数"为项的级数,即数项级数.现在来讨论每一项都是"函数"的级数,这就是函数项级数.

设 $u_1(x), u_2(x), \cdots, u_n(x), \cdots$ 都是定义在区间 I 上的函数,则称之为在 I 上的函数列,简记作 $\{u_n(x)\}$；由该函数列构成的表达式

$$\sum_{n=1}^{\infty} u_n(x) = u_1(x) + u_2(x) + \cdots + u_n(x) + \cdots \quad (8-3-1)$$

称为定义在 I 上的函数项级数或级数.

在式(8-3-1)中任取 $x_0 \in I$，在 $x = x_0$ 处的级数(8-3-1)就成为常

数项级数：

$$\sum_{n=1}^{\infty} u_n(x_0) = u_1(x_0) + u_2(x_0) + \cdots + u_n(x_0) + \cdots.$$

$$(8-3-2)$$

若数项级数 $(8-3-2)$ 收敛，则称函数项级数 $(8-3-1)$ 在点 x_0 收敛，称点 x_0 为函数项级数 $(8-3-1)$ 的收敛点；若数项级数 $(8-3-2)$ 发散，则称函数项级数 $(8-3-1)$ 在点 x_0 发散，称点 x_0 为函数项级数 $(8-3-1)$ 的发散点．函数项级数 $(8-3-1)$ 全体收敛点的集合即为它的收敛域；函数项级数 $(8-3-1)$ 全体发散点的集合即为它的发散域．

在收敛域 J 上，级数在每个点 $x \in J$ 上都有一个确定的和 $S = S(x)$，$S(x)$ 为函数项级数的和函数，记为

$$S(x) = u_1(x) + u_2(x) + \cdots + u_n(x) + \cdots,$$

把函数项级数 $(8-3-1)$ 的前 n 项之和记作 $S_n(x)$，称之为该函数项级数的部分和；并把 $R_n(x) = S(x) - S_n(x)$ 称为该函数项级数的余项．于是，在收敛域 J 上，和函数就是部分和序列（函数列）$\{S_n(x)\}$ 的极限，即

$$\lim_{n \to \infty} S_n(x) = S(x), \text{且} \lim_{n \to \infty} R_n(x) = 0.$$

而且，函数项级数在集合 J 上（每一点）收敛的充要条件是部分和序列 $\{S_n(x)\}$ 在 J 上（每一点）收敛．

由上述分析不难发现，函数项级数在区间上的敛散性问题，研究的是函数项级数在该区间上任何一点的敛散性问题；函数项级数在某一点处的敛散性问题，研究的是常数项级数的敛散性问题．因此，也可以采用常数项级数的敛散性判别法来判定函数项级数的敛散性．

例 8.3.1 求级数 $\sum_{n=1}^{\infty} \dfrac{(n+x)^n}{n^{n+x}}$ 的收敛域．

解：因为

$$u_n = \frac{(n+x)^n}{n^{n+x}} = \frac{\left(1 + \dfrac{x}{n}\right)^n}{n^x},$$

易见，当 $x = 0$ 时，$u_n = 1(n=1,2,\cdots)$，所以此级数发散．

当 $x \neq 0$ 时，此级数去掉前面有限项后为正项级数，而

$$\lim_{n \to \infty} \frac{u_n}{\dfrac{1}{n^x}} = \lim_{n \to \infty} \left(1 + \frac{x}{n}\right)^n = \lim_{n \to \infty} \left[\left(1 + \frac{x}{n}\right)^{n/x}\right]^x = e^x.$$

因为级数 $\sum_{n=1}^{\infty} \dfrac{1}{n^x}$ 在 $x > 1$ 时收敛，$x \leqslant 1$ 时发散，故由比较判别法的极限形式可得，此级数在 $x > 1$ 时收敛，即收敛域为 $(1, +\infty)$．

8.3.2　幂级数及其敛散性

定义 8.3.1　形如

$$\sum_{n=0}^{\infty} a_n(x-x_0)^n = a_0 + a_1(x-x_0) + a_2(x-x_0)^2 + \cdots$$
$$+ a_n(x-x_0)^n + \cdots, \qquad (8-3-3)$$

的函数项级数称为 $(x-x_0)$ 幂级数,其中,$a_0,a_1,a_2,\cdots$ 称作幂级数的系数.

当 $x_0=0$ 时,式(8-3-3)也可以记作

$$\sum_{n=0}^{\infty} a_n x^n = a_0 + a_1 x + a_2 x^2 + \cdots + a_n x^n + \cdots, \qquad (8-3-4)$$

称为 x 的幂级数.

对式(8-3-3)进行变量代换 $t=x-x_0$,可得式(8-3-4).因此,下面仅研究形如式(8-3-4)的幂级数.

定义 8.3.2　对于给定的值 $x_0 \in \mathbf{R}$,式(8-3-4)变成常数项级数

$$\sum_{n=0}^{\infty} a_0 x_0^n = a_0 + a_1 x_0 + a_2 x_0^2 + \cdots + a_n x_0^n + \cdots. \qquad (8-3-5)$$

如果式(8-3-5)收敛,称 x_0 为幂级数(8-3-4)的收敛点.如果级数(8-3-5)发散,称 x_0 为式(8-3-4)的发散点.若幂级数的收敛点集是区间,称之为收敛域,其发散点的全体称为发散域.

对于收敛域内的不同点 x,式(8-3-4)的和也可能不同,所以式(8-3-4)的和是关于 x 的一个数,记为 $S(x)$,称为幂级数[式(8-3-4)]的和函数.

任意一个幂级数[式(8-3-4)]在点 x_0 处总是收敛的,除此之外,有下列收敛定理.

定理 8.3.1 阿贝尔定理　若幂级数 $\sum_{n=0}^{\infty} a_n x^n$ 在 $x=x_0(x_0 \neq 0)$ 处收敛,则当 $|x|<|x_0|$ 时,该级数在点 x 处绝对收敛;反之,若级数 $\sum_{n=0}^{\infty} a_n x^n$ 在 $x=x_0$ 时发散,则当 $|x|>|x_0|$ 时,该级数在点 x 处发散.

证明:设 $x_0 \neq 0$ 是幂级数(8-3-4)收敛点,即 $\sum_{n=0}^{\infty} a_n x_0^n$ 收敛,由级数收敛的必要条件,可知 $\lim\limits_{n \to \infty} a_n x_0^n = 0$,于是有常数 M,使

$$|a_n x_0^n| \leqslant M(n=0,1,2,\cdots).$$

则级数(8-3-4)的一般项的绝对值为

$$|a_n x^n| = \left| a_n x_0^n \cdot \frac{x^n}{x_0^n} \right| = |a_n x_0^n| \cdot \left| \frac{x^n}{x_0^n} \right| \leqslant M \left| \frac{x}{x_0} \right|^n,$$

当 $\left|\dfrac{x}{x_0}\right| < 1$ 时,等比级数 $\displaystyle\sum_{n=0}^{\infty} M\left|\dfrac{x}{x_0}\right|^n$ 收敛,所以级数 $\displaystyle\sum_{n=0}^{\infty}|a_n x^n|$ 收敛,也就是级数 $\displaystyle\sum_{n=0}^{\infty} a_n x^n$ 绝对收敛.

定理的第二部分利用反证法证明.设 $x = x_0$ 时发散,有一点 x_1 存在,且 $|x_1| > |x_0|$,并使级数 $\displaystyle\sum_{n=0}^{\infty} a_n x_1^n$ 收敛,那么由定理的第一部分可得,当 $x = x_0$ 时级数应收敛,这与假设矛盾,定理得证.

由阿贝尔定理可知,如果幂级数在 $x = x_0$ 处收敛,则对 $(-|x_0|,|x_0|)$ 上的任何 x,幂级数都收敛;如果幂级数在 $x = x_0$ 处发散,则对 $[-|x_0|,|x_0|]$ 以外的任何 x,幂级数都发散.

8.3.3　幂级数的收敛半径与收敛区间

如果 $\displaystyle\lim_{n \to \infty}\left|\dfrac{a_{n+1} x^{n+1}}{a_n x^n}\right| = \lim_{n \to \infty}\left|\dfrac{a_{n+1}}{a_n}\right| |x| = \rho|x|$ 存在,根据正项级数的比值判别法可得,当 $\rho|x| < 1$ 时,$\displaystyle\sum_{n=0}^{\infty} a_n x^n$ 绝对收敛,当 $\rho \neq 0$ 时,$\displaystyle\sum_{n=0}^{\infty} a_n x^n$ 在区间 $\left(-\dfrac{1}{\rho},\dfrac{1}{\rho}\right)$ 内收敛.于是该幂级数的收敛半径 $R = \dfrac{1}{\rho}$,则

$$\lim_{n \to \infty}\left|\dfrac{a_n}{a_{n+1}}\right| = R.$$

设幂级数 $\displaystyle\sum_{n=0}^{\infty} a_n x^n$ 的系数满足 $\displaystyle\lim_{n \to \infty}\left|\dfrac{a_n}{a_{n+1}}\right| = R$,则

(1)$0 < R < +\infty$,则当 $|x| < R$ 时,幂级数收敛,当 $|x| > R$ 时,幂级数发散;

(2)$R = 0$,则幂级数仅在 $x = 0$ 点处收敛;

(3)$R = +\infty$,则幂级数的收敛区间为 $(-\infty,+\infty)$.

当 $R = 0$ 时,幂级数的收敛域仅有一点 $x = 0$,当 $R \neq 0$ 时,区间 $(-R,R)$ 为幂级数的收敛区间,但对于 $x = \pm R$,定理没有指明是否收敛,这时要将 $x = \pm R$ 代入幂级数,得到常数项级数,再讨论其收敛情况,R 为幂级数的收敛半径.

例 8.3.2　求幂级数 $x - \dfrac{x^2}{2} + \dfrac{x^3}{3} - \cdots + (-1)^{n-1}\dfrac{x^n}{n} + \cdots$ 的收敛半径与收敛区间.

解:这是一个关于 x 的幂级数,则

$$R = \lim_{n \to \infty} \left| \frac{a_n}{a_{n+1}} \right| = \lim_{n \to \infty} \frac{\frac{1}{n+1}}{\frac{1}{n}} = 1.$$

在端点 $x = 1$ 时,级数成为收敛的交错级数:

$$1 - \frac{1}{2} + \frac{1}{3} - \cdots + (-1)^{n-1} \frac{1}{n} + \cdots,$$

在端点 $x = -1$ 时,级数成为发散的级数:

$$-1 - \frac{1}{2} - \frac{1}{3} - \cdots - \frac{1}{n} - \cdots,$$

所以,幂级数的收敛半径 $R = 1$,收敛区间是 $(-1, 1]$.

例 8.3.3　求幂级数 $\displaystyle\sum_{n=1}^{\infty} \frac{(x-1)^n}{3^n \cdot n}$ 的收敛区间.

解:令 $t = x - 1$,原级数成为 $\displaystyle\sum_{n=1}^{\infty} \frac{t^n}{3^n \cdot n}$,因为

$$R = \lim_{n \to \infty} \left| \frac{a_n}{a_{n+1}} \right| = \lim_{n \to \infty} \frac{3^{n+1} \cdot (n+1)}{3^n \cdot n} = 3$$

所以关于变量 t 的收敛半径为 $R = 3$,收敛区间为 $|t| < 3$,即 $-2 < x < 4$.

当 $x = -2$ 时,级数成为 $\displaystyle\sum_{n=1}^{\infty} \frac{(-1)^n}{n}$,这时级数收敛;当 $x = 4$ 时,级数成

为 $\displaystyle\sum_{n=1}^{\infty} \frac{1}{n}$,这时级数发散.因此原幂级数的收敛区间为 $(-2, 4]$.

例 8.3.4　求幂级数 $\displaystyle\sum_{n=1}^{\infty} (nx)^{n-1}$ 的收敛区间.

解:其收敛半径为

$$R = \lim_{n \to \infty} \left| \frac{a_n}{a_{n+1}} \right| = \lim_{n \to \infty} \left| \frac{n^{n-1}}{(n+1)^n} \right| = \lim_{n \to \infty} \left(\frac{n}{n+1} \right)^n \frac{1}{n}$$

$$= \lim_{n \to \infty} \frac{1}{\left(1 + \frac{1}{n}\right)^n} \cdot \frac{1}{n} = \frac{1}{e} \times 0 = 0,$$

因而幂级数仅在 $x = 0$ 处收敛.

例 8.3.5　求幂级数 $\displaystyle\sum_{n=1}^{\infty} \frac{2^n x^{2n-1}}{n+1}$ 的收敛区间.

解:因为

$$\lim_{n \to \infty} \left| \frac{\dfrac{2^{n+1}x^{2(n+1)-1}}{n+2}}{\dfrac{2^n x^{2n-1}}{n+1}} \right| = 2\,|\,x\,|^2,$$

则当 $2\,|\,x\,|^2 < 1$,即 $|\,x\,| < \dfrac{1}{\sqrt{2}}$ 时,幂级数 $\displaystyle\sum_{n=1}^{\infty} \dfrac{2^n x^{2n-1}}{n+1}$ 收敛,其收敛半径 $R = \dfrac{1}{\sqrt{2}}$.

又因为级数 $\displaystyle\sum_{n=1}^{\infty} \dfrac{2^n \left(\dfrac{1}{\sqrt{2}}\right)^{2n-1}}{n+1} = \displaystyle\sum_{n=1}^{\infty} \dfrac{\sqrt{2}}{n+1}$ 发散,则级数

$$\sum_{n=1}^{\infty} \frac{2^n \left(-\dfrac{1}{\sqrt{2}}\right)^{2n-1}}{n+1} = \sum_{n=1}^{\infty} -\frac{1}{\sqrt{2}\,(n+1)}$$

也发散,则级数的收敛区间为 $\left(-\dfrac{1}{\sqrt{2}}, \dfrac{1}{\sqrt{2}}\right)$.

8.3.4　幂级数的运算性质

幂级数在其收敛区间 $(-R,R)$ 是绝对收敛的,可以相加、相减、相乘、相除、逐项积分、逐项求导,常有如下幂级数的运算法则.本节介绍幂级数的代数运算性质和分析运算性质,不做证明.

定理 8.3.2 幂级数的运算性质　设两个幂级数 $\displaystyle\sum_{n=0}^{\infty} a_n x^n$,$\displaystyle\sum_{n=0}^{\infty} b_n x^n$ 的收敛半径分别为 R_1 和 R_2,这两个幂级数可进行下列代数运算.

（1）加、减法

$$\sum_{n=0}^{\infty} a_n x^n \pm \sum_{n=0}^{\infty} b_n x^n = \sum_{n=0}^{\infty} (a_n \pm b_n) x^n = \sum_{n=0}^{\infty} c_n x^n,$$
$$R = \min\{R_1, R_2\},\ x \in (-R, R).$$

（2）乘法

$$\left(\sum_{n=0}^{\infty} a_n x^n\right) \cdot \left(\sum_{n=0}^{\infty} b_n x^n\right) = \sum_{n=0}^{\infty} \left(\sum_{k=0}^{\infty} a_k b_{n-k}\right) x^n = \sum_{n=0}^{\infty} c_n x^n.$$

式中,$c_n = a_0 b_n + a_1 b_{n-1} + \cdots + a_n b_0$,$R = \min\{R_1, R_2\}$.

（3）除法

$$\frac{\displaystyle\sum_{n=0}^{\infty} a_n x^n}{\displaystyle\sum_{n=0}^{\infty} b_n x^n} = \sum_{n=0}^{\infty} c_n x^n \ (b_0 \neq 0).$$

式中, $a_n = \sum\limits_{k=0}^{n} c_k b_{n-k}$, 由此可得 $c_k (k = 0,1,2,\cdots)$, 新级数的收敛半径远小于原来级数的收敛半径.

定理 8.3.3　设幂级数 $\sum\limits_{n=0}^{\infty} a_n x^n$ 的收敛区间 $(-R, R)$ 内和函数为 $S(x)$, 则

(1) 和函数 $S(x)$ 在区间 $(-R, R)$ 上连续;

(2) 在对任意 $x \in (-R, R)$, $S(x)$ 可以从 0 到 x 逐项积分, 即

$$\int_0^x S(x)\,\mathrm{d}x = \int_0^x \left(\sum_{n=0}^{\infty} a_n x^n\right)\mathrm{d}x = \sum_{n=0}^{\infty} \int_0^x a_n x^n \,\mathrm{d}x = \sum_{n=0}^{\infty} \frac{a_n}{n+1} x^{n+1};$$

(3) 和函数 $S(x)$ 在区间 $(-R, R)$ 上可导, 而且可逐项求导, 即

$$S'(x) = \left(\sum_{n=0}^{\infty} a_n x^n\right)' = \sum_{n=0}^{\infty} (a_n x^n)' = \sum_{n=1}^{\infty} n a_n x^{n-1}.$$

经逐项求导后, 幂级数 $\sum\limits_{n=0}^{\infty} a_n x^n$ 的和函数 $S(x)$ 在其收敛区间 $(-R, R)$ 内具有任意阶导数.

即便幂级数逐项积分或求导后, 其收敛半径不改变, 但是在收敛区间断点处的收敛性则有可能与之前不同.

例 8.3.6　求幂级数 $\sum\limits_{n=1}^{\infty} n x^{n-1}$ 的收敛区间及和函数, 并求数项级数 $\sum\limits_{n=1}^{\infty} \frac{n}{2^n}$ 的和.

解: 因为 $R = \lim\limits_{n \to \infty} \left| \dfrac{a_n}{a_{n+1}} \right| = \lim\limits_{n \to \infty} \left| \dfrac{n}{n+1} \right| = 1$,

把 $x = \pm 1$ 代入幂级数后都不收敛, 所以原级数的收敛区间为 $(-1, 1)$.

设和函数为 $S(x)$, 因为 $\int_0^x n t^{n-1}\,\mathrm{d}t = x^n$, 所以

$$\int_0^x S(t)\,\mathrm{d}t = \int_0^x \left(\sum_{n=1}^{\infty} n t^{n-1}\right)\mathrm{d}t = \sum_{n=1}^{\infty} \int_0^x n t^{n-1}\,\mathrm{d}t = \sum_{n=1}^{\infty} x^n = \frac{x}{1-x},$$

两边求导得

$$S(x) = \left(\frac{x}{1-x}\right)' = \frac{1}{(1-x)^2}, x \in (-1, 1),$$

即

$$\frac{1}{(1-x)^2} = \sum_{n=1}^{\infty} n x^{n-1}, x \in (-1, 1).$$

将 $x = \pm \dfrac{1}{2}$ 代入, 得

$$\sum_{n=1}^{\infty} \frac{n}{2^n} = \frac{1}{2} \sum_{n=1}^{\infty} n\left(\frac{1}{2}\right)^{n-1} = \frac{1}{2} \frac{1}{\left(1-\frac{1}{2}\right)^2} = 2.$$

例 8.3.7　求幂级数 $\sum_{n=1}^{\infty} (-1)^{n-1} \frac{x^n}{n}$ 的和函数 $S(x)$，并求级数

$\sum_{n=1}^{\infty} \frac{(-1)^{n-1}}{n}$ 的和.

解：因为

$$\lim_{n\to\infty} \left|\frac{a_{n+1}}{a_n}\right| = \lim_{n\to\infty} \left|\frac{(-1)^n}{n+1}\right| \div \left|\frac{(-1)^{n-1}}{n}\right| = \lim_{n\to\infty} \frac{n}{n+1} = 1,$$

故收敛半径 $R=1$. 当 $x=1$ 时，级数 $\sum_{n=1}^{\infty} \frac{(-1)^{n-1}}{n}$ 收敛，当 $x=-1$ 时，级数 $-\sum_{n=1}^{\infty} \frac{1}{n}$ 变成发散的. 于是，该幂级数的收敛区间为 $(-1,1]$. 对 $\forall x \in (-1,1]$，利用逐项求导性质，得

$$\begin{aligned}
S'(x) &= \sum_{n=1}^{\infty} (-1)^{n-1} \left(\frac{x^n}{n}\right)' \\
&= \sum_{n=1}^{\infty} (-1)^{n-1} x^{n-1} \\
&= \sum_{n=1}^{\infty} (-x)^{n-1} = \frac{1}{1+x}.
\end{aligned}$$

故有

$$S(x) - S(0) = \int_0^x S'(t)\,\mathrm{d}t = \int_0^x \frac{1}{1+t}\,\mathrm{d}t = \ln(1+x).$$

由原幂级数知 $S(0)=0$，所以 $S(x) = \ln(1+x)$，即

$$\sum_{n=1}^{\infty} (-1)^{n-1} \frac{x^n}{n} = \ln(1+x)(-1 < x \leqslant 1).$$

当 $x=1$ 时级数收敛，这样，所求数项级数的和为

$$\sum_{n=1}^{\infty} \frac{(-1)^{n-1}}{n} = \ln 2.$$

8.4　级数求和方法

级数通常分为函数项级数和数项级数，它们的求和方法很多，然而人们较常见到的无穷级数求和问题多为幂级数和数项级数求和，因此这里给出

的方法多是对上述两类级数有效.这些方法大体上有下面几种：

(1)利用无穷级数和的定义；

(2)利用已知(常见)函数的展开式；

(3)利用通项变形；

(4)逐项微分法；

(5)逐项积分法；

(6)逐项微分、积分；

(7)函数展开法(包括展成幂级数和傅里叶级数)法；

(8)利用定积分的性质；

(9)化为微分方程的解；

(10)利用无穷级数的乘积；

(11)利用欧拉公式 $e^{i\theta} = \cos\theta + i\sin\theta$.

当然,对于幂级数来讲,除了方法(2)和方法(8)其余均适用；而对于数项级数,则又可视为幂级数当变元取某些特定值[通常是取(1)]时的特例情形；然而就其直接使用来说,多用方法(1)、(2)、(3)、(7)、(8)等,

下面分别举例谈谈这些方法.

8.4.1　利用无穷级数和的定义

已知：$\sum\limits_{n=1}^{\infty} a_n$ 常定义为 $\lim\limits_{n\to\infty} \sum\limits_{k=1}^{n} a_k$,这样若求得 $S_n = \sum\limits_{k=1}^{n} a_k$ 之后,再取极限 $\lim\limits_{n\to\infty} S_n$ 就可以了.当然在求 S_n 时有时往往结合着数学归纳法.

例 8.4.1　试求 $\sum\limits_{n=2}^{\infty} \dfrac{1}{n^2-1}$.

解：先将级数通项变形,且注意级数前后项相消,有

$$S_{n-1} = \sum_{k=2}^{n} \frac{1}{k^2-1} = \sum_{k=2}^{n} \frac{1}{2}\left(\frac{1}{k-1} - \frac{1}{k+1}\right) = \frac{1}{2}\left(1 + \frac{1}{2} - \frac{1}{n} - \frac{1}{n+1}\right),$$

故 $S = \lim\limits_{n\to\infty} S_{n-1} = \dfrac{3}{4}$.

有时为了求出 S_n 的表达式,常须对级数进行某些变形.

8.4.2　利用已知(常见)函数的展开式

有些函数的展开式需要人们熟记,它们不仅在函数展开上有用,在级数

求和时亦常用到.

例 8.4.2 求级数 $\sum\limits_{n=0}^{\infty} \dfrac{2n+1}{n!}$ 的和.

解：由 $\dfrac{2n+1}{n!} = 2\dfrac{n}{n!} + \dfrac{1}{n!} = \dfrac{2}{(n-1)!} + \dfrac{1}{n!}$，可得 $\sum\limits_{n=0}^{\infty} \dfrac{2n+1}{n!} =$

$2\sum\limits_{n=1}^{\infty} \dfrac{1}{(n-1)!} + \sum\limits_{n=1}^{\infty} \dfrac{1}{n!} = 2\mathrm{e} + \mathrm{e} = 3\mathrm{e}.$

8.4.3 利用通项变形

利用通项变形求级数和是一种重要技巧.它常用的有拆项,同加、减某个代数式,同乘、除某个代数式,某数或式加部分和再减去部分和,目的为了便于求和或化简求和式子（比如前后项相消）.先来看利用拆项求和的例子.

例 8.4.3 求 $\sum\limits_{n=1}^{\infty} \dfrac{1}{n(n+1)}$ 的和.

解：由 $\dfrac{1}{n(n+1)} = \dfrac{1}{n} - \dfrac{1}{n+1}$，这样可有

$$\sum_{n=1}^{\infty} \frac{1}{n(n+1)} = \sum_{n=1}^{\infty}\left(\frac{1}{n} - \frac{1}{n+1}\right) = \lim_{N \to \infty}\left(\sum_{n=1}^{N} \frac{1}{n} - \sum_{n=1}^{N} \frac{1}{n+1}\right)$$
$$= \lim_{N \to \infty}\left(2 + \frac{1}{N+1}\right) = 2.$$

注：显然利用本题的方法和结论可将问题做如下推广.

（1）计算 $\sum\limits_{n=1}^{\infty} \dfrac{1}{n(n+m)}$.这里 m 为自然数.

（2）计算 $\sum\limits_{n=1}^{\infty} \dfrac{1}{n(n+1)(n+2)}$.

提示：这只需要注意到 $\dfrac{1}{n(n+1)(n+2)} = \dfrac{1}{2}\left[\dfrac{1}{n(n+1)} - \dfrac{1}{(n+1)(n+2)}\right]$ 即可.

（3）计算 $\sum\limits_{n=1}^{\infty} \dfrac{1}{(2n-1)2n(2n+1)}$ 当然，它们还可以进一步推广.

8.4.4 逐项微分法

由于幂函数在微分时可产生一个常系数,这便为我们处理某些幂级数求和问题提供方法.当然从实质上讲,这是求和运算与求导（微分）运算交换

次序问题,因而应当心幂级数的收敛区间(对于后面逐项积分法亦如此).我们来看几个例子.

例 8.4.4　求级数 $\sum\limits_{n=1}^{\infty}(n+1)x^{n}$ 的和函数,这里 $|x|<1$.

解: 注意到当 $|x|<1$ 时,

$$\sum_{n=0}^{\infty}(n+1)x^{n}=\sum_{n=0}^{\infty}(x^{n+1})'=\left(\sum_{n=0}^{\infty}x^{n+1}\right)'=\left(\frac{x}{1-x}\right)'=\frac{1}{(1-x)^{2}}.$$

8.4.5　逐项积分法

同逐项微分法一样,逐项积分法也是级数求和的一种重要方法,这里当然也是运用函数积分时产生的常系数,而使逐项积分后的新级数便于求和.

例 8.4.5　求级数 $\sum\limits_{n=1}^{\infty}n(x-1)^{n-1}$ 的和函数,其中 $0<x<2$.

解:
$$\sum_{n=1}^{\infty}n(x-1)^{n-1}=\left[\int_{0}^{x}\sum_{n=1}^{\infty}n(x-1)^{n-1}\mathrm{d}x\right]'=\left[\sum_{n=1}^{\infty}\int_{0}^{x}n(x-1)^{n-1}\mathrm{d}x\right]'$$
$$=\left[\sum_{n=1}^{\infty}(x-1)^{n}\right]'=\left[\frac{x-1}{1-(x-1)}\right]'=\frac{1}{(2-x)^{2}}.$$

8.4.6　逐项微分、积分

有时在同一个级数求和式中既需要逐项微分,又需要逐项积分,这往往是将一个级数求和问题化为两个级数求和问题时才会遇到.

例 8.4.6　求级数 $1+\sum\limits_{n=1}^{\infty}\dfrac{x^{2n}}{2n}$ 的和函数,其中 $|x|<1$.

解: 令 $S(x)=\sum\limits_{n=1}^{\infty}\dfrac{x^{2n}}{2n}$,则考虑 $[1+S(x)]'=\sum\limits_{n=1}^{\infty}x^{2n-1}=x\sum\limits_{n=0}^{\infty}x^{2n}=\dfrac{x}{1-x^{2}}.$

而 $f(0)=0$,则 $f(x)=\int_{0}^{x}\dfrac{x}{1-x^{2}}\mathrm{d}x=-\dfrac{1}{2}\ln(1-x^{2})$.故 $1+\sum\limits_{n=1}^{\infty}\dfrac{x^{2n}}{2n}=1-\dfrac{1}{2}\ln(1-x^{2})(|x|<1)$.

8.4.7　函数展开法

数项级数的求和问题,除了直接方法(如利用定义、通项变形)外,多是通过函数幂级数或傅里叶级数展开后赋值而得到.

例 8.4.7 求级数 $\sum\limits_{n=1}^{\infty} \dfrac{2n-1}{2^n}$ 的和.

解：令 $S(x) = \sum\limits_{n=0}^{\infty}(2n-1)x^{2n}$ ，$|x| < 1$.

而 $\int_0^x S(x)\mathrm{d}x = \int_0^x \sum\limits_{n=0}^{\infty}(2n-1)x^{2n}\mathrm{d}x = \sum\limits_{n=0}^{\infty} x^{2n+1} = \dfrac{x}{1-x^2}$ ，故

$$S(x) = \left(\dfrac{x}{1-x^2}\right)' = \dfrac{1+x^2}{(1-x^2)^2}.$$

取 $x = \dfrac{1}{\sqrt{2}}$ ，则有

$$\sum\limits_{n=0}^{\infty}\dfrac{2n-1}{2^n} = \dfrac{1}{2}\sum\limits_{n=0}^{\infty}(2n-1)\left(\dfrac{1}{\sqrt{2}}\right)^{2n} = \dfrac{1}{2}S\left(\dfrac{1}{\sqrt{2}}\right) = \dfrac{1}{2}\cdot\dfrac{1+\dfrac{1}{2}}{\left(1-\dfrac{1}{2}\right)^2} = 3.$$

对于一些常见数项级数利用函数展开求和问题及结论可见表 8-1.

表 8-1

被展函数	展开内容	级数求和
$\ln x$	$x-1$	$\sum\limits_{n=1}^{\infty}\dfrac{(-1)^{n+1}}{n} = \ln 2$
$\sin^{-1}x$	x	$1+\sum\limits_{n=0}^{\infty}\dfrac{1}{2n+1}\cdot\dfrac{(2n-1)!!}{(2n)!!} = \dfrac{\pi}{2}$
$\cos^{-1}x$	x	同上
$\tan^{-1}x$	x	$\sum\limits_{n=0}^{\infty}\dfrac{1}{(4n+1)(4n+3)} = \dfrac{\pi}{8}$
$\dfrac{1}{\sqrt{1+x}}$	x	$1+\sum\limits_{n=0}^{\infty}(-1)^n\dfrac{(2n-1)!!}{(2n)!!} = \dfrac{1}{\sqrt{2}}$
$\dfrac{1}{1-x}$	x 且逐项积分	$\sum\limits_{n=1}^{\infty}\dfrac{1}{n\cdot 3^n} = \ln\dfrac{3}{2}$

续表

被展函数	展开内容	级数求和
$\dfrac{1}{1+x}$	x 且逐项微分两次	$\displaystyle\sum_{n=1}^{\infty}(-1)^{n}\dfrac{n(n+1)}{2^{n}}=-\dfrac{8}{27}$
$\dfrac{1}{1-x^{2}}$	x 且逐项微分两次	$\displaystyle\sum_{n=1}^{\infty}\dfrac{1}{2n(2n-1)}=\ln 2$
$\dfrac{1}{1+x^{2}}$	x 且逐项微分	$\displaystyle\sum_{n=1}^{\infty}\dfrac{(-1)^{n+1}}{2n-1}=\dfrac{\pi}{4}$
$\dfrac{1}{1-x^{2}}$	x 且逐项微分	$\displaystyle\sum_{n=1}^{\infty}\dfrac{2n-1}{2^{n}}=3$
$\dfrac{1}{(1-x)^{2}}$	x 且逐项积分	$\displaystyle\sum_{n=1}^{\infty}(-1)^{n-1}\dfrac{n^{2}}{2^{n-1}}=\dfrac{4}{27}$
$\dfrac{1}{1+x^{3}}$	x 且逐项积分	$\displaystyle\sum_{n=0}^{\infty}\dfrac{(-1)^{n}}{3n+1}=\dfrac{1}{2}\ln 2+\dfrac{\pi}{3\sqrt{3}}$
$\dfrac{\mathrm{e}^{x}-1}{x}$	x 且逐项微分	$\displaystyle\sum_{n=1}^{\infty}\dfrac{n}{(n+1)!}=1$
x^{2} 或 $\mid x\mid$	正弦函数	$\displaystyle\sum_{n=1}^{\infty}\dfrac{1}{n^{2}}=\dfrac{\pi^{2}}{6}$
同上	余弦函数	$\displaystyle\sum_{n=1}^{\infty}\dfrac{(-1)^{n+1}}{n^{2}}=\dfrac{\pi^{2}}{12}$
同上	傅里叶级数	$\displaystyle\sum_{n=1}^{\infty}\dfrac{1}{(2n-1)^{2}}=\dfrac{\pi^{2}}{8}$
x^{2}	傅里叶级数	$\displaystyle\sum_{n=1}^{\infty}\dfrac{(-1)^{n+1}}{(2n-1)^{3}}=\dfrac{\pi^{2}}{32}$

续表

被展函数	展开内容	级数求和
x^2	余弦函数	$\sum_{n=1}^{\infty}\frac{1}{n^4}=\frac{\pi^4}{90}$, $\sum_{n=1}^{\infty}\frac{1}{(2n)^4}=\frac{1}{2^4}\cdot\frac{\pi^4}{90}$, $\sum_{n=1}^{\infty}\frac{1}{(2n-1)^4}=\frac{\pi^4}{96}$, $\sum_{n=1}^{\infty}\frac{(-1)^{n+1}}{n^4}=\frac{7\pi^4}{720}$
$\mathrm{sgn}x=\begin{cases}-1 & x<0 \\ 0 & x=0 \\ 1 & x>0\end{cases}$	傅里叶级数	$\sum_{n=1}^{\infty}\frac{1}{(2n-1)^2}=\frac{\pi^2}{8}$, $\sum_{n=1}^{\infty}\frac{(-1)^{n-1}}{2n-1}=\frac{\pi}{4}$
e^x	傅里叶级数	$\frac{1}{2}+\sum_{n=1}^{\infty}\frac{1}{1+n^2}=\frac{\pi}{2}\mathrm{cth}\pi$

8.4.8　利用定积分的性质

积分概念实际上可视为无穷级数求和概念的拓广,但相对来说,定积分较无穷级数好处理,因而有些级数求和问题可化为定积分问题去考虑,但它多与定积分递推公式有关.

例 8.4.8　求级数 $\sum_{n=1}^{\infty}\frac{(-1)^{n-1}}{n}$ 的和.

解：令 $I_n=\int_0^1\frac{x^n}{1+x}\mathrm{d}x$, $I_n+I_{n-1}=\int_0^1\frac{x^n+x^{n-1}}{1+x}\mathrm{d}x=\int_0^1 x^{n-1}\mathrm{d}x=\frac{1}{n}$.

当 $0\leqslant x\leqslant 1$ 时,由于 $x^n\leqslant x^{n-1}$,故 $I_n\leqslant I_{n-1}$,于是 $2I_n\leqslant I_n+I_{n-1}=\frac{1}{n}$,即 $I_n\leqslant\frac{1}{2n}$.

又 $2I_n\geqslant I_{n+1}+I_n=\frac{1}{n+1}$,即 $I_n\geqslant\frac{1}{2n+2}$.

综合上两式有 $\dfrac{1}{2n+2}\leqslant I_n\leqslant \dfrac{1}{2n}(n\geqslant 1)$，故 $\lim\limits_{n\to\infty}I_n=0$.再递推可有

$$I_n=(-1)^{n-1}\sum_{n=1}^{\infty}\frac{(-1)^{n-1}}{n}-(-1)^{n-1}I_0. \qquad (8-4-1)$$

又 $I_0=\displaystyle\int_0^1\frac{\mathrm{d}x}{1+x}=\ln(1+x)\Big|_0^1=\ln 2$，将式$(8-4-1)$两边取极限$(n\to\infty)$，

且注意 $I_n\to 0$ $(n\to\infty$ 时$)$，则 $\displaystyle\sum_{n=1}^{\infty}\frac{(-1)^{n-1}}{n}=\lim_{n\to\infty}\big[I_0+(-1)^{n-1}I_n\big]=$

$I_0=\ln 2$.

8.4.9 化为微分方程的解

有些级数的和函数经过微分后，再与原来级数做某种运算后，可得到一个简单的代数式，这就是说它们可以组成一个简单的微分方程，如是级数求和问题即可化为微分方程求解问题.

例 8.4.9 求级数 $\displaystyle\sum_{n=0}^{\infty}\frac{x^{2n+1}}{(2n+1)!!}$ 的和函数.

解：设 $S(x)=\displaystyle\sum_{n=0}^{\infty}\frac{x^{2n+1}}{(2n+1)!!}$，考虑到

$$S'(x)=1+\sum_{n=0}^{\infty}\frac{x^{2n}}{(2n-1)!!}=1+x\sum_{n=0}^{\infty}\frac{x^{2n-1}}{(2n-1)!!}=1+xS(x),$$

即 $S'(x)-xS(x)=1$，且 $S(0)=0$. 故 $S(x)=\mathrm{e}^{\int_0^x x\,\mathrm{d}x}\displaystyle\int_0^x\mathrm{e}^{-\int_0^x x\,\mathrm{d}x}\mathrm{d}x=$

$\mathrm{e}^{\frac{x^2}{2}}\displaystyle\int_0^x\mathrm{e}^{-\frac{x^2}{2}}\mathrm{d}x$.

8.4.10 利用无穷级数的乘积

有些级数可以视为两个无穷级数的乘积，这时便可将所求级数和问题化为先求两个级数积（当然它们应该好求），再计算它们的乘积.

若级数 $\sum a_n$ 与 $\sum b_n$ 均收敛，又 $\sum c_n$ 也收敛，其中

$c_n=a_0b_n+a_1b_{n-1}+\cdots+a_nb_0$，则 $\displaystyle\sum c_n=\sum a_n\cdot\sum b_n$.

若 $\sum a_n$，$\sum b_n$ 都收敛，且至少其中之一绝对收敛，则 $\sum c_n$ 收敛于

$\displaystyle\sum a_n\cdot\sum b_n$.

例 8.4.10   求级数 $\displaystyle\sum_{n=0}^{\infty} \left[\sin\frac{2(n+1)\pi}{3}\right] x^n$ 的和函数 $S(x)$，这里 $|x| < 1$.

解：$\displaystyle S(x) = \frac{\sqrt{3}}{2}\left\{\frac{2}{\sqrt{3}}\sum_{n=0}^{\infty}\left[\sin\frac{2(n+1)\pi}{3}\right]x^n\right\}$

$$= \frac{\sqrt{3}}{2}(1 - x + x^3 - x^4 + x^6 - x^7 + x^9 - x^{10} + x^{12} - x^{13} + \cdots)$$

$$= \frac{\sqrt{3}}{2}\left[(1-x) + (x^3 - x^4) + (x^6 - x^7) + (x^9 - x^{10}) + (x^{12} - x^{13}) + \cdots\right]$$

$$= \frac{\sqrt{3}}{2}(1-x)(1 + x^3 + x^6 + x^9 + x^{12} + \cdots)$$

$$= \frac{\sqrt{3}}{2} \cdot \frac{1-x}{1-x^3} = \frac{\sqrt{3}}{2(1+x+x^2)}.$$

8.4.11   利用欧拉公式 $e^{i\theta} = \cos\theta + i\sin\theta$

欧拉公式 $e^{i\theta} = \cos\theta + i\sin\theta$，常可使用某些含有三角函数的级数求和问题，转化为幂级数问题，这在有些时候是方便的.

例 8.4.11   求级数

(1) $\displaystyle\sum_{n=0}^{\infty}\frac{2^{\frac{n}{2}}}{n!}\left(\cos\frac{n\pi}{4}\right)x^n$；

(2) $\displaystyle\sum_{n=1}^{\infty}\frac{2^{\frac{n}{2}}}{n!}\left(\sin\frac{n\pi}{4}\right)x^n$ 的和函数（这里 $|x| < +\infty$）.

解：考虑等式 $e^x(\cos x + i\sin x) = e^x \cdot e^{ix} = e^{(1+i)x}$，又

$$e^{(1+i)x} = \sum_{n=0}^{\infty}\frac{1}{n!}\left[(1+i)x\right]^n = \sum_{n=0}^{\infty}\frac{x^n}{n!}(1+i)^n$$

$$= \sum_{n=0}^{\infty}\frac{1}{n!}\left[\sqrt{2}\left(\cos\frac{\pi}{4} + i\sin\frac{\pi}{4}\right)\right]^n$$

$$= \sum_{n=0}^{\infty}\frac{x^n}{n!}2^{\frac{n}{2}}\left(\cos\frac{n\pi}{4} + i\sin\frac{\pi}{4}\right).$$

比较两边虚实部可有：

(1) $\displaystyle\sum_{n=0}^{\infty}\frac{2^{\frac{n}{2}}}{n!}\left(\cos\frac{n\pi}{4}\right)x^n = e^n\cos x$；

(2) $\displaystyle\sum_{n=1}^{\infty}\frac{2^{\frac{n}{2}}}{n!}\left(\sin\frac{n\pi}{4}\right)x^n = e^n\sin x$.

注：由欧拉公式可有 $\mathrm{e}^{i\pi}+1=0$，此式将数学中最重要的几个常数 e，π，i，1，0 统一的一个式子中，不得不说是奇迹.

8.4.12　利用母函数

利用母函数求一些级数和有时也很巧，特别是对于一些通项有递推关系的级数更是如此.

例 8.4.12　求 $S_n=\sum\limits_{k=0}^{\infty}(-4)^k C_{n+k}^{2k}$，这里 C_m^n 是组合符号.

解：由题设易发现 $S_0=1$，$S_1=-3$，且 $S_n=-2S_{n-1}-S_{n-2}\ (n\geqslant 2)$.

考查函数 $F(x)=\sum\limits_{k=0}^{\infty}S_k x^k$，于是有

$$2xF(x)=2\sum_{k=0}^{\infty}S_k x^{k+1}，且\ x^2 F(x)=\sum_{k=0}^{\infty}S_k x^{k+2}，$$

三式两边相加，且注意到 $S_n+2S_{n-1}+S_{n-2}=0$，有

$$(1+2x+x^2)F(x)=S_0+(S_1+2S_0)x，即\ F(x)=\frac{1-x}{(1+x)^2}.$$

再注意到 $\dfrac{1}{1+x}=\sum\limits_{n=0}^{\infty}(-1)^n x^n$，两边求导有 $\dfrac{-1}{(1+x)^2}=\sum\limits_{n=0}^{\infty}(-1)^n n x^{n-1}$，

从而

$$F(x)=(x-1)\sum_{n=0}^{\infty}(-1)^n n x^{n-1}=\sum_{n=0}^{\infty}(-1)^n n x^n-\sum_{n=1}^{\infty}(-1)^n n x^{n-1}$$

$$=\sum_{n=0}^{\infty}(-1)^n n x+\sum_{n=0}^{\infty}(-1)^{n+1}(n+1)x^n=\sum_{n=0}^{\infty}(-1)^n(2n+1)x^n.$$

8.5　函数的级数展开方法

上一节介绍了如何求给定的幂级数的收敛域以及和函数.本节讨论幂级数的应用，包括如何把函数展开为幂级数，并简单介绍幂级数在数值计算中的应用，任何一个幂级数在其收敛域内都可以表示成一个和函数的形式.但在实际中为了研究和计算的方便，常常将一个函数表示成幂级数的形式，这是与求和函数相反的问题，有下面结论.

8.5.1 泰勒级数可展定理

对于一个给定的函数 $f(x)$，如果能找到一个幂级数使得它在某区间内收敛，且其和为 $f(x)$，则函数 $f(x)$ 在该区间内能展开成幂级数．

函数 $f(x)$ 的 n 阶泰勒中值公式：设函数 $f(x)$ 在含点 x_0 的某个开区间 (a,b) 内具有直至 $n+1$ 阶的导数，则对任一 $x \in (a,b)$，有

$$f(x) = P_n(x) + R_n(x),$$

其中，

$$P_n(x) = \sum_{k=0}^{n} \frac{f^{(k)}(x_0)}{k!}(x - x_0)^k$$

称为 k 次泰勒多项式，$R_n(x) = \dfrac{f^{(n+1)}(\xi)}{(n+1)!}(x - x_0)^{n+1}$（$\xi$ 介于 x 与 x_0 之间）称为拉格朗日型余项．

如果函数 $f(x)$ 在点 x_0 的某一邻域内有任意阶导数，让 $P_n(x) = \sum_{k=0}^{n} \dfrac{f^{(k)}(x_0)}{k!}(x - x_0)^k$ 中的 n 无限地增大，那么这个多项式就成了一个 $(x - x_0)$ 的幂级数．

如果 $f(x)$ 在包含 x_0 的区间 (a,b) 上具有任意阶导数，则可以得到下一个幂级数

$$\sum_{n=0}^{\infty} \frac{f^{(n)}(x_0)}{n!}(x - x_0)^n, \tag{8-5-1}$$

其为 $f(x)$ 在 x_0 处的泰勒级数．

称幂级数

$$\sum_{n=0}^{\infty} \frac{f^{(n)}(0)}{n!}x^n, \tag{8-5-2}$$

为 $f(x)$ 的麦克劳林级数．

$f(x)$ 的泰勒级数在 (a,b) 内是否收敛？若收敛，则在其收敛域内收敛于哪个函数？可利用下面的定理进行回答．

定理 8.5.1 设函数 $f(x)$ 在点 x_0 的某一邻域 $U(x_0)$ 内具有任意阶的导数，则 $f(x)$ 在 $U(x_0)$ 内能展开成泰勒级数 $(8-5-2)$ 的充分必要条件是泰勒级数公式 $(8-5-1)$ 中的余项 $R_n(x)$ 当 $n \to \infty$ 时在 $U(x_0)$ 内极限为零，即 $\lim\limits_{n \to \infty} R_n(x) = 0$，$x \in U(x_0)$．

8.5.2 函数展开成幂级数方法

在许多实际问题中,经常需要将函数展开为幂级数.将一个函数 $f(x)$ 展开成幂级数,通常有两种方法:直接展开法与间接展开法.

8.5.2.1 直接展开法

直接展开法是利用泰勒级数或麦克劳林级数公式,将函数 $f(x)$ 展开为幂级数.将函数 $f(x)$ 展开成麦克劳林级数的步骤如下:

(1)求出 $f^{(n)}(x_0)$,$n=0,1,2,\cdots$;

(2)写出相应的麦克劳林级数 $\sum\limits_{n=0}^{\infty} \dfrac{f^{(n)}(x_0)}{n!}(x-x_0)^n$,并求得收敛区间

$$-R < x < R;$$

(3)验证当 $x \in (-R,R)$ 时,$\lim\limits_{n \to \infty} R_n(x) = 0$;

(4)写出 $f(x)$ 的泰勒级数和收敛区间

$$f(x) = \sum_{n=0}^{\infty} \frac{f^{(n)}(x_0)}{n!}(x-x_0)^n \quad (-R < x < R).$$

例 8.5.1 将函 $f(x)=\sin x$ 展开成 x 的幂级数.

解:
$$f^{(n)}(x) = \sin\left(x + \frac{n\pi}{2}\right),$$

式中,$n=0,1,2,\cdots$,$f^{(n)}(0)$ 依次取 $0,1,0,-1,\cdots$ $(n=0,1,2,3,\cdots)$,于是得到级数为

$$x - \frac{x^3}{3!} + \frac{x^5}{5!} - \cdots + (-1)^{n-1}\frac{x^{2n-1}}{(2n-1)!} + \cdots,$$

求得收敛半径 $R = +\infty$.

对于任何有限数 x,ξ(ξ 介于 0 与 x 之间),余项的绝对值当 $n \to \infty$ 时的极限为零,即

$$|R(x)_n| = \left| \frac{\sin\left[\xi + \frac{(n+1)\pi}{2}\right]}{(n+1)!} x^{n+1} \right| \leqslant \frac{|x|^{n+1}}{(n+1)!} \to 0 \,(n \to \infty).$$

由此可得

$$\sin x = x - \frac{x^3}{3!} + \frac{x^5}{5!} + \cdots + (-1)^{n-1}\frac{x^{2n-1}}{(2n-1)!} + \cdots,$$

其中 $x \in (-\infty, +\infty)$.

例 8.5.2 将函数 $f(x) = e^x$ 展开成 x 的幂级数.

解：$f^{(n)}(x) = e^x (n = 1, 2, 3, \cdots)$，因此 $f^{(n)}(0) = 1 (n = 0, 1, 2, 3, \cdots)$，这里 $f^{(0)}(0) = f(0)$. 于是得级数

$$1 + x + \frac{1}{2!}x^2 + \cdots + \frac{1}{n!}x^n + \cdots = \sum_0^\infty \frac{1}{n!}x^n,$$

它的收敛半径 $R = +\infty$.

对于任何有限数 x 与 $\xi(\xi$ 介于 0 与 x 之间)，余项的绝对值为

$$|R_n(x)| = \left| \frac{e^\xi}{(n+1)!}x^{n+1} \right| < e^{|x|} \cdot \frac{|x|^{n+1}}{(n+1)!} \rightarrow 0(n \rightarrow \infty).$$

于是得展开式

$$e^x = 1 + x + \frac{1}{2!}x^2 + \cdots + \frac{1}{n!}x^n + \cdots (-\infty < x < +\infty).$$

8.5.2.2 间接展开法

函数的幂级数展开式只有少数比较简单的函数能用直接展开法得到.通常是从已经知道的函数的幂级数展开式入手,采用变量代换、四则运算、逐次求导、逐次求积分等方法.

直接展开法的优点是有固定的步骤,其缺点是计算量可能比较大,此外还需要分析余项是否趋于零,因此比较烦琐.另一种方法是根据需要展开的函数与一些已知麦克劳林级数的函数之间的关系,间接地得到需要展开函数的麦克劳林级数,这种方法称为间接展开法.

常用的展开式有：

$$\frac{1}{1-x} = 1 + x + x^2 + \cdots + x^n + \cdots, x \in (-1, 1),$$

$$e^x = 1 + \frac{x}{1!} + \frac{x^2}{2!} + \cdots + \frac{x^n}{n!} + \cdots, x \in (-\infty, +\infty),$$

$$\sin x = x - \frac{x^3}{3!} + \frac{x^5}{5!} - \frac{x^7}{7!} + \cdots + \frac{(-1)^n}{(2n+1)!}x^{2n+1} + \cdots, x \in (-1, 1).$$

例 8.5.3 将函数 $f(x) = \frac{1}{3-x}$ 在 $x = 0$ 处展开为泰勒级数.

解：因为

$$\frac{1}{3-x} = \frac{1}{3} \cdot \frac{1}{1-\frac{x}{3}},$$

而

$$\frac{1}{1-x} = 1 + x + x^2 + \cdots + x^n + \cdots, x \in (-1, 1),$$

所以

$$\frac{1}{1-\dfrac{x}{3}}=1+\frac{x}{3}+\frac{x^2}{9}+\cdots+\frac{x^n}{3^n}+\cdots.$$

故

$$\frac{1}{3-x}=\frac{1}{3}\sum_{n=0}^{\infty}\frac{x^n}{3^n}=\sum_{n=0}^{\infty}\frac{x^n}{3^{n+1}},x\in(-3,3).$$

例 8.5.4 将函数 $f(x)=x^2 e^{x^2}$ 展开为麦克劳林级数.

解: 由于 $e^x=\sum_{n=0}^{\infty}\frac{x^n}{n!},x\in(-\infty,+\infty)$,所以

$$e^{x^2}=\sum_{n=0}^{\infty}\frac{(x^2)^n}{n!}=\sum_{n=0}^{\infty}\frac{x^{2n}}{n!}.$$

故

$$e^2 e^{x^2}=x^2\sum_{n=0}^{\infty}\frac{x^{2n}}{n!}=\sum_{n=0}^{\infty}\frac{x^{2(n+1)}}{n!},x\in(-\infty,+\infty).$$

例 8.5.5 将 $f(x)=\ln(1+x)$ 展开为麦克劳林级数.

解: 因为

$$[\ln(1+x)]'=\frac{1}{1+x},$$

所以

$$\ln(1+x)=\int_0^x\frac{1}{1+t}dt.$$

而

$$\frac{1}{1+t}=\sum_{n=0}^{\infty}(-1)^n t^n,t\in(-1,1),$$

故

$$\ln(1+x)=\int_0^x\sum_{n=0}^{\infty}(-1)^n t^n dt$$

$$=\sum_{n=0}^{\infty}\int_0^x(-1)^n t^n dt$$

$$=\sum_{n=0}^{\infty}(-1)^n\frac{x^{n+1}}{n+1},x\in(-1,1).$$

例 8.5.6 将 $f(x)=\cos x$ 展开为麦克劳林级数.

解: 由于 $(\sin x)'=\cos x$,而

$$\sin x=x-\frac{x^3}{3!}+\frac{x^5}{5!}-\frac{x^7}{7!}+\cdots+\frac{(-1)^n}{(2n+1)!}x^{2n+1}+\cdots,$$

所以

$$\cos x = \left(x - \frac{x^3}{3!} + \frac{x^5}{5!} - \frac{x^7}{7!} + \cdots + \frac{(-1)^n}{(2n)!}x^{2n} + \cdots \right)'$$

$$= 1 - \frac{x^2}{2!} + \frac{x^4}{4!} - \frac{x^6}{6!} + \cdots + \frac{(-1)^n}{(2n)!}x^{2n} + \cdots, x \in (-\infty, +\infty).$$

例 8.5.7 将函数 $f(x) = \dfrac{1}{x}$ 展开成在 $x=1$ 处的泰勒级数.

解:
$$f(x) = \frac{1}{x} = \frac{1}{1+(x-1)},$$

而

$$\frac{1}{1+x} = 1 - x + x^2 - x^3 + \cdots + (-1)^n x^n + \cdots, x \in (-1,1),$$

所以

$$\frac{1}{1+(x-1)} = 1 - (x-1) + (x-1)^2 - (x-1)^3 + \cdots + (-1)^n(x-1)^n + \cdots.$$

故

$$\frac{1}{x} = \sum_{n=0}^{\infty} (-1)^n (x-1)^n, x \in (0,2).$$

例 8.5.8 将函数 $f(x) = \sin x$ 在 $x = \dfrac{\pi}{4}$ 处展开成泰勒级数.

解: 因为

$$\sin x = \sin \left[\frac{\pi}{4} + \left(x - \frac{\pi}{4} \right) \right]$$

$$= \sin \frac{\pi}{4} \cos \frac{\pi}{4} \left(x - \frac{\pi}{4} \right) + \cos \frac{\pi}{4} \sin \left(x - \frac{\pi}{4} \right)$$

$$= \frac{\sqrt{2}}{2} \cos \left(x - \frac{\pi}{4} \right) + \frac{\sqrt{2}}{2} \sin \left(x - \frac{\pi}{4} \right)$$

$$= \frac{\sqrt{2}}{2} \left[\cos \left(x - \frac{\pi}{4} \right) + \sin \left(x - \frac{\pi}{4} \right) \right],$$

而

$$\cos \left(x - \frac{\pi}{4} \right) = 1 - \frac{1}{2!} \left(x - \frac{\pi}{4} \right)^2 + \frac{1}{4!} \left(x - \frac{\pi}{4} \right)^4 + \cdots$$

$$+ \frac{(-1)^n}{(2n)!} \left(x - \frac{\pi}{4} \right)^{2n} + \cdots,$$

$$\sin\left(x - \frac{\pi}{4}\right) = \left(x - \frac{\pi}{4}\right) - \frac{1}{3!}\left(x - \frac{\pi}{4}\right)^3 + \frac{1}{5!}\left(x - \frac{\pi}{4}\right)^5 + \cdots$$

$$+ \frac{(-1)^n}{(2n+1)!}\left(x - \frac{\pi}{4}\right)^{2n+1} + \cdots,$$

所以

$$\sin x = \frac{\sqrt{2}}{2}\left[\sum_{n=0}^{\infty} \frac{(-1)^n}{(2n)!}\left(x - \frac{\pi}{4}\right)^{2n} + \sum_{n=0}^{\infty} \frac{(-1)^n}{(2n+1)!}\left(x - \frac{\pi}{4}\right)^{2n+1}\right]$$

$$= \frac{\sqrt{2}}{2}\sum_{n=0}^{\infty} (-1)^n\left(x - \frac{\pi}{4}\right)^n\left[\frac{1}{2n!} + \frac{1}{(2n+1)!}\right], x \in (-\infty, +\infty).$$

例 8.5.9　将函数 $f(x) = \dfrac{1}{x^2 + 4x + 3}$ 展开成 $x - 1$ 的幂级数.

解： 由于

$$f(x) = \frac{1}{x^2 + 4x + 3} = \frac{1}{(x+1)(x+3)} = \frac{1}{2}\left[\frac{1}{1+x} - \frac{1}{3+x}\right]$$

$$= \frac{1}{4}\frac{1}{1 + \dfrac{x-1}{2}} - \frac{1}{8}\frac{1}{1 + \dfrac{x-1}{4}},$$

而

$$\frac{1}{1 + \dfrac{x-1}{2}} = \sum_{n=0}^{\infty} \frac{(-1)^n}{2^n}(x-1)^n \ (-1 < x < 3),$$

$$\frac{1}{1 + \dfrac{x-1}{4}} = \sum_{n=0}^{\infty} \frac{(-1)^n}{4^n}(x-1)^n \ (-3 < x < 5).$$

那么

$$f(x) = \frac{1}{x^2 + 4x + 3} = \sum_{n=0}^{\infty} (-1)^n\left(\frac{1}{2^{n+2}} - \frac{1}{2^{2n+3}}\right)(x-1)^n \ (-1 < x < 3).$$

8.6　级数的应用及其有关的问题解法

8.6.1　函数值的近似计算

　　由函数的幂级数展开可知，通过函数的泰勒级数展开式可以求得函数的近似值,并能对计算的精确度给出可靠的估计.

设幂级数 $\sum\limits_{n=0}^{\infty} a_n x^n = S(x)$,那么对于其收敛域内的任意一点 x_0,总有一个收敛的常数项级数

$$S(x_0) = a_0 + a_1 x_0 + a_2 x_0^2 + \cdots + a_n x_0^n + \cdots = \sum_{n=0}^{\infty} a_n x_0^n.$$

$$(8-6-1)$$

如果用级数 $\sum\limits_{n=0}^{\infty} a_n x_0^n$ 的前 n 项的和 $S_n(x_0)$ 来作为 $S(x_0)$ 的近似值,那么所产生的误差就为余项的绝对值 $|R_n(x_0)|$.具体在进行近似计算时,首先要根据近似值的精度来确定计算时所要取的项数 n,使得所产生的误差 $|R_n(x_0)|$ 小于所给的允许误差值.

例 8.6.1 计算 $\sqrt[5]{240}$ 的近似值,精确到 10^{-4}.

解:因为

$$\sqrt[5]{240} = \sqrt[5]{243 - 3} = 3\left(1 - \frac{1}{3^4}\right)^{\frac{1}{5}},$$

所以,在二项展开式中取 $\alpha = \frac{1}{5}$,$x = -\frac{1}{3^4}$,得

$$\sqrt[5]{240} = 3\left(1 - \frac{1}{5} \times \frac{1}{3^4} - \frac{1 \times 4}{5^2 \times 2!} \times \frac{1}{3^8} - \frac{1 \times 4 \times 9}{5^3 \times 3!} \times \frac{1}{3^{12}} - \cdots\right).$$

这个级数收敛很快,取前两项的和作为 $\sqrt[5]{240}$ 的近似值,其误差(也称为截断误差)为

$$|r_2| = 3\left(\frac{1 \times 4}{5^2 \times 2!} \times \frac{1}{3^8} + \frac{1 \times 4 \times 9}{5^3 \times 3!} \times \frac{1}{3^{12}} + \cdots\right)$$

$$< 3 \times \frac{1 \times 4}{5^2 \times 2!} \frac{1}{3^8}\left[1 + \frac{1}{81} + \left(\frac{1}{81}\right)^2 + \cdots\right]$$

$$= \frac{6}{25} \times \frac{1}{3^8} \times \frac{1}{1 - \frac{1}{81}} = \frac{1}{25 \times 27 \times 40} < \frac{1}{20000}.$$

于是,取近似式

$$\sqrt[5]{240} \approx 3\left(1 - \frac{1}{5} \times \frac{1}{3^4}\right).$$

为了使"四舍五入"引起的误差(也称舍入误差)与截断误差之和不超过 10^4,计算时应取 5 位小数,然后四舍五入,因此最后得

$$\sqrt[5]{240} \approx 2.9926.$$

例 8.6.2 计算 e 的近似值.

解:由于

$$e^x = 1 + x + \frac{x^2}{2!} + \cdots + \frac{x^n}{n!} + \cdots,$$

令 $x=1$ 得

$$e = 1 + 1 + \frac{1}{2!} + \cdots + \frac{1}{n!} + \cdots.$$

若取

$$e \approx 1 + 1 + \frac{1}{2!} + \cdots + \frac{1}{n!} + \cdots,$$

则误差为

$$
\begin{aligned}
R_n &= \frac{1}{(n+1)!} + \frac{1}{(n+2)!} + \cdots = \frac{1}{(n+1)!}\left[1 + \frac{1}{n+2} + \frac{1}{(n+3)(n+2)} + \cdots\right] \\
&< \frac{1}{(n+1)!}\left[1 + \frac{1}{n+2} + \frac{1}{(n+2)^2} + \cdots\right] \\
&< \frac{1}{(n+1)!}\left[1 + \frac{1}{n+1} + \frac{1}{(n+1)^2} + \cdots\right] \\
&= \frac{1}{(n+1)!}\frac{1}{1 - \frac{1}{n+1}} = \frac{1}{n \cdot n!}.
\end{aligned}
$$

欲使 $R_n \leqslant 10^{-5}$,只要 $\frac{1}{n \cdot n!} \leqslant 10^{-5}$,即 $n \cdot n! \geqslant 10^5$,而 $8 \cdot 8! = 322560 > 10^5$,于是取前项作为 e 的近似值得

$$e \approx 1 + 1 + \frac{1}{2!} + \cdots + \frac{1}{8!} \approx 2.91828.$$

例 8.6.3 利用 $\sin x \approx x - \frac{x^3}{3}$ 计算 $\sin 9°$ 的近似值.

解:由于

$$\sin x = x - \frac{x^3}{3!} + \frac{x^5}{5!} - \frac{x^7}{7!} + \cdots + \frac{(-1)^n}{(2n+1)!}x^{2n+1} + \cdots,$$

$$\sin 9° = \sin\frac{\pi}{20} = \frac{\pi}{20} - \frac{\left(\frac{\pi}{20}\right)^3}{3!} + \frac{\left(\frac{\pi}{20}\right)^5}{5!} - \frac{\left(\frac{\pi}{20}\right)^7}{7!} + \cdots.$$

右端为收敛的交错级数,由交错级数收敛的性质,
若

$$\sin 9° \approx \frac{\pi}{20} - \frac{\left(\frac{\pi}{20}\right)^3}{3!},$$

则

$$|R_n| \leqslant \frac{\left(\frac{\pi}{20}\right)^5}{5!} < \frac{1}{120}(0.2)^5 < \frac{1}{30000} < 10^{-5},$$

所以

$$\sin 9° \approx 0.157079 - 0.000646 \approx 0.15643.$$

即误差不超过 10^{-5}.

8.6.2 求积分的近似值

有些初等函数的原函数不能由初等函数表示,因而进行定积分计算时不能应用牛顿-莱布尼茨公式.若将被积函数展开为幂级数,就可以依据幂级数能用求积的性质得到积分的近似值.

例 8.6.4 求 $\int_0^1 e^{-x^2} dx$ 的近似值,精确到 10^{-4}.

解:该被积函数的原函数 e^{-x^2} 不能由初等函数表示,可将被积函数展开成幂级数后再积分,得

$$e^x = 1 + x + \frac{x^2}{2!} + \cdots + \frac{x^n}{n!} + \cdots \quad (-\infty < x < +\infty),$$

可得

$$e^{-x^2} = 1 - x^2 + \frac{x^4}{2!} - \frac{x^6}{3!} + \cdots + \frac{(-1)^n x^{2n}}{n!} + \cdots \quad (-\infty < x < +\infty).$$

对上式在 $[0,1]$ 逐项积分,得

$$\int_0^1 e^{-x^2} dx = 1 - \frac{1}{3} + \frac{1}{5 \cdot 2!} - \frac{1}{7 \cdot 3!} + \frac{1}{9 \cdot 4!} - \cdots,$$

由于第八项

$$\frac{1}{15 \cdot 7!} < 1.5 \times 10^{-5},$$

则前面七项之和有四位有效数字,得

$$\int_0^1 e^{-x^2} dx \approx 1 - \frac{1}{3} + \frac{1}{5 \cdot 2!} - \frac{1}{7 \cdot 3!} + \frac{1}{9 \cdot 4!} - \frac{1}{11 \cdot 5!} + \frac{1}{13 \cdot 6!}$$
$$\approx 0.9468.$$

例 8.6.5 计算 $\int_0^1 \frac{\sin x}{x} dx$ 的近似值,精确到 10^{-4}.

解:由于

$$\sin x = x - \frac{x^3}{3!} + \frac{x^5}{5!} - \frac{x^7}{7!} + \cdots + \frac{(-1)^n}{(2n+1)!} x^{2n+1} + \cdots,$$

$$\frac{\sin x}{x} = 1 - \frac{x^2}{3!} + \frac{x^4}{5!} - \frac{x^6}{7!} + \cdots + \frac{(-1)^n}{(2n+1)!} x^{2n} + \cdots,$$

$$\int_0^1 \frac{\sin x}{x} dx = \int_0^1 \left(1 - \frac{x^2}{3!} + \frac{x^4}{5!} + \cdots \right) dx$$

$$= 1 - \frac{1}{3 \cdot 3!} + \frac{1}{5 \cdot 5!} - \frac{1}{7 \cdot 7!} + \cdots,$$

右端为收敛的交错级数,且第四项

$$\frac{1}{7 \cdot 7!} < \frac{1}{30000} < 10^{-4},$$

故取前四项作为近似值时,其误差为 $R_n < 10^{-4}$.

所以

$$\int_0^1 \frac{\sin x}{x} dx \approx 1 - \frac{1}{3 \cdot 3!} + \frac{1}{5 \cdot 5!} \approx 0.9461.$$

8.6.3　求常数项级数的和

由前面所学知识可知,利用定义或已知公式可以直接求常数项级数的和,下面我们再介绍一种借助幂级数来求常数项的和的方法,称为阿贝尔方法.

阿贝尔方法:若级数 $\sum\limits_{n=0}^{\infty} a_n$ 收敛,则

$$\sum_{n=0}^{\infty} a_n = \lim_{x \to 1^-} \sum_{n=0}^{\infty} a_n x^n.$$

利用阿贝尔方法求数项级数 $\sum\limits_{n=0}^{\infty} a_n$ 的和的步骤如下:

(1) 构造幂级数 $\sum\limits_{n=0}^{\infty} a_n x^n$;

(2) 求出 $\sum\limits_{n=0}^{\infty} a_n x^n$ 的和函数 $S(x)$;

(3) 求极限 $\lim\limits_{x \to 1^-} S(x)$.

例 8.6.6　求级数 $\sum\limits_{n=1}^{\infty} \frac{2n-1}{2^n}$ 的和.

解:构造幂级数 $\sum\limits_{n=1}^{\infty} \frac{2n-1}{2^n} x^{2n-2}$,由比值判别法知,其收敛区间为

$(-\sqrt{2}, \sqrt{2})$. 设

$$S(x) = \sum_{n=1}^{\infty} \frac{2n-1}{2^n} x^{2n-2}, x \in (-\sqrt{2}, \sqrt{2}),$$

因为

$$S(x) = \left(\sum_{n=1}^{\infty} \int_0^x \frac{2n-1}{2^n} x^{2n-2} \mathrm{d}x\right)' = \left(\sum_{n=1}^{\infty} \frac{x^{2n-1}}{2^n}\right)' = \left[\frac{1}{x} \sum_{n=1}^{\infty} \left(\frac{x^2}{2}\right)^n\right]'$$

$$= \left(\frac{1}{x} \cdot \frac{x^2}{2-x^2}\right)' = \left(\frac{x}{2-x^2}\right)' = \frac{x^2+2}{(2-x^2)^2}, x \in (-\sqrt{2}, \sqrt{2}),$$

所以

$$\sum_{n=1}^{\infty} \frac{2n-1}{2^n} = \lim_{x \to 1^-} S(x) = \lim_{x \to 1^-} \frac{x^2+2}{(2-x^2)^2} = 3.$$

8.6.4　欧拉公式

已知级数

$$1 + x + \frac{x^2}{2!} + \frac{x^3}{3!} + \cdots + \frac{x^n}{n!} + \cdots,$$

当 x 为任何实数时,级数的和函数为 e^x,收敛区间为 $-\infty < x < +\infty$.

现在考查复数项级数

$$1 + z + \frac{1}{2!} z^2 + \frac{1}{3!} z^3 + \cdots + \frac{1}{n!} z^n + \cdots,$$

其中,$z = x + \mathrm{i}y$,x、y 为实数,$\mathrm{i} = \sqrt{-1}$.

在复变函数理论中可以知道,级数 $\displaystyle\sum_{n=0}^{\infty} \frac{z^n}{n!}$ 在全复平面上是绝对收敛的,其和函数定义为 e^z,即 $e^z = 1 + z + \frac{1}{2!} z^2 + \frac{1}{3!} z^3 + \cdots + \frac{1}{n!} z^n + \cdots$,$|z| = \sqrt{x^2 + y^2} < +\infty$.

当 $y = 0$ 时,$z = x$,这时 $\displaystyle\sum_{n=0}^{\infty} \frac{z^n}{n!}$ 表示函数 e^x. 当 $x = 0$ 时,$z = \mathrm{i}y$,这时有

$$e^{\mathrm{i}y} = 1 + \mathrm{i}y + \frac{1}{2!}(\mathrm{i}y)^2 + \frac{1}{3!}(\mathrm{i}y)^3 + \cdots + \frac{1}{n!}(\mathrm{i}y)^n + \cdots$$

$$= 1 + \mathrm{i}y - \frac{1}{2!} y^2 - \mathrm{i}\frac{1}{3!} y^3 + \frac{1}{4!} y^4 + \mathrm{i}\frac{1}{5!} y^5 + \cdots$$

$$= \left(1 - \frac{1}{2!} y^2 + \frac{1}{4!} y^4 - \cdots\right) + \mathrm{i}\left(y - \frac{1}{3!} y^3 + \frac{1}{5!} y^5\right) + \cdots.$$

由于

$$\cos y = 1 - \frac{1}{2!} y^2 + \frac{1}{4!} y^4 - \cdots,$$

$$\sin y = y - \frac{1}{3!}y^3 + i\frac{1}{5!}y^5 - \cdots,$$

因此有

$$e^{iy} = \cos y + i\sin y.$$

这就是欧拉公式.

同理可得,

$$e^{-iy} = \cos y - i\sin y.$$

将以上两式相加、相减可推得

$$\begin{cases} \cos y = \dfrac{e^{iy} + e^{-iy}}{2} \\[2mm] \sin y = \dfrac{e^{iy} - e^{-iy}}{2i} \end{cases}.$$

这个公式也称为欧拉公式.

第 9 章　微分方程思想与解题方法

微积分中所研究的函数,是反映客观现实世界运动过程中量与量之间的一种变化关系.但在大量的实际问题中,往往不能直接找出这种变化关系,但比较容易建立这些变量与它们的导数(或微分)之间的关系.这种联系着自变量、未知函数及它的导数(或微分)的关系式就是所谓的微分方程.

9.1　微分方程的思想方法

9.1.1　分类讨论思想

在接触到有关微分方程的问题时,第一步分类是看问题包含的是微分方程还是微分方程组;第二步分类是考虑微分方程的阶数,分为一阶和高阶来讨论;第三步分类是看线性,即分为线性与非线性;第四步分类是看是齐次还是非齐次;第五步分类是要看是常系数还是非常系数.

9.1.2　数学模型思想

数学家费尔认为"在未来的十年中领导世界的国家将是在科学的知识、解释和运用方面起领导作用的国家,整个科学的基础又是一个不断增长的数学知识总体,我们越来越多地用数学模型指导我们的探索知识的工作".

"模型"是人们用来认识客观世界的重要手段之一,是沟通数学理论与实际问题联系的桥梁,数学模型能深刻反映实际问题的本质.

大量事例说明,若由数学模型推导出来的一些结果是尚且未知的,则可能预示着某种新事物.历史上,19世纪下半叶,英国物理学家麦克斯韦利用微分方程作为数学模型,提出了电磁波理论.当时人们还未在实践中发现电磁波的存在,直到他 1879 年去世后的 1888 年,德国物理学家赫兹(Hertz)才发现了电磁波.此重大事件成为数学模型具有预测功能的典型例子.19世纪当人们已建立了天王星轨道的数学模型时,有人观测到在某处出现的观察结果与模型不符,通过分析,预测在该处存在另一行星,经过认真观察终于发现这颗用数学模型推导出的星星——海王星.

20 世纪 50 年代以来,数学模型在经济等领域所起的重要作用举世瞩目.目前,借助于计算机建立的各种数学模型正在对人类社会的各种活动发挥日益深刻的影响.

事实上,在实际应用中,微分方程就是针对每一个实际问题的数学模型,这是数学思想具有应用价值的根本所在.下面以描述肿瘤生长规律的数学模型为例说明之.

肿瘤是危害人体健康的最可怕的敌人之一,科学家们从不同角度开展研究,目的是要控制并消灭它.通过临床观察了解得到肿瘤的如下信息:

①根据现有手段,肿瘤细胞数目超过 10^{11} 时,临床才可能观察到.

②肿瘤生长初期,每经一定的时间间隔,其细胞数目就增加一倍.

③在肿瘤生长后期,由于各种生理条件的限制,肿瘤细胞数目逐渐趋向某个稳定值.

(1)指型模型

假定肿瘤细胞增长速度与当时这种细胞的数目成正比,比例系数为 λ.设在时刻 t 肿瘤细胞数目为 $n(t)$,则得到微分方程模型为

$$\frac{\mathrm{d}n}{\mathrm{d}t} = \lambda n,$$

其解为 $n(t) = C\mathrm{e}^{\lambda t}$.据临床观察信息①,可令 $n(0) = 10^{11}$,得到肿瘤生长规律为 $n(t) = n(0)\mathrm{e}^{\lambda t} = 10^{11}\mathrm{e}^{\lambda t}$,再据观察信息②,设细胞增加一倍所需要的时间为 τ,则 $\tau = \dfrac{\ln 2}{\lambda}$.

这个模型的缺点是不能反映观察信息③的规律.因此人们对此做了修正,提出如下新模型.

(2)Verhulst 模型

假定相对增长率随细胞数目 $n(t)$ 的增加而减少,若用 N 表示因生理限制导致的肿瘤数目的极限值,$g(n)$ 表示相对增长率 $\dfrac{\frac{\mathrm{d}n}{\mathrm{d}t}}{n}$,则 $g(n)$ 为 n 的减函数.为处理方便,假定 $g(n)$ 为 n 的线性函数:$g(n) = a + bn$.又假定当 $n(t) = n(0)$ 时,$g(n) = l$,而当 $n(t) = N$ 时,$g(n) = 0$,则可得到相对增长率为

$$g(n) = \lambda \cdot \frac{N - n(t)}{N - n(0)}.$$

从而 $n(t)$ 满足微分方程

$$\frac{\mathrm{d}n}{\mathrm{d}t} = \lambda n(t) \frac{N - n(t)}{N - n(0)}.$$

可求出解

$$n(t) = n(0) \left[\frac{n(0)}{N} + \left(1 - \frac{n(0)}{N} \right) \mathrm{e}^{-at} \right]^{-1},$$

其中 $\alpha = \dfrac{\lambda N}{[N - n(0)]}.$

在实用中常假定 $n(0) = 10^{11}.$

经过实践检验,人们发现 Verhulst 模型与某些测试数据不吻合,分析其原因是,相对增长率假定为线性函数虽然简单且便于计算,但与实际情形偏差太大.因此有人提出进一步改进的新模型.

(3)Gompertzlan 模型

假定相对增长率为对数函数 $g = -\lambda \ln \dfrac{n}{N}$,其中负号表示随 $n(t)$ 的增加而减少,并且 g 与 $n(t)$ 在 N 中所占比例的对数有关.由此得到的方程为

$$\frac{\mathrm{d}n}{\mathrm{d}t} = -\lambda n \ln \frac{n}{N},$$

其解为 $n(t) = n(0) \left[\dfrac{N}{n(0)} \right]^{b}$,其中 $b = 1 - \mathrm{e}^{-\lambda t}$.这就是 Gompertzlan 模型.

到 20 世纪 80 年代,有人考虑相对增长率为 n 的幂函数形式,进一步改进了模型.

总之,人们总是根据实践的结果不断修正已有的模型.

9.1.3 转化思想

转化思想与化归法在微分方程中得到广泛的应用,下面举例说明之.

(1)分离变量法.把微分方程化成等式两边各自关于一个变量的微分,然后分别求不定积分.

(2)变量替换法的广泛应用.

例如,可以化一阶齐次方程为分离变量的方程;化 Bernoulli 方程为一阶线性方程;化欧拉方程为线性方程;化高阶为低阶方程;化高阶方程为一阶方程组.

例如,$y''' + a_1 y'' + a_2 y' + a_3 y = f(x, y, y', y'').$

对这一个三阶方程的研究可以归结为如下一阶方程组:
$$y' = z,$$
$$z' = u,$$
$$u' = -a_1 u - a_2 z - a_3 y + f(x, y, z, u).$$

(3)转换观点——自变量与应变量角色的对换.

例如,求方程 $y' = \dfrac{y}{2x + y^2}$ 的通解时,由于这个方程既不是可分离变量的,也不是形如
$$\frac{\mathrm{d}y}{\mathrm{d}x} = p(x)y = q(x)$$

的关于未知函数 y 的线性方程.但是,如果我们把变量 x 看成 y 的未知函数,就可得到线性方程
$$\frac{\mathrm{d}x}{\mathrm{d}y} = p(y)x = q(y).$$

它就是 $\dfrac{\mathrm{d}y}{\mathrm{d}x} = p(x)y = q(x)$ 中 x 与 y 对调后所得到的形式.所以,通解为
$$x = \left\{ \int [q(y)\mathrm{e}^{\int p(y)\mathrm{d}y}] \mathrm{d}y + C \right\} \mathrm{e}^{-\int p(y)\mathrm{d}y}.$$

显然 $y = 0$ 是原方程的解.为求通解,设 $y \neq 0$,将原方程改写为
$$\frac{\mathrm{d}x}{\mathrm{d}y} = \frac{2x}{y} + y$$

或
$$\frac{\mathrm{d}x}{\mathrm{d}y} - \frac{2x}{y} = y,$$

那么 $p(y) = -\dfrac{2}{y}, q(y) = y$. 把它们代入 $x = \left\{ \int [q(y)\mathrm{e}^{\int p(y)\mathrm{d}y}] \mathrm{d}y + C \right\} \mathrm{e}^{-\int p(y)\mathrm{d}y}$,得到
$$x = \left\{ \int [q(y)\mathrm{e}^{\int \frac{2}{y}\mathrm{d}y}] \mathrm{d}y + C \right\} \mathrm{e}^{-\int \frac{2}{y}\mathrm{d}y} = y^2 \left(\int y \cdot y^{-2} \mathrm{d}y + C \right).$$

所以原方程的通解为 $x = y^2(\ln|y| + C)$.

(4)借助积分因子化一些方程为全微分方程.

9.2　一阶微分方程的解法

一阶微分方程的一般形式为
$$F(x, y, y') = 0,$$

以后仅讨论已解出导数的方程,即形如

$$y' = f(x, y)$$

的方程.这种方程可以写成如下的对称形式

$$P(x, y)dx + Q(x, y)dy = 0.$$

下面介绍几种简单的基本类型的方程.

9.2.1　可分离变量的微分方程

定义 9.2.1　如果一阶微分方程能化为

$$\frac{dy}{dx} = f(x)g(y) \tag{9-2-1}$$

的形式,那么原方程称为可分离变量的微分方程或变量可分离的微分方程.

要解这类方程,先把原方程化为形式

$$\frac{dy}{g(y)} = f(x)dx,$$

该过程称为分离变量.再对上式两端积分

$$\int \frac{1}{g(y)}dy = \int f(x)dx + C,$$

便可得到所求的通解.

如果要求其特解,可将初始条件代入通解中确定出任意常数 C,即可得到相应的特解.

9.2.2　齐次方程

定义 9.2.2　可化为形如

$$\frac{dy}{dx} = f\left(\frac{y}{x}\right) \tag{9-2-2}$$

的微分方程,称为一阶齐次微分方程,简称为齐次方程.例如方程

$$(xy - y^2)dx - (x^2 - 2xy)dy = 0$$

可化为

$$\frac{dy}{dx} = \frac{xy - y^2}{x^2 - 2xy} = \frac{\dfrac{y}{x} - \left(\dfrac{y}{x}\right)^2}{1 - 2\left(\dfrac{y}{x}\right)}.$$

因此,它是齐次方程.

　　齐次方程是一类可化为可分离变量的方程.事实上,如果做变量替换

$$u = \frac{y}{x}, \qquad (9-2-3)$$

则

$$y = ux, \frac{\mathrm{d}y}{\mathrm{d}x} = u + x\,\frac{\mathrm{d}u}{\mathrm{d}x}.$$

将其代入方程(9-2-2),便得

$$u + x\,\frac{\mathrm{d}u}{\mathrm{d}x} = f(u).$$

这是变量可分离的方程.分离变量并两端积分,得

$$\int \frac{1}{f(u) - u}\mathrm{d}u = \int \frac{1}{x}\mathrm{d}x. \qquad (9-2-4)$$

求出积分后,将 u 还原成 $\frac{y}{x}$,便得所给齐次方程的通解.

9.2.3　一阶线性微分方程

　　定义 9.2.3　形如

$$\frac{\mathrm{d}y}{\mathrm{d}x} + P(x)y = Q(x) \qquad (9-2-5)$$

的方程称为一阶线性微分方程,其中 $P(x)$、$Q(x)$ 为已知函数,$Q(x)$ 称为自由项.

　　当 $Q(x) \neq 0$ 时,微分方程(9-2-5)称为一阶非齐次线性方程.

　　当 $Q(x) \equiv 0$ 时,方程为

$$\frac{\mathrm{d}y}{\mathrm{d}x} + P(x)y = 0, \qquad (9-2-6)$$

称为与一阶非齐次线性微分方程(9-2-5)相对应的一阶齐次线性方程.

　　先求一阶齐次线性方程(9-2-6)的解.这是一个可分离变量的微分方程,分离变量得

$$\frac{\mathrm{d}y}{y} = -P(x)\mathrm{d}x,$$

两边积分得

$$\ln|y| = -\int P(x)\mathrm{d}x + C_1,$$

于是得方程的解为

$$y = C\mathrm{e}^{-\int P(x)\mathrm{d}x}\ (C = \pm\mathrm{e}^{C_1}\ \text{为不等于零的任意常数}).$$

又 $y = 0$ 也是方程 $(9-2-6)$ 的解,所以方程 $(9-2-6)$ 的通解为

$$y = C\mathrm{e}^{-\int P(x)\mathrm{d}x}\ (C\ \text{为任意常数}). \qquad (9-2-7)$$

显然,当 C 为任意常数时,它不是方程 $(9-2-5)$ 的解.由于非齐次线性方程 $(9-2-5)$ 的右端是 x 的函数 $Q(x)$,因此,可以设想将方程中常数 C 换成待定函数 $C(x)$ 后,方程 $(9-2-7)$ 有可能是方程 $(9-2-5)$ 的解.下面我们来分析其解的形式.

设 $y = C(x)\mathrm{e}^{-\int P(x)\mathrm{d}x}$ 为一阶非齐次线性方程 $(9-2-5)$ 的通解,将其代入方程 $(9-2-5)$,得

$$C'(x)\mathrm{e}^{-\int P(x)\mathrm{d}x} = Q(x),\ \text{即}\ C'(x) = Q(x)\mathrm{e}^{\int P(x)\mathrm{d}x},$$

两边积分得

$$C(x) = \int Q(x)\mathrm{e}^{\int P(x)\mathrm{d}x}\mathrm{d}x + C.$$

将 $C(x)$ 代入 $y = C(x)\mathrm{e}^{-\int P(x)\mathrm{d}x}$ 中,得一阶非齐次线性方程 $(9-2-5)$ 的通解为

$$y = \left[\int Q(x)\mathrm{e}^{\int P(x)\mathrm{d}x}\mathrm{d}x + C\right]\mathrm{e}^{-\int P(x)\mathrm{d}x},$$

即

$$y = C\mathrm{e}^{-\int P(x)\mathrm{d}x} + \mathrm{e}^{-\int P(x)\mathrm{d}x}\int Q(x)\mathrm{e}^{\int P(x)\mathrm{d}x}\mathrm{d}x. \qquad (9-2-8)$$

归纳,得求一阶非齐次线性方程的通解的步骤如下:

(1)求出与非齐次线性方程对应的齐次方程的通解;

(2)根据所求出的齐次方程的通解设出非齐次线性方程的解,即将所求出的齐次方程的通解中的任意常数 C 改为待定函数 $C(x)$,设其为非齐次线性方程的通解;

(3)将所设的解代入非齐次线性方程,解出 $C(x)$,并写出非齐线性方程的通解.

或直接用公式 $(9-2-8)$ 求解.

9.3　高阶微分方程的解法

9.3.1　可降阶的高阶微分方程

9.3.1.1　$y^{(n)} = f(x)$ 型的方程

微分方程

$$y^{(n)} = f(x)$$

的右端仅含有自变量 x,若以 $y^{(n-1)}$ 为未知函数,为一阶微分方程,两边积分,可得

$$y^{(n-1)} = \int f(x)\,\mathrm{d}x + C_1.$$

同理可得

$$y^{(n-2)} = \int \left[\int f(x)\,\mathrm{d}x \right]\mathrm{d}x + C_1 x + C_2.$$

依次类推连续积分 n 次,从而可得含有 n 个任意常数的通解.

例 9.3.1　求微分方程 $y^{(4)} = \sin x$ 的通解.

解:连续积分四次则有

$$y''' = \int \sin x\,\mathrm{d}x = -\cos x + C_1,$$

$$y'' = \int (-\cos x + C_1)\,\mathrm{d}x = -\sin x + C_1 x + C_2,$$

$$y' = \int (-\sin x + C_1 x + C_2)\,\mathrm{d}x = \cos x + \frac{C_1}{2}x^2 + C_2 x + C_3,$$

$$y = \int \left(\cos x + \frac{C_1}{2}x^2 + C_2 x + C_3 \right)\mathrm{d}x = \sin x + \frac{C_1}{6}x^3 + \frac{C_2}{2}x^2 + C_3 x + C_4.$$

9.3.1.2　$y'' = f(x, y')$ 型的方程

微分方程

$$y'' = f(x, y') \qquad\qquad (9 - 3 - 1)$$

的右端不显含 y.

设 $y' = P(x)$，则 $y'' = \dfrac{\mathrm{d}P}{\mathrm{d}x}$，代入方程（9-3-1）中，可得

$$\frac{\mathrm{d}P}{\mathrm{d}x} = f(x, P)$$

为一阶方程，设其通解为

$$P = \varphi(x, C_1).$$

因为 $P(x) = \dfrac{\mathrm{d}y}{\mathrm{d}x}$，从而有

$$\frac{\mathrm{d}y}{\mathrm{d}x} = \varphi(x, C_1).$$

两边积分，得

$$y = \int \varphi(x, C_1)\,\mathrm{d}x + C_2.$$

例 9.3.2　求微分方程 $(1+x^2)y'' = 2xy'$ 满足初始条件 $y\big|_{x=0} = 1$，$y'\big|_{x=0} = 2$ 的特解.

解：所给微分方程是 $y'' = f(x, y')$ 型方程.设 $y' = p$，代入方程并分离变量后，得

$$\frac{\mathrm{d}p}{p} = \frac{2x}{1+x^2}\mathrm{d}x.$$

两端积分，得

$$\ln|p| = \ln(1+x^2) + \ln C,$$

即

$$y' = p = C_1(1+x^2) \quad (C_1 = \pm e^C).$$

由条件 $y'\big|_{x=0} = 2$，得 $C_1 = 2$.故

$$y' = 2(1+x^2).$$

两端积分，得

$$y = \frac{2}{3}x^3 + 2x + C_2.$$

又由条件 $y\big|_{x=0} = 1$，得 $C_2 = 1$.于是所求特解为

$$y = \frac{2}{3}x^3 + 2x + 1.$$

9.3.1.3　$y'' = f(y, y')$ 型的微分方程

微分方程

$$y'' = f(y, y') \tag{9-3-2}$$

的右端不显含 x，设 $y' = P(y)$，则

$$y'' = \frac{\mathrm{d}p}{\mathrm{d}x} = \frac{\mathrm{d}p}{\mathrm{d}y}\frac{\mathrm{d}y}{\mathrm{d}x} = P\frac{\mathrm{d}p}{\mathrm{d}y}.$$

代入方程 $(9-3-2)$，可得

$$P\frac{\mathrm{d}P}{\mathrm{d}y} = f(y,P).$$

这是以 y 为自变量、P 为未知函数的一阶微分方程，设它的通解为

$$P = \varphi(y,C_1),$$

那么

$$\frac{\mathrm{d}y}{\mathrm{d}x} = \varphi(y,C_1).$$

分离变量并积分，可得

$$\int \frac{\mathrm{d}y}{\varphi(y,C_1)} = x + C_2.$$

例 9.3.3　求微分方程 $yy'' = 2(y')^2$ 的通解.

解：取 y 为自变量，令 $y' = p(y)$，则

$$y'' = p\frac{\mathrm{d}p}{\mathrm{d}y}$$

代入原方程，可得

$$yp\frac{\mathrm{d}p}{\mathrm{d}y} = 2p^2.$$

分离变量后再积分，得

$$\ln p = \ln y^2 + \ln C_1,$$

即

$$p = C_1 y^2.$$

代入 $\frac{\mathrm{d}y}{\mathrm{d}x} = p$，可得

$$\frac{\mathrm{d}y}{\mathrm{d}x} = C_1 y^2, \quad \frac{\mathrm{d}y}{y^2} = C_1\mathrm{d}x,$$

积分可得

$$-\frac{1}{y} = C_1 x + C_2,$$

即

$$C_1 xy + C_2 y + 1 = 0,$$

则为原方程的通解.

9.3.2 高阶线性微分方程

9.3.2.1 二阶齐次线性微分方程

二阶齐次线性微分方程的形式为

$$y'' + P(x)y' + Q(x)y = 0. \qquad (9-3-3)$$

其解具有如下性质.

定理 9.3.1 若 $y_1(x)$ 和 $y_2(x)$ 为方程 $(9-3-3)$ 的两个解,则

$$y = C_1 y_1(x) + C_2 y_2(x)$$

也为方程 $(9-3-3)$ 的解,其中 C_1, C_2 为任意常数.

定理 9.3.2 若 $y_1(x)$ 和 $y_2(x)$ 为方程 $(9-3-3)$ 的两个线性无关的特解,则

$$y = C_1 y_1(x) + C_2 y_2(x)$$

为方程 $(9-3-3)$ 的通解,其中 C_1, C_2 为任意常数.

定理 9.3.2 不难推广到 n 阶齐次线性方程.

推论 9.3.1 若 $y_1(x), y_2(x), \cdots, y_n(x)$ 为 n 阶齐次线性方程

$$y^{(n)} + a_1(x)y^{(n-1)} + \cdots + a_{n-1}(x)y' + a_n(x)y = 0$$

的 n 个线性无关的解,则此方程的通解为

$$y = C_1 y_1(x) + C_2 y_2(x) + \cdots + C_n y_n(x),$$

其中 $C_1, C_2, \cdots, C_n$ 为任意常数.

9.3.2.2 二阶非齐次线性微分方程

二阶非齐次线性微分方程的形式为

$$y'' + P(x)y' + Q(x)y = f(x), \qquad (9-3-4)$$

其中 $P(x), Q(x)$ 为连续函数,若方程 $(9-3-3)$ 与方程 $(9-3-4)$ 的左端相同,则称方程 $(9-3-3)$ 是与方程 $(9-3-4)$ 对应的齐次方程.

定理 9.3.3 设 $y^*(x)$ 为二阶非齐次线性方程 $(9-3-4)$ 的一个特解,$Y(x)$ 为与方程 $(9-3-4)$ 相对应的齐次方程 $(9-3-3)$ 的通解,则

$$y = Y(x) + y^*(x)$$

为二阶非齐次线性微分方程 $(9-3-4)$ 的通解.

定理 9.3.4 非齐次线性微分方程解的叠加原理 设 $y_1^*(x), y_2^*(x)$ 分别是方程

$$y'' + P(x)y' + Q(x)y = f_1(x), \qquad (9-3-5)$$

$$y'' + P(x)y' + Q(x)y = f_2(x) \qquad (9-3-6)$$

的特解,则 $y_1^*(x) + y_2^*(x)$ 是方程

$$y'' + P(x)y' + Q(x)y = f_1(x) + f_2(x)$$

的特解.

9.3.3　常系数线性微分方程

9.3.3.1　二阶常系数齐次线性方程

如果线性方程中的未知函数及其各阶导数前面的系数均为常数,则称方程为常系数线性方程.

形如

$$y'' + py' + qy = 0 \qquad (9-3-7)$$

的方程,称为常系数齐次线性微分方程,其中 p,q 为常数.

易知要得到微分方程(9-3-7)的通解,则可先求出其两个解 y_1,y_2,若 $\dfrac{y_2}{y_1} \not\equiv$ 常数,即 y_1,y_2 线性无关,则 $y = C_1 y_1(x) + C_2 y_2(x)$ 为方程(9-3-7)的通解.其中 $y_1(x),y_2(x)$ 为两个线性无关的解.形如 $y = e^{rx}$ 的函数则可能成为方程(9-3-7)的解,由于 $y' = re^{rx}$,$y'' = r^2 e^{rx}$,将其代入方程(9-3-7)中,可得 $(r^2 + pr + q)e^{rx} = 0$,因此,r 满足方程

$$r^2 + pr + q = 0 \qquad (9-3-8)$$

时,$y = e^{rx}$ 为方程(9-3-7)的解.将方程(9-3-8)称为方程(9-3-7)的特征方程,特征方程的根叫作微分方程(9-3-7)的特征根.方程(9-3-8)为代数方程,它的根可表示为 $r_1,r_2 = \dfrac{-p \pm \sqrt{p^2 - 4p}}{2}$,其有以下三种不同情形.

(1)当 $p^2 - 4p > 0$ 时,特征方程有相异的实根 $r_1 \neq r_2$.

根据上面的讨论可得 $y_1 = e^{r_1 x}$,$y_2 = e^{r_2 x}$ 为微分方程(9-3-7)的两个特解,且 $\dfrac{y_1}{y_2} = \dfrac{e^{r_1 x}}{e^{r_2 x}} = e^{(r_1 - r_2)x}$ 不是常数,所以,微分方程(9-3-7)的通解为

$$y = C_1 e^{r_1 x} + C_2 e^{r_2 x}.$$

(2)当 $p^2 - 4p = 0$ 时,特征方程有相等实根 $r_1 = r_2 = -\dfrac{p}{2}$.微分方程(9-3-7)的一个特解 $y_1 = e^{r_1 x}$,可证明 $y_2 = x e^{r_1 x}$ 为另外一个与 y_1 线性无关的特解,则微分方程(9-3-7)的通解为

$$y = C_1 e^{r_1 x} + x C_2 e^{r_1 x} = e^{r_1 x}(C_1 + C_2 x).$$

(3)当 $p^2 - 4p < 0$ 时,特征方程有共轭复根 $r_1, r_2 = \alpha \pm i\beta(\beta \neq 0)$,其中 $\alpha = -\dfrac{p}{2}, \beta = \dfrac{\sqrt{4q - p^2}}{2}, i = \sqrt{-1}$,此时,可证明 $y_1 = e^{\alpha x}\cos\beta x, y_2 = e^{\alpha x}\sin\beta x$,为方程(9-3-7)的两个线性无关的特解,因此微分方程(9-3-7)的通解为

$$y = e^{\alpha x}(C_1 \cos\beta x + C_2 \sin\beta x).$$

9.3.3.2 二阶常系数非齐次线性方程

设给定的二阶常系数非齐次线性微分方程为

$$y'' + py' + qy = f(x). \tag{9-3-9}$$

其中 p, q 是常数.

求式(9-3-9)的关键在于找到该方程的一个特解 y^*.一般说来,求 y^* 是很困难的(通常用常数变易法),但是若方程右端函数 $f(x)$ 是以下两种特殊类型的函数时,则可采用特定系数法来求

(1)$f(x) = P_m(x)e^{\alpha x}$ 型.

定理 9.3.5 若方程(9-3-9)中 $f(x) = P_m(x)e^{\alpha x}$,其中 $P_m(x)$ 是 x 的 m 次多项式,则方程(9-3-9)的一个特解 y^* 具有如下形式:

$$y^* = x^k Q_m(x)e^{\alpha x}.$$

其中,$Q_m(x)$ 是系数待定的 x 的 m 次多项式,k 由下列情形决定:

①当 α 是方程(9-3-9)对应的齐次方程的特征方程的单根时,取 $k=1$;

②当 α 是方程(9-3-9)对应的齐次方程的特征方程的重根时,取 $k=2$;

③当 α 不是方程(9-3-9)对应的齐次方程的特征根时,取 $k=0$.

(2)$f(x) = e^{\alpha x}P_m(x)\cos\beta x$ 或 $f(x) = e^{\alpha x}P_m(x)\sin\beta x$ 型

定理 9.3.6 若方程(9-3-9)中的 $f(x) = e^{\alpha x}P_m(x)\cos\beta x$ 或 $f(x) = e^{\alpha x}P_m(x)\sin\beta x$,其中 $P_m(x)$ 为 x 的 m 次多项式,则方程(9-3-9)的一个特解 y^* 具有如下形式:

$$y^* = x^k [A_m(x)\cos\beta x + B_m(x)\sin\beta x]e^{\alpha x}.$$

其中 $A_m(x), B_m(x)$ 为系数待定的 x 的 m 次多项式,k 由下列情形决定:

①当 $\alpha + i\beta$ 是对应齐次方程特征根时,取 $k=1$;

②当 $\alpha + i\beta$ 不是对应齐次方程特征根时,取 $k=0$.

9.4　微分方程组的解法

下面给出关于一阶微分方程组的基本概念.

定义 9.4.1　我们称

$$
\begin{cases}
\dfrac{\mathrm{d}y_1}{\mathrm{d}x}=f_1(x,y_1,y_2,\cdots,y_n)\\[2mm]
\dfrac{\mathrm{d}y_2}{\mathrm{d}x}=f_2(x,y_1,y_2,\cdots,y_n)\\[2mm]
\cdots\cdots\\[2mm]
\dfrac{\mathrm{d}y_n}{\mathrm{d}x}=f_n(x,y_1,y_2,\cdots,y_n)
\end{cases}
\qquad (9-4-1)
$$

为含有 n 个未知函数 $y_1,y_2,\cdots,y_n$ 的一阶微分方程组.很多时候,一阶微分方程组(9-4-1)也常写成

$$
\frac{\mathrm{d}y_i}{\mathrm{d}x}=f_i(x,y_1,y_2,\cdots,y_n)(i=1,2,\cdots,n) \qquad (9-4-2)
$$

的形式.

与一阶微分方程及高阶微分方程一样,能用初等积分法求得其通解的微分方程组只是少数.这里介绍常用的求解微分方程组(9-4-1)的两种方法.

9.4.1　化为高阶方程法(消去法)

化为高阶方程法的基本思想与用代入消去法把代数方程组化成一个高阶方程来求解的思想是类似的.在微分方程组(9-4-1)中通过求导,只保留一个未知函数,而消去其余的未知函数,得到一个 n 阶微分方程,求解这个方程,得出一个未知函数,然后再根据消去的过程,求出其余的未知函数.

例 9.4.1　求解微分方程组

$$
\begin{cases}
\dfrac{\mathrm{d}y_1}{\mathrm{d}x}=3y_1-2y_2\\[2mm]
\dfrac{\mathrm{d}y_2}{\mathrm{d}x}=2y_1-y_2
\end{cases}.
\qquad (9-4-3)
$$

解:保留 y_2,消去 y_1.由方程组$(9-4-3)$的第二式解出 y_1,得

$$y_1 = \frac{1}{2}\left(\frac{\mathrm{d}y_2}{\mathrm{d}x} + y_2\right), \tag{9-4-4}$$

对式$(9-4-4)$两边关于 x 求导,得

$$\frac{\mathrm{d}y_1}{\mathrm{d}x} = \frac{1}{2}\left(\frac{\mathrm{d}^2 y_2}{\mathrm{d}x^2} + \frac{\mathrm{d}y_2}{\mathrm{d}x}\right). \tag{9-4-5}$$

再把式$(9-4-4)$、$(9-4-5)$代入式$(9-4-3)$中的第一式,得

$$\frac{1}{2}\left(\frac{\mathrm{d}^2 y_2}{\mathrm{d}x^2} + \frac{\mathrm{d}y_2}{\mathrm{d}x}\right) = \frac{3}{2}\left(\frac{\mathrm{d}y_2}{\mathrm{d}x} + y_2\right) - 2y_2,$$

整理之,得

$$\frac{\mathrm{d}^2 y_2}{\mathrm{d}x^2} - 2\frac{\mathrm{d}y_2}{\mathrm{d}x} + y_2 = 0.$$

这是二阶常系数齐次线性微分方程,易求出它的通解为

$$y_2 = (c_1 + c_2 x)\mathrm{e}^x, \tag{9-4-6}$$

把式$(9-4-6)$代入式$(9-4-4)$,便得

$$y_1 = \frac{1}{2}(2c_1 + c_2 + 2c_2 x)\mathrm{e}^x.$$

因此,原微分方程组$(9-4-3)$的通解为

$$\begin{cases} y_1 = \frac{1}{2}(2c_1 + c_2 + 2c_2 x)\mathrm{e}^x, \\ y_2 = (c_1 + c_2 x)\mathrm{e}^x \end{cases} \tag{9-4-7}$$

其中 c_1, c_2 是任意常数.

如果保留 y_1,消去 y_2,同样可以求得微分方程组$(9-4-3)$的通解,其中的任意常数可能在形式上与式$(9-4-7)$中的不同,但实质上可以把它们化成一样.

需要注意的是,上面我们是把式$(9-4-6)$代入式$(9-4-4)$经过求导,而没有经过求积分就求得了 y_1.如果把式$(9-4-6)$代入式$(9-4-3)$中的第一式,便得

$$\frac{\mathrm{d}y_1}{\mathrm{d}x} = 2y_1 - 2(c_1 + c_2 x)\mathrm{e}^x.$$

这是一阶非齐次线性微分方程.可求得它的通解为

$$y_1 = \frac{1}{2}(2c_1 + c_2 + 2c_2 x)\mathrm{e}^x + c_3 \mathrm{e}^x,$$

从而得

$$\begin{cases} y_1 = \frac{1}{2}(2c_1 + c_2 + 2c_2 x)\mathrm{e}^x + c_3 \mathrm{e}^x \\ y_2 = (c_1 + c_2 x)\mathrm{e}^x \end{cases}. \tag{9-4-8}$$

式(9－4－8)中出现了三个任意常数 c_1,c_2,c_3,这与上面求得的式(9－4－7)不一致.实际上,把式(9－4－8)直接代入原微分方程组(9－4－3)便知,当且仅当 $c_3=0$ 时,即式(9－4－8)变为式(9－4－7)时,它才是方程组(9－4－3)的解.故式(9－4－8)不是所求微分方程组的通解,其中 c_3 是一个多余的任意常数,由它引进了增解.因此,为了避免出现增解,在求得了一个未知函数后,不要再用求积分的方法来求其他的未知函数.

从上面的例子可以看出,化为高阶方程法对某些小型的微分方程组(未知函数个数较少的微分方程组)的求解是比较简便的.在这里还需要指出的是,前面我们已经知道每一个 n 阶微分方程 $y^{(n)}=f[x,y,y',y'',\cdots,y^{(n-1)}]$,总可以化为含有 n 个未知函数的一阶微分方程组;反之,一般说来,却不成立.例如,微分方程组

$$\begin{cases} \dfrac{\mathrm{d}y_1}{\mathrm{d}x}=a(x)y_2 \\[2mm] \dfrac{\mathrm{d}y_2}{\mathrm{d}x}=b(x)y_1 \end{cases}$$

[其中 $a(x)$ 和 $b(x)$ 是连续函数但不可微]就不能用消去法把它化成只含一个未知函数的二阶微分方程.这说明一阶微分方程组比高阶微分方程更具有一般性.

例 9.4.2 求解方程组

$$\begin{cases} \dfrac{\mathrm{d}x}{\mathrm{d}t}=y \\[2mm] \dfrac{\mathrm{d}y}{\mathrm{d}t}=\dfrac{y^2}{x} \end{cases}.$$

解:将第一个方程求导,得 $\dfrac{\mathrm{d}^2 x}{\mathrm{d}t^2}=\dfrac{\mathrm{d}y}{\mathrm{d}t}$,代入第二个方程得

$$\frac{\mathrm{d}^2 x}{\mathrm{d}t^2}-\frac{1}{x}\left(\frac{\mathrm{d}x}{\mathrm{d}t}\right)^2=0.$$

此方程是不显含自变量 t 的可降阶的方程,设

$$\frac{\mathrm{d}x}{\mathrm{d}t}=p,\ \frac{\mathrm{d}^2 x}{\mathrm{d}t^2}=\frac{\mathrm{d}p}{\mathrm{d}t}=\frac{\mathrm{d}p}{\mathrm{d}x}\frac{\mathrm{d}x}{\mathrm{d}t}=p\frac{\mathrm{d}p}{\mathrm{d}x},$$

代入方程 $\dfrac{\mathrm{d}^2 x}{\mathrm{d}t^2}-\dfrac{1}{x}\left(\dfrac{\mathrm{d}x}{\mathrm{d}t}\right)^2=0$,得 $p\dfrac{\mathrm{d}p}{\mathrm{d}x}-\dfrac{1}{x}p^2=0$,即有

$$p\left(\frac{\mathrm{d}p}{\mathrm{d}x}-\frac{p}{x}\right)=0.$$

由 $\dfrac{\mathrm{d}p}{\mathrm{d}x}-\dfrac{p}{x}=0$,分离变量并积分得 $p=c_1 x$,从而有 $\dfrac{\mathrm{d}x}{\mathrm{d}t}=c_1 x$,再积分得

$$\ln x = c_1 t + c$$

或

$$x = c_2 e^{c_1 t}.$$

再由第一个方程,得

$$y = c_1 c_2 e^{c_1 t}.$$

由 $p\left(\dfrac{\mathrm{d}p}{\mathrm{d}x} - \dfrac{p}{x}\right) = 0$ 还可得 $p = 0$,从而有 $x = c$,由第一方程得 $y = 0$,该组解包含在上面所得的通解中,故原方程组的通解为

$$\begin{cases} x = c_2 e^{c_1 t} \\ y = c_1 c_2 e^{c_1 t} \end{cases}.$$

9.4.2 可积组合法(首次积分法)

可积组合法就是把微分方程组(9-4-1)中的一些方程或所有方程进行适当的组合,得出某个易于积分的方程,如恰当的导数方程

$$\frac{\mathrm{d}\varphi(x, y_1, y_2, \cdots, y_n)}{\mathrm{d}x} = 0$$

再经过变量替换,就可化为只含有一个未知函数的可积方程,即可积组合. 积分后,就得到一个联系自变量 x 和未知函数 $y_1(x), y_2(x), \cdots, y_n(x)$ 的关系式

$$\varphi(x, y_1, y_2, \cdots, y_n) = c. \qquad (9-4-9)$$

我们称关系式(9-4-9)(有时也指函数 φ)为微分方程组(9-4-1)的一个首次积分,由此可使求解微分方程组(9-4-1)的问题得到解决或简化.

利用可积组合可直接求得首次积分,也可以利用已求得的首次积分,解出未知函数代入微分方程组以减少微分方程组中未知函数和方程的个数,以便继续求积. 为了从理论上弄清首次积分在求解微分方程组中的作用,这里引进首次积分的严格定义,并叙述有关的结论.

定义 9.4.2 设函数 $\varphi(x, y_1, y_2, \cdots, y_n)$ 在区域 D 内有一阶连续偏导数,它不是常数. 若把微分方程组(9-4-1)的任一解 $y_i = \varphi_i(x)(i = 1, 2, \cdots, n)$ 代入 φ,使得 $\varphi[x, \varphi_1(x), \varphi_2(x), \cdots, \varphi_n(x)]$ 恒等于一个常数(此常数与所取的解有关),则称 $\varphi(x, y_1, y_2, \cdots, y_n) = c$ 为微分方程组(9-4-1)的一个首次积分,有时也称函数 $\varphi(x, y_1, y_2, \cdots, y_n)$ 是微分方程组(9-4-1)的首次积分.

显然,前述首次积分的概念同这里的定义是一致的.

定理 9.4.1 若函数 $\varphi(x,y_1,y_2,\cdots,y_n)$ 不是常数,在区域 D 内有连续的一阶偏导数,则 $\varphi(x,y_1,y_2,\cdots,y_n)=c$ 是微分方程组(9-4-1)的首次积分的充要条件是:在区域 D 内有恒等式

$$\frac{\partial \varphi}{\partial x}+\frac{\partial \varphi}{\partial y_1}f_1+\cdots+\frac{\partial \varphi}{\partial y_n}f_n\equiv 0$$

成立.

这个定理给出了检验一个函数 φ 是否为微分方程组(9-4-1)的首次积分的方法.关系式

$$\frac{\partial \varphi}{\partial x}+\frac{\partial \varphi}{\partial y_1}f_1+\cdots+\frac{\partial \varphi}{\partial y_n}f_n=0$$

是以 φ 为未知函数的一阶线性偏微分方程,它与常微分方程组(9-4-1)有密切的关系.

定理 9.4.2 若已知微分方程组(9-4-1)的一个首次积分,则可以使微分方程组(9-4-1)的求解问题转化为含 $n-1$ 个方程的微分方程组的求解问题.

定理 9.4.3 若已知

$$\varphi_i(x,y_1,y_2,\cdots,y_n)=c_i(i=1,2,\cdots,n) \qquad (9-4-10)$$

是微分方程组(9-4-1)的 n 个彼此独立的首次积分,亦即雅可比行列式

$$\frac{D(\varphi_1,\varphi_2,\cdots,\varphi_n)}{D(y_1,y_2,\cdots,y_n)}\neq 0,$$

则由式(9-4-10)所确定的隐函数组

$$y_i=\psi_i(x,c_1,c_2,\cdots,c_n),(i=1,2,\cdots,n)$$

是微分方程组(9-4-1)的通解,亦即关系式(9-4-10)是微分方程组(9-4-1)的通积分,其中 $c_1,c_2,\cdots,c_n$ 是 n 个任意常数.

定理 9.4.3 说明,为了求解微分方程组(9-4-1),只需求出它的 n 个彼此独立的首次积分就行了.为了便于用可积组合法求解微分方程组(9-4-1),常将微分方程组(9-4-1)改写成对称形状

$$\frac{dy_1}{f_1}=\frac{dy_2}{f_2}=\cdots=\frac{dy_n}{f_n}=\frac{dx}{1}$$

或

$$\frac{dy_1}{g_1}=\frac{dy_2}{g_2}=\cdots=\frac{dy_n}{g_n}=\frac{dx}{g_0},$$

其中,

$$g_i(x,y_1,y_2,\cdots,y_n)=f_i(x,y_1,y_2,\cdots,y_n)g_0(x,y_1,y_2,\cdots,y_n)$$
$$(i=1,2,\cdots,n),$$

在这种形式中,变量 $x,y_1,y_2,\cdots,y_n$ 处于相同的地位.故便于应用比例的

性质,从而利于得到可积组合.

例 9.4.3   利用首次积分求方程组

$$\begin{cases} \dfrac{\mathrm{d}x}{\mathrm{d}t} = \dfrac{y}{(y-x)^2} \\ \dfrac{\mathrm{d}y}{\mathrm{d}t} = \dfrac{x}{(y-x)^2} \end{cases}$$

的通解.

解:由第一个方程和第二个方程相除得 $\dfrac{\mathrm{d}x}{\mathrm{d}y} = \dfrac{y}{x}$.因此,得到原方程组的一个首次积分

$$\psi_1 = x^2 - y^2 = c_1.$$

再利用第一个方程减去第二个方程,得

$$\frac{\mathrm{d}(x-y)}{\mathrm{d}t} = \frac{-(x-y)}{(x-y)^2}.$$

把此方程中 $x-y$ 看成未知函数,并积分,得

$$\psi_2 = t + \frac{1}{2}(x-y)^2 = c_2.$$

因为

$$\frac{D(\psi_1, \psi_2)}{D(x, y)} = \begin{vmatrix} \dfrac{\partial \psi_1}{\partial x} & \dfrac{\partial \psi_1}{\partial y} \\ \dfrac{\partial \psi_2}{\partial x} & \dfrac{\partial \psi_2}{\partial y} \end{vmatrix} = -2(x-y)^2 \neq 0,$$

故首次积分 $\psi_1 = c_1, \psi_2 = c_2$ 是相互相独立的,所以原方程组的通解为

$$\begin{cases} x^2 - y^2 = c_1 \\ \dfrac{1}{2}(x-y)^2 + t = c_2 \end{cases}.$$

9.5   微分方程(组)解的某些性质研究

上面我们对微分方程(组)的解法做了某些分析,下面我们讨论一下微分方程解的性质,这里仅举一些例子说明.

例 9.5.1   若函数 $\sin^2 x, \cos^2 x$ 是方程 $y'' + P(x)y' + Q(x)y = 0$ 的解,试证(1)$\sin^2 x, \cos^2 x$ 构成基本解组;(2)$1, \cos 2x$ 也构成基本解组.

证明:(1)由设 $\sin^2 x, \cos^2 x$ 是方程的解,又 $\dfrac{\sin^2 x}{\cos^2 x} = \tan^2 x \neq$ 常数,即

$\sin^2 x,\cos^2 x$ 线性无关,故 $\sin^2 x,\cos^2 x$ 构成所给方程的基本解组.

(2)由 $\sin^2 x+\cos^2 x=1$ 和 $\cos^2 x-\sin^2 x=\cos 2x$ 知,它们也是方程的解(因为 $\sin^2 x,\cos^2 x$ 是方程的解),又 $\dfrac{1}{\cos 2x}\neq$ 常数,即 $1,\cos 2x$ 线性无关,故 $1,\cos 2x$ 亦为方程的基本解组.

下面的例子是讨论解的有界性问题:

例 9.5.2　若 $f(t)$ 在 $(0,+\infty)$ 上连续且有界,则方程 $x''+8x'+7x=f(x)$ 的每一个解均在 $(0,+\infty)$ 上有界.

证明:容易求得题设常系数线性微分方程的通解

$$x=c_1 \mathrm{e}^{-t}+c_2 \mathrm{e}^{-7t}+\frac{1}{6}\mathrm{e}^{-t}\int_0^t \mathrm{e}^u f(u)\,\mathrm{d}u-\frac{1}{6}\mathrm{e}^{-7t}\int_0^t \mathrm{e}^{7u} f(u)\,\mathrm{d}u$$

因 $f(t)$ 在 $[0,+\infty)$ 上有界,即存在 $M>0$,使 $|f(t)|\leqslant M,t\in[0,+\infty)$.
又有 $0\leqslant t<+\infty$ 时,$0<\mathrm{e}^{-t}\leqslant 1,0<\mathrm{e}^{-7t}\leqslant 1$,则当 $t\in[0,+\infty)$ 时

$$|x|\leqslant |c_1|+|c_2|+\left|\frac{M}{6}\mathrm{e}^{-t}\int_0^t \mathrm{e}^u\,\mathrm{d}u\right|+\left|\frac{M}{6}\mathrm{e}^{-7t}\int_0^t \mathrm{e}^{7u}\,\mathrm{d}u\right|$$

$$=|c_1|+|c_2|+\left|\frac{M}{6}(1-\mathrm{e}^{-t})\right|+\left|\frac{M}{42}(1-\mathrm{e}^{-7t})\right|$$

$$\leqslant |c_1|+|c_2|+\frac{M}{6}+\frac{M}{42}$$

$$=|c_1|+|c_2|+\frac{4M}{21}$$

此即说,$x=x(t)$ 在 $0<t<+\infty$ 上有界.

例 9.5.3　设 $f(x)$ 在 $[0,+\infty)$ 上连续,且 $\lim\limits_{x\to+\infty} f(x)=1$,试证 $y'+y=f(x)$ 的一切解,当 $x\to+\infty$ 时都趋于 1.

解:不难求得题设方程的通解为(由相应齐次方程通解 $y=c\mathrm{e}^{-x}$,再由常数变易法)

$$y=\left[\int_0^x f(x)\mathrm{e}^x\,\mathrm{d}x+c\right]\mathrm{e}^{-x}.$$

可以证明 $\lim\limits_{x\to+\infty}\int_0^x f(x)\mathrm{e}^x\,\mathrm{d}x=\infty$(用 $\varepsilon-N$ 方法).

故由洛必达法则,知

$$\lim\limits_{x\to+\infty} y=\lim\limits_{x\to+\infty}\left[\frac{1}{\mathrm{e}^x}\int_0^x f(x)\mathrm{e}^x\,\mathrm{d}x+c\right]=\lim\limits_{x\to+\infty}\frac{f(x)\mathrm{e}^x}{\mathrm{e}^x}=\lim\limits_{x\to+\infty} f(x)=1.$$

本例结论可推广为:

若 $f(x)$ 在 $[0,+\infty)$ 上连续,且 $\lim\limits_{x\to+\infty} f(x)=k$,则 $y'+y=f(x)$ 的解,当 $x\to+\infty$ 时趋于 k.

例 9.5.4 设 y 是微分方程 $y''+k^2y=0(k>0)$ 的任一解,则 $(y')^2+k^2y^2$ 常数.

证明: 由题设可解得题设微分方程的通解为 $y=c_1\cos kx+c_2\sin kx$. 而

$$(y')^2+k^2y^2=(c_1\cos kx+c_2\sin kx)'^2+k^2(c_1\cos kx+c_2\sin kx)^2$$
$$=k^2c_1^2(\sin^2 kx+\cos^2 kx)+k^2c_2^2(\cos^2 kx+\sin^2 kx)$$
$$=k^2(c_1^2+c_2^2)$$

即 $(y')^2+k^2y^2$ 为常数.

例 9.5.5 设 $f(x)$ 是二次可微函数,$g(x)$ 是任意函数,且它们适合 $f''(x)+f'(x)g(x)-f(x)=0$. 又若 $f(a)=f(b)=0(a<b)$,试证 $f(x)\equiv 0(a\leqslant x\leqslant b)$.

证明: 由 $g(x)$ 任意性可取 $g(x)=1$,则 $f''(x)+f'(x)-f(x)=0$,$a<x<b$,该微分方程的解为 $f(x)=c_1\exp\left|\dfrac{-1+\sqrt{5}}{2}\right|+c_2\exp\left|\dfrac{-1-\sqrt{5}}{2}\right|$.

由 $f(a)=f(b)=0$,可得 $c_1=0,c_2=0$. 故 $f(x)\equiv 0,a\leqslant x\leqslant b$.

本题还可证如:

若 $f_1(x),f_2(x)$ 是题设方程的解,则 $f(x)=c_1f_1(x)+c_2f_2(x)$ 是所给方程的解.但在区间 $[a,b]$ 上时,由刘维尔定理,相当于解 $f_1(x)$ 和 $f_2(x)$ 的朗斯基行列式:

$$\begin{vmatrix} f_1(x) & f_2(x) \\ f_1'(x) & f_2'(x) \end{vmatrix}=\begin{vmatrix} f_1(a) & f_2(a) \\ f_1'(a) & f_2'(a) \end{vmatrix}e^{-\int_a^x g(t)dt}=0.$$

这是因题设 $f_1(a)=f_2(a)=0$,故知 $f_1(x)=kf_2(x)$.

此即说在题设条件下所给方程的任意两解均线性相关,又 $f_0(x)\equiv 0$ 是方程的一个解,故

$$f_1(x)=f_2(x)=f_0(x)=0.$$

代入 $f(x)=c_1f_1(x)+c_2f_2(x)$,注意到 $f(b)=0$,故 $f(x)\equiv 0,a\leqslant x\leqslant b$.

例 9.5.6 若在函数 $F(u)$ 的某个连续区间内存在两点 u_1 和 u_2 满足 $F(u_1)F(u_2)<0$,求证 $F(ce^x-y)=0(c$ 为任意常数)所确定的函数 y 为方程 $F(y'-y)=0$ 的通解.

证明: 不妨设 $u_1<u_2$,则 $F(u)$ 为闭区间 $[u_1,u_2]$ 上的连续函数,由 $F(u_1)F(u_2)<0$,故有 $\xi\in(u_1,u_2)$ 使 $F(\xi)=0$.若取 $y'-y=\xi$ 则有

$$F(y'-y)\equiv 0.$$

而 $y'-y=\xi$ 的通解为 $y=ce^x-\xi$,将 $y'=ce^x$ 代入 $F(y'-y)\equiv 0$,有 $F(ce^x-y)\equiv 0$.

故由 $F(ce^x-y)=0$ 确定的函数 y 恒满足 $F(ce^x-y)\equiv0$,且此函数含有一个任意常数,故为一阶微分方程的通解.

注:由此可为我们提供一个解一类微分方程的方法,如下.

问题:设 $F(u)=u^3-1$,试求 $F(y'-y)=0$ 的通解.

解:由 $F(u)=u^3-1$ 在 $(-\infty,+\infty)$ 连续,又有 $u_1=0,u_2=2$,使 $F(0)=-1,F(2)=7$.

故 $F(ce^x-y)=0$,即 $(ce^x-y)^3-1=0$ 所确定的函数 y 便为方程 $F(y'-y)=0$ 即 $(y'-y)^3-1=0$ 的通解.

由 $(ce^x-y)^3-1=3$,求得 $y=ce^x-1$.

最后我们看看关于解的不等式性质问题.

例 9.5.7　若函数 $y(x)$ 满足方程 $(x+1)y''=y',y(0)=3,y'(0)=-2$,则对所有 $x\geqslant0$ 均有不等式 $\displaystyle\int_0^x y(t)\sin^{2n-2}t\,dt\leqslant\frac{4n+1}{n(4n^2-1)}$ 成立,这里 n 为大于 1 的正整数.

证明:由题设及初始条件可求得方程的解 $y(x)=-x^2-2x+3$.

故

$$I(x)=\int_0^x y(t)\sin^{2n-2}t\,dt=\int_0^x(-t^2-2t+3)\sin^{2n-2}t\,dt,$$

令

$$I'(x)=(-x^2-2x+3)\sin^{2n-2}x=0,$$

因题设 $x\geqslant0$,故当 $n>1$ 时,$x=1$ 或 $k\pi(k=0,1,2,\cdots)$;

当 $0<x<1$ 时,$I'(x)>0$,$I(x)$ 单增;

当 $x>1(x\neq k\pi)$ 时,$I'(x)<0$,$I(x)$ 单减;

故 $I(x)$ 在 $x=1$ 处取最大值 $I(1)$,从而

$$I(x)\leqslant I(1)=\int_0^1(-t^2-2t+3)\sin^{2n-2}t\,dt\leqslant\int_0^1(t+3)(1-t)t^{2n-2}t\,dt$$

$$=\frac{4n+1}{n(4n^2-1)}(x\geqslant0).$$

例 9.5.8　设当 $x>-1$ 时可微函数 $f(x)$ 满足 $f'(x)+f(x)-\dfrac{1}{x+1}\displaystyle\int_0^x f(x)dx=0$,且 $f(0)=1$.则当 $x\geqslant0$ 时,$e^{-x}\leqslant f(x)\leqslant1$.

证明:由 $f(x)$ 的可微性及题设条件有 $(x+1)f''(x)+(x+2)f'(x)=0$.

令 $u=f'(x)$,上式变为 $\dfrac{u'}{u}=-\dfrac{x+2}{x+1}$,解之有 $\ln|u|=-x-\ln|x+1|+c$,

由 $f'(0)=-1$ 即 $u|_{x=0}=-1$,得 $c=0$,故 $f'(x)=-\dfrac{e^x}{x+1}$.

当 $x \geqslant 0$ 时，$f'(x) < 0$，故 $f(x) \leqslant f(0) = 1$.

当 $x > 0$ 时，$f'(x) \geqslant -e^{-x}$，故 $\int_0^x f'(x) dx \geqslant \int_0^x -e^{-x} dx (x > 0)$，即 $f(x) - f(0) \geqslant e^{-x} - 1$，亦即 $f(x) \geqslant e^{-x}$.

综上，$x \geqslant 0$ 时，$e^{-x} x \leqslant f(x) \leqslant 1$.

9.6 十字路口黄灯时间的设置问题

交通十字路口的黄灯状态应持续的时间包括驾驶员的反应时间，通过交叉路口的时间以及通过刹车距离所需要的时间.

如果法定速度为 v_0，交叉路口的宽度为 I，车身长度为 L.考虑到车通过路口实际上指的是车的尾部必须通过路口，因此，通过路口的时间为 $\dfrac{I+L}{v_0}$.

现在计算刹车距离.设汽车重量为 W，地面摩擦系数为 μ，显然地面对汽车的摩擦力为 μW，其方向与运动方向相反.汽车在停车过程中，行驶的距离 x 与时间 t 的关系可由下面的微分方程

$$\frac{W}{g} \cdot \frac{d^2 x}{dt^2} = -\mu W,$$

即

$$\frac{d^2 x}{dt^2} = -\mu g. \tag{9-6-1}$$

其中 g 是重力加速度.

给出方程式(9-6-1)的初始条件

$$x \big|_{t=0} = 0, \frac{dx}{dt} \bigg|_{t=0} = v_0. \tag{9-6-2}$$

首先，对方程式(9-6-1)两边积分，利用初始条件式(9-6-2)得到

$$\frac{dx}{dt} = -\mu g t + v_0. \tag{9-6-3}$$

再对方程式(9-6-3)两边积分，利用初始条件式(9-6-2)得到

$$x = -\frac{1}{2} \mu g t^2 + v_0 t.$$

这就是刹车距离 x 与时间 t 的关系.

在式(9-6-3)中，令 $\dfrac{dx}{dt} = 0$，可得刹车所用的时间 $t_0 = \dfrac{v_0}{\mu g}$，从而得到

$$x(t_0)=\frac{v_0^2}{2\mu g},\qquad\qquad (9-6-4)$$

因此,黄灯应持续的时间为

$$T=\frac{x(t_0)+I+L}{v_0}+T_0=\frac{v_0}{2\mu g}+\frac{I+L}{v_0}+T_0,$$

其中,T_0 是驾驶员的反应时间.

假设 $T_0=1$ s,$L=4.5$ m,$I=9$ m,选取具有代表性的 $\mu=0.2$,当 $v_0=$ 40、65、80(km/h)时,黄灯持续时间见表 9-1.

表 9-1

$v_0/(\mathrm{km \cdot h^{-1}})$	T/s	经验值/s
40	5.27	3
65	6.35	4
80	7.28	5

可以看到,经验值的结果一律比预测的黄灯持续时间短一些.

第 10 章　高等数学创造性思维的培养

　　创造是人类特有的功能.数学家通过自己的思维与实践活动,产生新思维、创立新思想、创立新理论和提出新成果的过程就是数学创造.数学创造可分为首创性创造和继承性创造两种.前者基本是不依赖于或较少依赖于既有成果的某种开拓新领域的工作,如解析几何的发现,微积分的创立,群论的创立,非欧几何的提出等.后者主要是指那些在前人已建立的重要成果的基础上有所发现或改进性的工作.我们主要讨论后一种数学创造性思维.

10.1　数学创造性思维的特点和形式

10.1.1　数学创造性思维的特点

　　高等数学的目的主要是培养学生的数学素质,让学生学会用数学的思想方法和理论知识去分析问题、解决问题.学生能力的提高离不开知识,但是能力并不能随着知识的获得而自然产生出来,它是教师有意识培养的结果.学生在思考高等数学问题时,常利用发散性思维、直觉思维等思维方式,将当前知识和已有数学知识或其他学科知识联系起来,对知识进行独特的组合,产生新的结论,发现新的方法,形成新的知识,这种类型的思维就是创造性思维.所以教师在教学活动中应结合理论知识的教学,重视学生创造性思维的培养.

　　数学创造性思维是一种非常复杂的心理和智能活动.在数学创造活动中,人们始终离不开数学创造性思维.人们所取得的创造成果,也无一不是创造性思维的结果.数学创造性思维不同于一般数学思维,其发挥了人脑的整体工作特点,发挥了直觉、灵感、数学美感的作用,按最优化的数学方法与思路,不拘泥于原有理论的限制和具体内容的细节,而完整地把握数与形等有关知识之间的联系,实现认识过程的飞跃,从而达到数学创造的成功.

创造性思维不是一种孤立的心理活动.它是灵活性、深刻性、批判性、组织性、发散性、多向性、独创性、跨越性、迟效性、相对性、预见性等多种思维品质的相互渗透、相互影响、高度协调、合理构成的产物.

数学创造性思维的主要特点是:(1)新颖性,思维的成果不能是过去知识的重复,必须是新颖独特、前所未有的.(2)思维成果具有一定的应用价值,创造性思维所得到的结论、知识和方法能丰富数学知识,解决其他问题,特别是能解决实际问题.

数学创造性思维活动常常受到一些阻碍,造成创造性思维障碍的因素有下列几种.

(1)数学知识贫乏.缺乏创造性地解决某个问题相关的数学知识,缺乏数学思维的原材料,就很难把有关数学知识重新结合起来产生新观念.数学知识贫乏,产生想象、猜想、假设的可能性就小,阻碍了创造性思维的顺利进行.

(2)不加批判地学习.创造是在继承的基础上进行的,广博的知识能促进创造性思维.但是,在学习别人的知识时,如果不通过自己头脑的批判性吸收,而机械地照搬,纳入别人的思维轨道,就会阻碍创造性思维.

(3)传统观念的束缚.传统的理论、观点、方法常常束缚人们的头脑,老师、书本、权威可能使人产生迷信前人成果的态度,不敢怀疑,从而堵塞创造性思维的发展.

(4)习惯性思维.人们都有自己习惯的思维程序、思维定式.人们在解决问题过程中,沿着同一思路进行,使各种观念在头脑中形成固定的思维锁链.这种习惯性思维程序在创造性思维过程中往往使人思路阻塞.

(5)满足、固执己见与偏见.满足使人不思上进,造成思维僵化、固执己见,抱着错误观念不放,使人误入迷途而不能自拔.偏见扼杀创造性,这些都能成为创造性思维的障碍.

10.1.2　数学创造性思维的形式

按照不同的标准,数学创造性思维有不同的分类.

按照思维的程度,数学创造性思维分为首创性思维和完善性思维.首创性思维是一种基本上不依靠或很少依靠已有成果而开拓一些新领域的数学思维,例如数学家们创立微积分和群论、非欧几何、解析几何等的思维就是首创性思维.完善性思维是对前人业已创立的数学成果进行发展和完善的思维,现在大部分数学家或数学研究者在已有领域进行研究所采用的思维就是这种思维.

按照思维的范围,数学创造性思维分开创性思维和类创造性思维.开创性思维是指所产生的成果是别人以前没有发现过的思维.类创造性思维是指产生的成果在一定范围(如一个年级、学校)内其他人没有发现,但在更大范围内已有人发现的思维.在高等数学学习过程中学习者的创造性思维绝大多数属于类创造性思维.

10.2 创造性思维品质与创造性人才的自我设计

10.2.1 创造性思维品质的特征

创造性思维是思维的高级形态,是个人在已有经验的基础上,从某些事实中寻求新关系,找出独特、新颖的答案的思维过程.它是伴随着创造性活动而产生的思维过程,存在于人类社会的一切领域及活动中,发挥着重要的作用.由于创造性思维具有独特性、发散性和新颖性,因而具有创造性思维的人,就其思维方法和心理品格而言,应具有以下一些特征:

(1)高于思考,敢于质疑.他们对书本上的知识和教师的言行,不盲目崇拜.对待权威的传统观念常投以怀疑的目光,喜欢从更高的角度和更广的范围去思索、考察已有的结论,从中发现问题.敢于提出与权威相抵触的看法,力图寻找一种更为普遍和简洁的理论来概括现有流行的理论.

(2)观察敏锐,大胆猜想.他们有敏锐的观察能力和很强的直觉思维能力,喜欢遨游于旧理论、旧知识的山穷水尽之处.对于某些"千古之谜"、人们望而生畏的"地狱"入口,他们却能洞察其中的渊薮并产生极大的兴趣.善于察觉矛盾,提出问题,思考答案,做出大胆的猜测.

(3)知识广博,力求精深.他们知识面广又善于扬长避短,善于集中自己的智慧于一焦点去捕获频频的灵感.他们常凭借已有的知识去幻想新的东西.爱因斯坦称颂这种品格说:"想象力比知识更为重要,因为知识是有限的,而想象力概括着世界上的一切,推动着进步,并且是知识进化的源泉."

(4)求异心切,勇于创新.他们喜欢花时间去探索感兴趣的未知的新事物,不羁于现成的模式,也不满足于一种答案和结论,常玩味反思于所得结论,从中寻觅新的闪光点.兴趣上常带有偏爱,对有兴趣的学科、专业,则孜孜不倦.

(5)精力旺盛,事业心强.他们失败后不气馁,愿为追求科学中的真、善、美的统一,为了人类的文明,为了所从事的工作和科学事业的发展,毕生奋斗,矢志不移,甘当蜡烛,勇于献身.

10.2.2　创造性人才的自我设计

一个人的创造性思维,并非先天性的先知先觉,而是由良好的家庭、学校、社会的教育和个人进行坚忍不拔的奋斗求索造就的.是否任何教育都能造就这样的人才? 注入式的教学方法能造就吗? 学生不讲究科学的学习方法,脑子中塞满越来越多的公式,定律就能自然产生吗? 能否自然而然地出现幻想、想象、灵感和洞察力? 单纯的灌输知识只能培养模仿能力.英国启蒙诗人杨格说得好:"模仿使人成为奴才."

因此,教育必须采取利于培养创造性思维能力的科学的教育方式.今天,学生在学校受教育的过程,应当是培养创造能力、训练创造方法的过程,是激励人们创造性的过程.学生应立于教与学的主体地位,"所谓教师之主导作用,贵在善于引导启迪,使学生自奋其力,自致其知,非谓教师滔滔讲说,学生默默聆受"."尝试教师教各种学科,其最终目的在达到不复需教,而学生能自为研索,自求解决."因此,大学生在学习过程中,应充分发挥自治自理的精神,要学会自我设计,把握住学习的主动权,自觉地培养和发展自己的创造性思维能力.

如何才能做好自我设计?

(1)必须对培养创造性能力的目的有明确的认识.要看到这是时代的要求,是时代赋予青年的历史使命.青年必须以高度的责任感和自信心来对自己的学习阶段做出恰当的规划、设计.

(2)要有高度的定向能力.一旦对大学的每个学习阶段的知识学习和能力训练的要求明确以后,就要排除外界各种干扰,不畏惧困难,保持高度的注意紧张性,促使自觉地、有目的地去索取知识与培养能力,并把重心放在能力的培养上.

(3)要用心去探究、理解科学知识的孕育过程,即假设推理验证或间接地验证修正假设推理再验证……这一循环往复的过程.这个过程,正是揭露知识内在矛盾和发现真理的过程,也是遵循唯物辩证法的认识过程.

(4)要研究推敲知识的局限性,真理的相对性.正如爱因斯坦所指出,科学的现状没有永久的意义.

(5)要敢于用批判的态度去学习知识.学会从书本中发现问题,从课外读物中寻找新的思路与线索.要学会凭直觉的想象去大胆猜想,猜想出的结论并不一定都是正确的,要学会去分析、肯定和扬弃.即使猜想被扬弃,但得到了创造能力的训练,这也是我们所追求的.因为一个创造性的错误要胜过无懈可击的老生常谈.

(6)要学习科学的方法论,学会正确的学习方法和思考方法.学习最大的障碍是已知的东西,而非未知的东西,不能在已知的领域中停步不前.

(7)要学会科学地安排时间.因为时间对每个人来说都是个"常数".要珍惜时间、利用时间,就得学会"挤"时间,"抓"时间,把精力的最佳时刻用在思维的关键节点上,用在思维的最重要目标上,以保持创造思维的最佳效果.

(8)要学会建立良好的人际关系.有价值的良好的创造活动,常常需要不同的单位和个人的协作,需要提供更多的信息和保持良好的工作条件.

因此,正确的、良好的人际关系是一个从事创造性活动的人所必不可少的.一旦按照所学的专业的要求和自身的情况做出了实事求是的自我设计,就应当以坚忍不拔的毅力,勤奋刻苦地学习,一步步实现自我设计.功夫不负有心人,艰苦的劳动必然赢得能力攀升,功成名遂!

10.3　数学创造性思维在高等数学学习中的作用

10.3.1　发现新的高等数学知识

研究者或学习者的创造性思维成果使自己发现了新的高等数学结论和方法,如果是首创性思维成果,还能丰富数学知识,并有可能由点带线、由线带面地促进高等数学的发展.如 1731 年法国青年数学家克莱洛借助在两个垂直平面上的投影研究空间曲线时,首次提出了空间曲线有两个曲率的结论,迈出了建立微分几何的第一步,以后欧拉、蒙日等数学家又以自己创造性的思维成果使这门学科得到不断发展,并日臻完善.

10.3.2　加深对所学知识的理解

创造性思维的出现来源于学习者对某一类数学知识进行的深入思考,也可能源于将这类知识与其他类知识相联系进行的思考,由此可从深度和广度两个方面加深对所学高等数学甚至是其他学科知识的理解,从而建立包容性更强的认知结构.例如,求无穷级数的值时,可以将级数问题化为概率问题,这种方法体现出一定的创造性,在这一思维过程中,级数、概率中的泊松分布、中心极限定理等被放在一起应用,便于学习者利用知识间的关系进一步巩固知识.

10.3.3 提高学习者的数学能力

数学能力是阅读能力、概括能力、归纳能力、逻辑思维能力、直觉能力、数学转化能力、数学建模能力、自我监控能力等多种能力的综合体.创造性思维也可以增加形象思维的表象的数量,提高直感能力,增强想象力;创造性思维越发展,思维的敏捷性、灵活性、深刻性也就越来越得到提高,思维的独创性也就得到发展,使得逻辑思维中的新概念出现得就越多,判断和推理能力就越强.随着创造性思维的产生,新的直觉思维必然会不断出现,而且创造性思维的成果新颖独特,是主体独立思考的产物,具有应用价值,这些特征易使主体对它深刻巩固,在以后思考其他问题时容易以直觉和灵感的方式出现;创造性思维常需要将知识进行转化,这样数学转化能力也随之得到了提高;创造性思维还可提高概括、归纳等其他多种能力.由此可见,创造性思维能使数学能力得到提高.

10.3.4 强化学习者学习高等数学的动机

学习者经历创造性思维,受到了其他人的称赞,会重新认识自己的能力,欣赏思维成果的价值,自豪感和信心大增,学习会更加主动积极,思考问题更加深入,以期更多创造性思维的出现.这样的良性循环长此以往,会使其学习高等数学的动机得到不断强化,有力地促进这门课的学习.

10.4 高等数学问题解决与创造性思维的培养

青年学生一般具有强烈的好胜心、好奇心和不满足于已得知识的心理,这正是独创性、自我信心感的心理基础.教师应当珍惜、鼓励这种心理,并有意识地把它导入正确的方向.一种有效的做法是选择教学中发现带有普遍性、典型性及思辨性的疑惑问题,预先布置给学生,让学生在各自深入钻研,充分准备的基础上引进专题化或辩论,尽量使学生各抒己见,能有充分表达自己不同见解的自由和机会,特别要鼓励学生迸发出的一切带有某种创新因素的见解.事实上,培养创造力的最佳条件,往往就是那种能够促进独立思考并允许自由发表见解的条件.实践表明:当学生的智慧充分调动和发挥后,常常能提出一些比教师更有见地、更富于创新因素的见解.可以说这就达到了教育的最高目的和理想的效果.这类活动对培养发展学生的创造性思维能力及多方面的能力都具有很大的促进作用,有的甚至会使学生终生难忘.

10.4.1 强化创造性动机,向具有创造性特征的人学习

一时兴起的创造欲望难以持续存在,不足以培养创造性思维,必须依靠创造性动机的激发和强化来培养,因为动机能启发学习者的创造性活动,促使活动朝着创新的方向进行,保持活动的强度和持久性,故学习者应该充分认识创造性思维的价值,树立明确而具体的创造性目标,结合一些具体生动的问题情境努力思考,力求创新,也要积极参加学校组织的有关创造性活动.学习者创造性能力缺失的一个主要原因是创造性方法的贫乏,他们应向有创造性特征的人学习,虚心向他们请教,观察他们面临问题时如何利用发散性思维、直觉思维将问题进行转化形成创造性成果,并将习得的方法不断用于自己的创造性活动中.

10.4.2 发挥直觉思维的作用

数学直觉思维可分成直觉和灵感两种形式.直觉是运用有关知识组块和形象直感对当前问题进行敏锐的分析、推理,并能迅速发现解决问题的方法或途径的思维形式.灵感是人们对长期探索而未能解决的问题的一种突然性顿悟.

10.4.2.1 数学直觉思维在高等数学学习中的作用

(1)数学直觉思维有助于引导数学思维的进行.一看到数学对象,学习者会立即对头脑中多种相关模式进行检索,迅速找出最接近的模式,以此为依据展开进一步的思考,这就是直觉,是思维的前导,为后续思维确定最初的方向.直觉思维的这种作用被众多的数学家所认可,波利亚深刻地指出,"无论如何,你应当感谢所有的新念头",哪怕是"模糊的念头",甚至要"感谢那些把你引入歧途的念头".富克斯说:"伟大的发现,都不是按逻辑的法则

发现的,而都是由猜想得来的."数学直觉思维的或然性决定了这种思维就是一种猜想.

(2)数学直觉思维有助于诱发创造新思维.直觉思维是学习者在对范围比当前知识广、层次比当前知识深的背景知识的潜意识思考中获得的,而且由于时间极短难以和当前知识产生直接的逻辑联系,所以形成的结论往往是新颖、独特的,体现出创造性的特征.庞加莱对此感同身受,他说:"逻辑用于证明,直觉用于发现."

(3)数学直觉思维有助于使学习者充分感受数学美.直觉思维要利用数学对象的对称性、与其他知识的相似性等特点,其秉持的求简、求和谐等原则具有美学特点,思维的结果常体现出奇异美.因此学习者在直觉思维过程中可有意无意地感受数学美,鉴赏数学美,利用数学美学习高等数学.

(4)数学直觉思维有助于提高学习者学习数学的信心.数学直觉思维的结果是学习者对诸多模式进行比较后择优而获得的,在产生之初对此较为确信,利用逻辑推理证实以后,他们会体验到成就感和自豪感,信心大增.纵然是结果被证伪,他们也不会过分沮丧,因为感受了思维的创造性,奠定了下一步思维的基础.

10.4.2.2　高等数学学习中直觉思维作用的发挥

(1)培养整体性的认知结构.德国心理学家苛勒认为,人类之所以能了解学习情境的全局或领悟到问题的关键,全靠他们在直觉中能形成一种正确的、完整的模式,而所谓直觉就是个体对外界事物的整体认识.学习者要产生直觉思维,在平时高等数学学习中就要将所学知识与其他类型高等数学知识和别的学科知识进行前后、纵横联系,精致加工,形成整体性的认知结构,为自己以后的检索提供丰富的素材,提高直觉思维产生的速度.

(2)发挥数形结合、化归、类比等数学思想方法的作用.数形结合可化抽象为直观,使许多潜在的性质一目了然,提高形象识别直感的程度,而形象识别直感是直觉思维最基本的手段,所以利用图形可使学习者产生更多的直觉思维;化归过程是象质转化直感不断产生的过程,学习者由此从陌生到熟悉地认识问题,想出可能的解决办法;类比是形象相似直感的直接应用,这类直感是学习者直觉思维赖以产生最常用的手段.

(3)善于对问题进行猜想.猜想是清晰化、凝练化的直觉思维,是思维结论的表述,对问题进行直感后,学习者要善于对解法或结论进行猜想,发挥其对思维的引导作用,当猜想正确,促成问题的解决后,学习者信心增强,以后愿意利用这种直觉思维解题,即使猜想不正确,学习者也会对问题进行"预热",为后续思考打下基础,他们还会从中反思出错的原因,以避免在对别的问题的猜想中犯同类错误.

（4）将"酝酿效应"与"冷处理"相结合,发挥灵感的作用.对较为复杂的问题进行了较长时间思考而没有突破性的收获是常事,根据心理学中的"酝酿效应",在未来意想不到的某一时刻可能会在思考者的头脑中出现解法,故学习者不要急于片刻解决问题,对问题也要进行一段时间的深入思考,实在无法解决时,再用"冷处理"方法,将问题暂时放手,转而思考别的问题或休息.在这样特殊等待的过程中,许多问题解决者的灵感会令人惊喜地在脑海中闪现.

10.4.3 发挥发散思维的作用

人在思考问题时,可能从已有信息中产生许多变化的甚至是独具特色的新信息,这些信息的范围不同,沿不同方向扩散,不因循守旧,这种思维就是发散思维(也称扩散思维、求异思维).它经常使思考者从一个条件、一个问题、一个已知命题出发,朝着不同的方向,从相异的角度,去探求不同的方法或结论.运用发散性思维时,思考者的思考角度变化多样,举一反三,所得到的方法和结果异乎以往,新颖独特,表现出变通性和独创性的特点.在高等数学学习中,发散思维主要有解法发散、变更命题发散.

解法发散是把一个问题用多种方法求解,或者多个问题用同一种方法求解.它是使思维进行发散的一种形式,它使思考者从尽可能多的方面来考虑同一个问题,使问题的解决不局限于一种模式,不只从一个方面着眼,继而得到多种解决方案或结果.解法发散在高等数学学习中体现得非常普遍,也易于利用,要把它作为培养创造性思维的主要手段.

例 10.4.1 求不定积分 $\int \dfrac{x}{\sqrt{9-x}}\mathrm{d}x\,(x>0)$.

解法 1:直接积分法

$$\int \frac{x}{\sqrt{9-x}}\mathrm{d}x = \int \frac{9-(\sqrt{9-x})^2}{\sqrt{9-x}}\mathrm{d}x$$

$$= 9\int \frac{1}{\sqrt{9-x}}\mathrm{d}x - \int \sqrt{9-x}\,\mathrm{d}x$$

$$= -18\int \frac{1}{2\sqrt{9-x}}\,\mathrm{d}(9-x) + \int \sqrt{9-x}\,\mathrm{d}(9-x)$$

$$= \frac{2}{3}(9-x)^{\frac{3}{2}} - 18(9-x)^{\frac{1}{2}} + C.$$

解法 2：直接积分法

$$\int \frac{x}{\sqrt{9-x}}\,\mathrm{d}x = \int \frac{x\sqrt{9-x}}{\sqrt{9-x}}\,\mathrm{d}x$$

$$= -\int \frac{(9-x-9)\sqrt{9-x}}{9-x}\,\mathrm{d}x$$

$$= -\int \sqrt{9-x}\,\mathrm{d}x - 18\int \frac{1}{2\sqrt{9-x}}\,\mathrm{d}(9-x)$$

$$= \int \sqrt{9-x}\,\mathrm{d}(9-x) - 18\int \frac{1}{2\sqrt{9-x}}\,\mathrm{d}(9-x)$$

$$= \frac{2}{3}(9-x)^{\frac{3}{2}} - 18(9-x)^{\frac{1}{2}} + C.$$

解法 3：三角换元法

令 $x = 9\sin^2 t\left(0 < t < \frac{\pi}{2}\right)$，则 $\mathrm{d}x = 18\sin t\cos t\,\mathrm{d}t$，$\cos t = \frac{\sqrt{9-x}}{3}$.

$$\int \frac{x}{\sqrt{9-x}}\,\mathrm{d}x = \int \frac{9\sin^2 t \cdot 18\sin t\cos t}{\sqrt{9-9\sin^2 t}}\,\mathrm{d}t$$

$$= \int \frac{9\sin^2 t \cdot 18\sin t\cos t}{3\cos t}\,\mathrm{d}t$$

$$= 54\int (\cos^2 t - 1)\,\mathrm{d}(\cos t)$$

$$= 18\cos^3 t - 54\cos t + C$$

$$= 18\left(\frac{\sqrt{9-x}}{3}\right)^3 - \frac{54\sqrt{9-x}}{3} + C$$

$$= \frac{2}{3}(9-x)^{\frac{3}{2}} - 18(9-x)^{\frac{1}{2}} + C.$$

解法 4：分部积分法

$$\int \frac{x}{\sqrt{9-x}}\,\mathrm{d}x = -2\int x\,\mathrm{d}(\sqrt{9-x})$$

$$= -2x\sqrt{9-x} - 2\int \sqrt{9-x}\,\mathrm{d}(9-x)$$

$$= \frac{2}{3}(9-x)^{\frac{3}{2}} - 18(9-x)^{\frac{1}{2}} + C.$$

解法 5：换元法

令 $\sqrt{9-x} = t$，则 $x = 9 - t^2$，$\mathrm{d}x = -2t\,\mathrm{d}t$.

$$\int \frac{x}{\sqrt{9-x}}\,\mathrm{d}x = -2\int \frac{9-t^2}{t}\,\mathrm{d}t = 2\int (t^2 - 9)\,\mathrm{d}t$$

$$= \frac{2}{3} t^3 - 18t + C$$

$$= \frac{2}{3} (9-x)^{\frac{3}{2}} - 18(9-x)^{\frac{1}{2}} + C.$$

解法 6：换元法

令 $\sqrt{x} = t$，则 $x = t^2$，$\mathrm{d}x = 2t\,\mathrm{d}t$.

$$\int \frac{x}{\sqrt{9-x}} \mathrm{d}x = \int \frac{t^2 \mathrm{d}t^2}{\sqrt{9-t^2}} = -2 \int \frac{t^2 \mathrm{d}(9-t^2)}{2\sqrt{9-t^2}} = 2 \int t^2 \mathrm{d}(\sqrt{9-t^2})$$

$$= 2 \int \left[(\sqrt{9-t^2})^2 - 9 \right] \mathrm{d}(\sqrt{9-t^2})$$

$$= \frac{2}{3} (9-t^2)^{\frac{3}{2}} - 18\sqrt{9-t^2} + C$$

$$= \frac{2}{3} (9-x)^{\frac{3}{2}} - 18(9-x)^{\frac{1}{2}} + C.$$

每一种解法所用的知识不尽相同，但均体现出创新性.在高等数学学习中经常进行解法发散，可提高自己的创造性意识，培养创造性能力.

变更命题发散是通过改变原命题的形式而进行的思维发散，包括保持原命题的条件不变而改变结论，保持结论不变而改变条件，同时改变条件和结论.在培养创造性能力的过程中，变更命题发散所起的作用和解法发散的作用相似.

10.4.4 发挥批判性思维的作用

在高等数学学习过程中，许多学习者认为书上的概念、命题、定理、式子总是正确的，不会对其产生质疑，提不出属于自己的问题，或者认为其是权威的，不会进行解法发散，想不出创造性的方法.事实上，相对主义数学观承认人类知识、规则和约定对数学真理的确定和判断起关键作用的同时，承认数学知识是不断发展变化的，是可误的，数学理论在证明和反驳中得到发展.所以，学习者应发挥批判性思维的作用，对概念、命题等的正确性和问题解法的唯一性进行质疑，发现存在的不足和局限性，得出新的结论，发现与众不同的解法.

10.4.5　发挥类比法、构造法、补形法、特殊化法等思想方法的作用

由构造法、类比法、补形法、特殊化法等多种数学思想方法引出的具体的问题解决方法常别具一格,使人耳目一新,这些思想方法在高等数学学习中又司空见惯,学习者要充分重视它们的作用,利用其培养自己的创造能力.

例 10.4.2　设 $y=g(x)$ 在 $[a,b]$ 上连续,$g(x)\geqslant 0$,且 $\int_a^b g(x)\mathrm{d}x=1$. 求证:$\int_a^b x^2 g(x)\mathrm{d}x\geqslant\left[\int_a^b xg(x)\mathrm{d}x\right]^2$.

解法 1:构造一元二次方程,利用方程理论求解

由 $y=g(x)$ 在 $[a,b]$ 上连续,且 $g(x)\geqslant 0$,得 $\int_a^b (x+t)^2 g(x)\mathrm{d}x\geqslant 0$,其中 t 为任意实数.

展开得 $\int_a^b \left[x^2 g(x)+2txg(x)+t^2 g(x)\right]\mathrm{d}x\geqslant 0$.

上式可化为关于 t 的一元二次不等式:

$$\left[\int_a^b g(x)\mathrm{d}x\right]t^2 + 2\left[\int_a^b xg(x)\mathrm{d}x\right]t + \int_a^b x^2 g(x)\mathrm{d}x\geqslant 0.$$

据已知 $\int_a^b g(x)\mathrm{d}x=1$,不等式又可化简为

$$t^2 + 2\left[\int_a^b xg(x)\mathrm{d}x\right]t + \int_a^b x^2 g(x)\mathrm{d}x\geqslant 0.$$

因为对于任意实数 t 不等式均成立,故系数满足

$$4\left[\int_a^b xg(x)\mathrm{d}x\right]^2 - 4\int_a^b x^2 g(x)\mathrm{d}x\leqslant 0,$$

即

$$\int_a^b x^2 g(x)\mathrm{d}x\geqslant\left[\int_a^b xg(x)\mathrm{d}x\right]^2.$$

解法 2:构造概率模型求解

令某一随机变量 ξ 的密度函数为 $g_\xi(x)=\begin{cases}g(x),x\in[a,b]\\ 0,x\notin[a,b]\end{cases}$,由

随机变量 ξ 的方差非负知:$D\xi = E\xi^2 - E^2\xi\geqslant 0$,则有 $\int_a^b x^2 g(x)\mathrm{d}x - \left[\int_a^b xg(x)\mathrm{d}x\right]^2\geqslant 0$,所以

$$\int_a^b x^2 g(x)\,\mathrm{d}x \geqslant \left[\int_a^b x g(x)\,\mathrm{d}x\right]^2 .$$

本例借助两种构造方法,将积分不等式转化,利用不同类型知识进行证明,创造性得到了突出体现.

10.4.6 发挥"强迫冲突"的作用

"强迫冲突"是一个心理学名词,指用两个截然相反的词来描述同一个对象,例如"黑色的白雪""冰冷的热情"等,表现出了新颖独特的性质,这种思维在高等数学中体现为导数积分法、最大值最小值法、常量变量法、有限无限法、无穷大无穷小法等,可以激发学习者的创造性思维.

例 10.4.3 求证:$D_4 = \begin{vmatrix} 1 & 1 & 1 & 1 \\ x_1 & x_2 & x_3 & x_4 \\ x_1^2 & x_2^2 & x_3^2 & x_4^2 \\ x_1^3 & x_2^3 & x_3^3 & x_4^3 \end{vmatrix} = \prod_{1 \leqslant j \leqslant i \leqslant 4} (x_i - x_j).$

分析: 本题要求证明四阶范德蒙行列式,如将其中的一些未知量看作常量,另一些看作变量,利用常量变量法证明,则会得到一种异于教材中常规证法的新方法.

解: 将 D_4 看作 x_4 的多项式,以 $x_4 = x_1$ 代入,第一、四列的元素对应相等,都为零,由余式定理得,D_4 可被 $x_4 - x_1$ 除尽.类似地,分别以 $x_4 = x_2$、$x_1 = x_3$ 代入后得,D_4 同样可被 $x_4 - x_1$、$x_4 - x_3$ 除尽.同理可得,D_4 同样可被 $x_4 - x_3$、$x_3 - x_1$、$x_2 - x_1$ 除尽.故 D_4 包含因式 $(x_4 - x_3)$ $(x_4 - x_2)(x_4 - x_1)(x_3 - x_2)(x_3 - x_1)(x_2 - x_1)$,该因式展开后是 x_1、x_2、x_3、x_4 的六次式,D_4 展开后也是六次齐次式,故二者之比为常数,不妨设为 c,即 $D_4 = c(x_4 - x_3)(x_4 - x_2)(x_4 - x_1)(x_3 - x_2)(x_3 - x_1)(x_2 - x_1) = c \prod_{1 \leqslant j \leqslant i \leqslant 4} (x_i - x_j).$ 因为 D_4 中有一项 $x_2 x_3^2 x_4^2$,$\prod_{1 \leqslant j \leqslant i \leqslant 4} (x_i - x_j)$ 的展开式中也有一项 $x_2 x_3^2 x_4^2$,二者系数相同,可得 $c = 1$,所以 $D_4 = \prod_{1 \leqslant j \leqslant i \leqslant 4} (x_i - x_j).$

注: 证明过程中先将其中一个未知量(如 x_4)看作变量,其他未知量(如 x_1、x_2、x_3)看作常量,利用行列式的特征得出关键的性质.

例 10.4.4 设 A 军拥有 M_1、M_2、M_3、M_4 四种类型主战坦克,B 军拥有 T_1、T_2、T_3 三种类型主战坦克,已知 A 军的四种坦克击毁 B 军的三种坦克的概率见表 10-1,问双方各派出哪一种类型坦克参战最为有利.

表 10 - 1

表 10 - 1

A 军坦克 击毁概率	B 军坦克 击毁概率		
	T_1	T_2	T_3
M_1	0.33	0.27	0.26
M_2	0.14	0.30	0.19
M_3	0.35	0.23	0.20
M_4	0.28	0.13	0.24

分析：这属于对策模型问题,可通过分析各行元素最小值的最大值和各列元素最大值的最小值进行解答,是最大值最小值法的应用.

解：当 A 军派出 M_1 坦克时,B 军可能派 T_1、T_2、T_3 三种坦克,对于 A 军而言,击毁敌坦克最小概率是 0.26;当 A 军派出 M_2 坦克时,最小概率是 0.14;当 A 军派出 M_3 坦克时,最小概率是 0.20;当 A 军派出 M_4 坦克时,最小概率是 0.13.因此,A 军派出自己的四种坦克参战最不利的结果,就是表 10 - 1 中每一行元素的最小值,分别为 0.26、0.14、0.20、0.13.

本着"从最坏的可能中力争最好结果"的原则,A 军最好的可能是 $\max\{0.26,0.14,0.20,0.13\}=0.26$,因此 A 军最稳妥的方法是派 M_1 参战.

同样可得,当 B 军分别派自己的 T_1、T_2、T_3 坦克参战时,其最不利的概率分别为 0.35,0.30,0.26,即表 10 - 1 中每列元素的最大值,在这三个值中最好的结果(即概率最小)也是 0.26,因此 B 军最稳妥的方法是派 T_3 参战,这时不论 A 军派哪一种坦克,B 军坦克被击毁的概率不会大于 0.26.

由上述分析可知,A 军派出 M_1 坦克、B 军派出 T_3 坦克参战最为有利,对应概率的推导过程可用式子简写为：$\max_i\min_j a_{ij}=\min_j\max_i a_{ij}=a_{13}=0.26$,其中 a_{ij} 表示表 10 - 1 中的元素,$i=1,2,3,4$;$j=1,2,3$.

10.4.7 "再创造"式思维的运用

创造性思维就是创新过程中的思维活动,即只要思维的结果具有创新性质,则它的思维(过程)就是创造性思维.例如,鸡兔同笼问题,即已知笼中鸡兔共有 50 个头,140 条腿,问鸡和兔各有多少只? 在解决这个问题时,对于一个未学过方程解法的学生来说,他想到若所有的鸡都单腿独立,而所有的兔子都双腿站立,则总腿数只有原来的一半,即 70 条.但因总头数保持不变,且这时鸡的头数等于鸡的腿数.于是用 $70-50=20$,得到兔子单腿站立数,即为兔子头数,剩下的鸡就是 30 只.这种有想象力的思路显得新颖独特,别出心裁,就是一种"再创造"式思维.

例 10.4.5 在自然数集 **N** 上定义的函数 $f(n)$ 满足:$f(1)=1,f(3)=3$,$f(2n)=f(n),f(4n+1)=2f(2n+1)-f(n)$,当 $n<1990$ 时,有多少个 n,使得 $f(n)=n$?

分析由所给的两个初始值及三个递推式,我们较难求得 $f(n)$ 的表达式,因此考虑列出 n 与 $f(n)$ 的对应数值表,如表 10-2 所示.

表 10-2

n	1	2	3	4	5	6	7	8	9	10	11	12	13	14	15	16	17	...
$f(n)$	1	1	3	1	5	3	7	1	9	5	13	3	11	7	15	1	17	...

从表 10-2 或者把这种关系用坐标平面上的点列加以表示,我们也很难发现什么规律,即使再增加表的长度也无济于事.在这种情况下,常规的方法就很难解决问题,因此就要下意识地从发散思维的角度去寻找其他可能的特殊思路.注意到所给递推式中有关 n 的项中 n 的系数是 1,2,4,它们都是 2 的方幂.这与二进制数的表示法似乎存在某种联系.于是我们猜测把表 10-2 改用二进制数加以表示,可能会看出一点什么,如表 10-3 所示.

表 10-3

n	1	10	11	100	101	110	111	1000	1001	1010
$f(n)$	1	01	11	001	101	011	111	0001	1001	0101

n	1011	1100	1101	1110	1111	10000	10001	10010	...
$f(n)$	1101	0011	1011	0111	1111	00001	10001	01001	...

表 10-3 中 $f(n)$ 一行在某些二进制数前添加了数字 0,这是为了更容易看清楚函数 f 的对应规律.这时,我们看到:$f(n)$ 恰为 n 的二进制数的倒序数.这个规律可用数学归纳法加以证明.

于是 $f(n)=n$ 就意味着 n 的二进制数表示形式本身的对称性,因为一个对称的二进制数倒序表示后仍是它本身.当然,这种数的首位和末位数字都必须是 1,而位于左右两边对称位置上的数字或为 0 或为 1,均有两种可能.

由于 $2^{10}<1990<2^{11}$,所以就只需找出全部位数不超过 11 位的二进制正整数中具有表示形式对称性的数的个数,然后减去超过 1990 所表示的二进制数的那几个对称数的个数,即可得到答案.

对于不超过 11 位的全部二进制整数,可以把它们分成两类:

第一类是奇数位的,第二类是偶数位的.为了计算方便,可以把第一类中不足 11 位的二进制数在其左右两边分别添加同样个数的 0,使它们在形式上凑足 11 位.对于第二类,则用同样方法凑足形式上的 10 位.

对于形式 11 位的二进制正整数,中间的一个数字可取 0 或 1,其他 5 对数字也可取 0 或 1,故具有形式对称性的这类数共有 2^6-1 个.这里减去的 1 个是 11 个数字均为 0 的那个数,即 0.

对于形式 10 位的二进制正整数,则有 2^5-1 个对称数.

因为 1990＝11111000,显然,比它大而又具有形式对称性的 11 位二进制正整数仅有两个 1111011111 及 11111111.

故当 $n\leqslant1990$ 时,共有 $(2^6-1)+(2^5-1)-2(=92)$ 个 n,使得 $f(n)=n$.

参考文献

[1]陈津,陈成钢. 高等数学解题指导[M]. 天津:天津大学出版社,2009.

[2]陈文灯,吴振奎,黄惠青. 高等数学解题方法和技巧[M]. 北京:中国财政经济出版社,2004.

[3]程克玲. 高等数学核心理论剖析与解题方法研究[M]. 成都:电子科技大学出版社,2018.

[4]崔荣泉,杨泮池. 高等数学解题题典[M]. 西安:西北工业大学出版社,2002.

[5]邓鹏. 高等数学思想方法论[M]. 成都:四川教育出版社,2003.

[6]龚冬保,陆全,褚维盘,等. 高等数学解题真功夫[M]. 西安:西北工业大学出版社,2014.

[7]贺才兴. 高等数学解题方法与技巧[M]. 上海:上海交通大学出版社,2011.

[8]李重华. 高等数学证明题解题方法与技巧[M]. 上海:上海交通大学出版社,2013.

[9]林正国. 高等数学解题指导[M]. 上海:华东理工大学出版社,2001.

[10]刘法贵,李亦芳,靳志勇. 高等数学思想方法导引[M]. 北京:兵器工业出版社,1998.

[11]刘鸿基. 高等数学中的思想方法与创新教育[M]. 北京:中国农业出版社,2007.

[12]刘吉佑,赵新超,陈秀卿,等. 高等数学解题法[M]. 2 版. 北京:北京邮电大学出版社,2016.

[13]沈彩霞,黄永彪. 简明微积分[M]. 北京:北京理工大学出版社,2020.

[14]李冬松,黄艳,雷强. 微积分[M]. 北京:机械工业出版社,2020.

[15]刘二根,盛梅波,范自柱. 微积分[M]. 成都:西南交通大学出版社,2016.

[16]毛纲源. 高等数学解题方法技巧归纳. 上册[M]. 武汉:华中科技大学出版社,2014.

[17]毛纲源.高等数学解题方法技巧归纳.下册[M].武汉:华中科技大学出版社,2017.

[18]孙淑珍.高等数学解题与分析[M].北京:清华大学出版社,北京交通大学出版社,2010.

[19]王景克.高等数学解题方法与技巧[M].3版.北京:中国林业出版社,2001.

[20]王胜军,李志文.高等数学解题指导[M].上海:上海交通大学出版社,2005.

[21]吴振奎,梁邦助,唐文广.高等数学解题全攻略.上卷[M].哈尔滨:哈尔滨工业大学出版社,2013.

[22]吴振奎,梁邦助,唐文广.高等数学解题全攻略.下卷[M].哈尔滨:哈尔滨工业大学出版社,2013.

[23]许闻天,崔玉泉,蒋晓芸.高等数学解题指导[M].济南:山东大学出版社,2001.

[24]阎英骥.高等数学解题法分论:思路、方法、技巧[M].昆明:云南民族出版社,2005.

[25]刘云芳,胡婷,周海兵.经济应用数学——微积分[M].武汉:华中科技大学出版社,2015.

[26]吴传生.经济数学——微积分[M].3版.北京:高等教育出版社,2015.

[27]徐厚宝,闫晓霞.微积分(经济管理)下册[M].北京:机械工业出版社,2021.

[28]白银凤,张丽娜,王爱茹,等.微积分及其应用[M].3版.北京:高等教育出版社,2020.

[29]崔保军,陶诏灵,李梅玲.应用数学[M].成都:电子科技大学出版社,2019.

[30]白云霄,蔺小林,谭宏武.经济数学微积分[M].北京:中国轻工业出版社,2019.

[31]张琴.微积分.下册[M].3版.北京:科学出版社,2019.

[32]郭卫霞.高等数学微积分在实际生活中的应用[J].科技视界,2020(32):82-84.

[33]岑翠兰.浅析高等数学微积分在实践中的应用[J].知识经济,2020(12):75,77.

[34]闫小飞.高等数学微积分理念的多领域应用分析[J].数学学习与研究,2019(1):24,26.

［35］仇相芹,王煜坤.浅谈高等数学中微积分的经济应用［J］.知识经济,2018(18):128,130.

［36］杨路娜.浅谈数学创造性思维能力的培养［J］.辽宁科技学院学报,2004,6(2):40－41.

［37］谢永安.浅谈理工学生创造性思维的培养［J］.理工教学,1997(4):39－41.

［38］郑素洁.网络时代编辑创造性思维的思考［J］.辽宁工学院学报(社会科学版),2002,4(3):61,65.

［39］黄萍.浅谈数学专业如何贯彻素质教育［J］.六盘水师范高等专科学校学报,1997(4):20－22,24.

［40］王有文.高等数学教学中的基本矛盾探析［J］.忻州师范学院学报,2014,5(30):13－15,36.

［41］毛梁成.发挥学生主体作用实现有效复习教学［J］.中学数学,2012(9):61－62.

［42］汪君.关注发散思维 培养创新能力［J］.数学教学通讯,2014(13):46－48.

［43］喻平.数学教育心理学［M］.南宁:广西教育出版社,2004.

［44］李启文,谢季坚.线性代数的内容、方法与技巧［M］.武汉:华中科技大学出版社,2003.

［45］蔡明生.数学教育中创造性思维研究［J］.科学与文化,2008(12):53.